Dr. med. vet. Jutta Ziegler

Tierärzte können die Gesundheit Ihres Tieres gefährden

mvgverlag

Dr. med. vet. Jutta Ziegler

Tierärzte können die Gesundheit Ihres Tieres gefährden

Neue Wege in der Therapie

mvgverlag

Bibliografische Information der Deutschen Nationalbibliothek:
Die Deutsche Nationalbibliothek verzeichnet diese Publikation in der Deutschen Nationalbibliografie. Detaillierte bibliografische Daten sind im Internet über http://dnb.d-nb.de abrufbar.

Für Fragen und Anregungen:
praxis@dr-vet-ziegler.com

1. Auflage 2013

Nymphenburger Straße 86
D-80636 München
Tel.: 089 651285-0
Fax: 089 652096

Umschlaggestaltung: Pamela Günther
Umschlagabbildung: Fotolia
Abbildungen Bildteil: privat
Satz: Grafikstudio Foerster, Belgern
Druck: GGP Media GmbH, Pößneck
Printed in Germany

ISBN Print 978-3-86882-275-5
ISBN E-Book (PDF) 978-3-86415-305-1
ISBN E-Book (EPUB, Mobi) 978-3-86415-306-8

INHALT

VORWORT

Im März 2011 habe ich mein erstes Buch *Hunde würden länger leben, wenn …* veröffentlicht. Darin habe ich die Missstände in unseren Tierarztpraxen aufgedeckt und gezeigt, wie das Tierarztgeschäft mit der Futtermittelindustrie zusammenhängt. Die Reaktionen auf dieses Buch waren überwältigend. Gleich nach der Veröffentlichung erreichten mich die ersten E-Mails, und die Nachrichtenflut hält bis heute an. Der Grundtenor dieser E-Mails ist stets derselbe: Die Absender suchen verzweifelt nach Hilfe für ihren chronisch kranken Hund oder ihre chronisch kranke Katze. Sie schicken mir seitenlange Krankengeschichten mit teilweise unvorstellbaren Leidenswegen von Tier und Tierbesitzer, und ich bemühe mich sehr, sie alle zu beantworten. Abgesehen von den mittlerweile Tausenden E-Mails ratloser Patientenbesitzer taucht in meinem unmittelbaren Umfeld immer wieder die Frage auf: Wie reagieren denn deine Tierarztkollegen? – Verhalten. Ich hätte eigentlich mehr Gegenwehr erwartet. Das, was kam, war eher dürftig. Sachliche Diskussionen, die ich mir gewünscht hätte, kamen nicht zustande. Zwar stellte ich mich eine Stunde lang den Fragen in einem Tierärzteforum, das für den gesamten deutschsprachigen Raum steht, doch diese Fragen waren unsachlich und ich wurde mit Vorwürfen bombardiert. Als die Behauptung aufkam, ich hätte die Patientenberichte in meinem Buch nur erfunden, wurde mir klar, dass die Kollegen kein Interesse daran hatten, wirklich über das Thema zu sprechen. Sie haben einfach Angst, dass man ihnen die Butter vom Brot nimmt. Genau diese Angst spiegelte sich auch in den Nachrichten anderer Tierärzte wider, die mich erreichten.

2011 gab ich auch einige Interviews, und dass ich teilweise falsch zitiert und interpretiert wurde, ist mir für die Zukunft eine Lehre. So warf mir eine Reporterin der *Frankfurter Allgemeinen Zeitung* vor, in meinem Buch auf das medizinische Niveau der 1960er-Jahre zurückzukehren und wichtige Themen wie den Preisvergleich zwischen verschiedenen Tierarztpraxen sowie die schlechte Bezahlung der angestellten Tierärzte nicht angesprochen zu haben. Nun ja, das war ganz einfach nicht der Sinn des Buchs.

Und was den Vorwurf betrifft, medizinisch auf das Niveau der 1960er-Jahre zurückkehren zu wollen, kann ich nur sagen: Genau das Gegenteil ist der Fall, ich versuche, neue Wege in meiner Therapie zu finden, moderne Erkenntnisse der Medizin mit einzubeziehen und nicht pharmahörig nur immer wieder neue Medikamente einzusetzen. Generell gesehen, waren die Rückmeldungen von Kollegen jedoch durchwegs positiv.

Beispielhaft dafür Auszüge aus der E-Mail einer jungen deutschen Kollegin: »Ich wollte mich herzlich bei Ihnen bedanken, dass Sie dieses Buch geschrieben haben! Ich bin selbst Tierärztin und Sie haben mit diesem Buch meine Vermutungen bestätigt. Ich bin leider erst eine Anfangsassistentin, aber die von Ihnen beschriebenen Sachverhalte sind mir schon seit Langem aufgefallen. Vor allem die negativen Folgen des Industriefutters habe ich beobachtet und ich kann einfach nicht verstehen, warum das keiner sieht. (...) Auch mir ist der Impfwahn von Tierärzten negativ aufgefallen. Wie oft beobachte ich negative Reaktionen auf die Impfungen. Allerdings scheine ich die Einzige in unserer Praxis zu sein, die die Impfung als Auslöser in Betracht zieht. (...) Die Kollegen folgen auch hier wieder lieber den Vorgaben der Pharmaindustrie, als sich ernsthaft Gedanken zu machen. (...) Ich hoffe, irgendwann mal eine eigene Praxis betreiben zu können, in der ich nicht so einen Unsinn erzählen und verkaufen muss. Danke für Ihr Buch, das macht mir Mut durchzuhalten!«

Aus Wien erreichte mich die Nachricht einer verzweifelten Kollegin, der absolut bewusst war, dass sie den Tieren Futter verkaufte, das diese krank machte, und dass sie grundlos Antibiotika verschreiben musste. Sie geriet darüber immer wieder in Streit mit Patientenbesitzern und ihrer Chefin, die nichts von alternativen Behandlungsmethoden hielt. Ich habe der Kollegin geraten, so bald als möglich eine eigene Praxis zu eröffnen. Ich habe sie ermuntert auf ihrem Weg mit dem Hinweis, dass jeder Tierarzt die Klienten hat, die er verdient. Die Patientenbesitzer, die partout auf Antibiotika et cetera bestehen, auch wenn es dafür keine Notwendigkeit gibt, kommen dann sowieso nicht mehr zu ihr.

Manche Kollegen haben mir einfach nur zum Buch gratuliert, andere waren sogar bei mir in der Praxis, um ein wenig zuzuschauen. Mit einigen bin ich nach wie vor in Kontakt und versuche, mit ihnen ein Netzwerk aufzubauen. Dieses Netzwerk soll Patientenbesitzer bei der Suche nach einem geeigneten Tierarzt in ihrer Umgebung unterstützen. Wie die Reaktionen auf mein Buch gezeigt haben, besteht vor allem in Deutschland, aber natürlich auch in Österreich ein unglaublich großer Bedarf an anders denkenden und handelnden Tierärzten. Die Zustände in den Tierarztpraxen sind in Wahrheit noch viel schlimmer, als ich angenommen und beschrieben habe. Die Flut der täglich ankommenden E-Mails, Briefe und Telefonate zeigt das mehr als deutlich.

Im Laufe dieses Buches werde ich einige dieser Berichte als Beispiele anführen. Mein erstes Buch hat somit nur die Spitze des Eisberges beschrieben. Die Reaktionen seitens der vielen Tierbesitzer haben mich darin bestärkt, nicht lockerzulassen. Weitere Missstände aufzuzeigen sowie der Wunsch vieler Tierbesitzer, Alternativen in der Behandlung kranker Tiere kennenzulernen, waren die Gründe, weswegen ich mich entschlossen habe, ein zweites Buch zu schreiben.

Verzweifelte Patientenbesitzer kommen aus dem gesamten deutschsprachigen Raum, um bei mir Hilfe zu suchen. Manchen kann ich helfen, aber viele Tiere sind schon so unheilbar krank, dass nur noch Schadensbegrenzung betrieben werden kann. Deshalb suche ich nach Kollegen, die meinen eingeschlagenen Weg mitgehen wollen und zu denen ich die weit entfernten Patientenbesitzer mit ruhigem Gewissen schicken kann, mit der Gewissheit, dass ihre Tiere dort gut behandelt werden.

Am wichtigsten sind für die Tierbesitzer natürlich die Fragen: Was kann getan werden, wenn mein Hund/meine Katze chronisch krank ist? Komme ich aus der Chronizität irgendwann wieder heraus oder muss ich mich damit abfinden, dass mein Hund/meine Katze den Rest seines/ihres Lebens auf Medikamente wie Antibiotika, Kortison, Herzmedikamente, Hormontabletten et cetera angewiesen ist? Schulmedizinisch »richtig« behandelt und trotzdem chronisch krank? Schulmedizinsch diagnostisch »abgeklärt« und keinerlei Hilfe in Sicht, weil das Leiden als idiopathisch (das heißt, man kennt die Ursache nicht) und unheilbar gilt?

Krankheiten haben verschiedene Ursachen, die je nach Konstitution des Tieres auch verschieden kombiniert sind. Wir haben dann zum Beispiel als Diagnose an einem einzelnen Patienten eine chronische Dickdarmentzündung, eine Schilddrüsenunterfunktion sowie ein Hautekzem. Da die Schulmedizin hier keine ursächliche Erklärung findet, behandelt sie nur die Symptome. Gegen die Dickdarmentzündung gibt es Antibiotika, die Schilddrüsenunterfunktion wird mit schilddrüsenunterstützenden Medikamenten, das juckende Ekzem mit Kortison behandelt. Wir haben hier zwar Diagnosen, das heißt, jede Krankheit hat ihren Namen, aber es fehlt die Abklärung etwaiger Zusammenhänge. Die Symptome können durch die Behandlung kurzfristig besser werden, kommen aber nach Absetzen des Medikaments sofort wieder. Die wirklichen Ursachen bleiben weiterhin bestehen. Die Schulmedizin sucht für jede Krankheit EINE bestimmte Ursache. Wird diese nicht gefunden, wird die Erkrankung als idiopathisch abgetan.

Schulmedizinische Behandlungen sind wie die Rezepte eines Kochbuchs erlernbar. Für jede Speise (= Krankheit) gibt es ein fertiges Rezept (= Medikament). Das heißt im weiteren Sinne auch, dass hier nicht auf den Patienten individuell eingegangen wird, sondern pauschaliert wird. Jeder Patient erhält bei dem und dem Symptom das gleiche Medikament. Das gilt für die Tiermedizin genauso wie für die Humanmedizin. Die vielfältigen individuellen Ursachen aufzudecken ist natürlich viel zeitaufwendiger und schwieriger. Früher hat man noch von der »ärztlichen Kunst« gesprochen. Die ist heute leider vielfach verloren gegangen und scheinbar auch nicht mehr gefragt. Die Ärzteschaft sowie die Tierärzteschaft denkt nur noch chemisch-pharmazeutisch und nicht mehr medizinisch. Mit dem vorliegenden Buch versuche ich, diese Lücke zu schließen.

KAPITEL 1

Moderne Märchen

Die Medizin an sich zählt sicher zu den widersprüchlichsten Wissenschaften überhaupt. Nirgendwo sonst gibt es so viele entgegengesetzte Meinungen sowie ignorierte und verleugnete neue Erkenntnisse wie in der Medizin. Insgesamt kann man sagen, dass die gesamte Medizin, auch bis zum heutigen Tag, aus einer Aneinanderreihung von Irrtümern besteht. Das mag vielleicht noch vor 100 Jahren wegen des fehlenden Wissens über bestimmte physiologische Zusammenhänge entschuldbar gewesen sein, heutzutage aber ist das nicht mehr akzeptabel, vor allem dann, wenn schon erwiesenes Wissen über medizinische wichtige Fortschritte einfach totgeschwiegen und der Allgemeinheit vorenthalten wird.

»Am blindesten ist der, der nichts sehen will«, sagt ein chilenisches Sprichwort. Gegensätzliche Meinungen elementarer Fakten in Bezug auf Krankheitsursachen beziehungsweise Behandlungen bestehen jahrzehntelang nebeneinander. Es gibt eine Unmenge von Beispielen, die das untermauern. Eines der bekanntesten ist sicherlich die Entdeckung von Ignaz Philipp Semmelweis (1818–1865), einem Arzt, der als Erster erkannte, dass die hohe Todesrate von Wöchnerinnen seiner Klinik mit den verunreinigten Händen seiner Studenten zusammenhing, die aus der Pathologie direkt in die Entbindungsstation kamen, ohne sich vorher gründlich die Hände gewaschen zu haben. Seine Erkenntnisse wurden von damaligen Kritikern als spekulativer Unfug abgetan. Die Anerkennung, dass seine These richtig war, erfuhr Semmelweis leider zu Lebzeiten nicht mehr. Unzählige Frauen mussten damals aufgrund der Ignoranz bestimmter Institutionen sterben.

Aber nicht nur neue Entdeckungen werden von der Fachwelt ignoriert, auch alte, von genialen Köpfen erarbeitete Forschungsergebnisse werden auf den medizinischen Universitäten nicht gelehrt. Gemeint ist hier beispielsweise die Entdeckung des Pleomorphismus (Vielgestaltigkeit) von Mikroorganismen durch Prof. Enderlein (1872–1968). Enderlein prägte diesen Begriff, da sich Bakterien und Pilze nach seiner Beobachtung im dunkelfeldmikroskopischen Bild in sehr unterschiedlichen Erscheinungsformen darstellten. Bakterien, Pilze und Viren können sich in andere Formen verwandeln, beharren also nicht starr auf einer Entwicklungsstufe. Mittlerweile bestätigt dies die moderne Forschung anhand von Spirochäten wie Borrelien und Treponemen, aber auch von Bakterien wie E. coli et cetera. Damit ist die über mehr als anderthalb Jahrhunderte aufrechterhaltene Theorie von Louis Pasteur (1822–1895), dass bestimmte Krankheiten immer jeweils durch klar definierte Bakterien entstehen können (Monomorphismus), überholt. Trotzdem vertritt die Lehrmeinung häufig noch die Auffassung des vorletzten Jahrhunderts, dass Mikroorganismen nur in unwandelbaren Formen vorliegen können. Welch große Bedeutung diese Erkenntnis aber in der Diagnose und Therapie von Krankheiten haben kann, erfahren Sie im Kapitel 3: *Diagnose – Die Blutuntersuchung im Dunkelfeld.*

Eines der bedeutsamsten Beispiele der Gegenwart, und damit ein modernes Märchen, ist die Beurteilung des Cholesterinwertes in Bezug auf die Entstehung von Herz-Kreislauf-Erkrankungen, allen voran die Arteriosklerose (Arterienverkalkung). Immer noch wird propagiert, von Ärzten, Medien und natürlich von der Pharmaindustrie, ein erhöhter Cholesterinwert sei hauptsächlich für den rasanten Anstieg von Herzinfarkt und Schlaganfall verantwortlich. Abgesehen davon, dass man den Richtwert für Cholesterin immer weiter heruntersetzt, um immer mehr »Patienten« behandlungs-, sprich medikamentenbedürftig zu machen, weiß man seit über 20 Jahren, dass Cholesterin bei der Entstehung solcher Krankheiten nur eine untergeordnete Rolle spielt. Ganz andere Faktoren wie

Übergewicht, Diabetes, Bewegungsmangel, Rauchen, Bluthochdruck sowie Stress sind entscheidend. Und einer der wichtigsten messbaren Faktoren, der Homocysteinwert, der schon seit 20 Jahren als zuverlässiger Wert für die Beurteilung des Arterioskleroserisikos anerkannt ist, wird immer noch weitgehend ignoriert.

Mittlerweile sterben fast 50 Prozent der Bevölkerung an einer Herz-Kreislauf-Erkrankung – und das trotz millionenfacher Verschreibung von Cholesterinsenkern (Statine). Diese Medikationen zeigen anscheinend keinerlei Wirkung. Kein Wunder! Einen erhöhten Cholesterinwert für einen Herzinfarkt oder Schlaganfall verantwortlich zu machen ist etwa so, als würde man das bei einem Autounfall vergossene Blut als Verursacher des Unfalls hinstellen. Cholesterinsenkende Medikamente zählen aber zu den am meisten verkauften Medikamenten überhaupt (Blockbuster), obwohl sie nachgewiesenermaßen schwerste Nebenwirkungen und Wechselwirkungen mit anderen Medikamenten haben. Beispielsweise musste das Statin Lipobay schon 2001 vom Markt genommen werden, da durch dieses Medikament innerhalb des ersten Jahres der Zulassung mehr als 50 Patienten an Herzversagen starben. Cholesterinsenker führen zu einem Mangel an Q10, was eine Auflösung von Herzmuskelzellen (Rhabdomyolyse) bewirkt und somit für die gestiegene Zahl der an Herzversagen verstorbenen Patienten verantwortlich ist.

Statine schaden also mehr, als sie nützen. Auch haben seriöse, das heißt nicht von der Industrie (Margarine) oder Pharmaindustrie gesponserte Untersuchungen gezeigt, dass bei mehr als 50 Prozent der Herzinfarktpatienten kein erhöhter Cholesterinspiegel vorlag. Und weiter: Gerade die in der Margarine so gepriesenen Phytosterine, die den Cholesterinspiegel senken sollen, werden als Verursacher von Herzerkrankungen entlarvt. Also genau das Gegenteil ist der Fall. Margarine schadet dem Herzen sogar. Dieses Märchen vom schädlichen Cholesterin ist hiermit kein Beispiel früherer Zeit, sondern brandaktuell.

Aus Sicht der Pharmaindustrie besteht verständlicherweise kein Interesse, Cholesterin als »Nicht-Übeltäter« zu entlarven und umsatzstarke Medikamente wie die Statine vom Markt zu nehmen. Leider werden nach wie vor massenweise Cholesterinsenker verschrieben, in den überwiegenden Fällen aber zum Schaden der Patienten.

Als die ersten Forschungsergebnisse über die wahren Ursachen von Herz-Kreislauf-Erkrankungen in medizinischen Fachkreisen bekannt gemacht wurden, hatte sich das Märchen vom Cholesterin schon fest etabliert. Es folgte eine in der medizinischen Wissenschaft typische Reaktion. Einen nachgewiesenen Irrtum rückhaltlos anzuerkennen und die daraus folgenden Konsequenzen zu tragen ist für das gesamte, vielfach untereinander verstrickte System von Pharmaindustrie, Politik, Ärzten, Wissenschaftlern und Medien aufgrund der Trägheit und Korruption des gesamten Systems nicht oder nur sehr langsam möglich.

Die Behandlung eines erhöhten Homocysteinwertes ist denkbar einfach und bedarf keines neuen patentierbaren Medikamentes. Eine mengenmäßig genau abgestimmte Kombination von Folsäure, Vitamin B6 und Vitamin B12 senkt den Homocysteinspiegel einfach und zuverlässig. Diese B-Vitamine gibt es aber schon auf dem Markt, und sie sind billig. Homocystein ist eine schwefelhaltige Aminosäure (Eiweißbaustein), die üblicherweise in unserem Blut vorkommt. Homocystein entsteht im Eiweißstoffwechsel aus der essenziellen (lebensnotwendigen) Aminosäure Methionin. Homocystein ist ein giftiges Zwischenprodukt und wird im gesunden Organismus von Vitamin B6, B12 und Folsäure rasch in die Aminosäure Cystin umgewandelt und weiter im Stoffwechsel verarbeitet. Homocystein schädigt vor allem die Innenschicht der Arterien, wodurch Gerinnungsprozesse ausgelöst werden. Auch bei Hund und Katze verursacht das Homocystein Gefäßschäden – zwar weniger in Form von Entzündungen der Gefäßinnenwand als in der Verhinderung der Diffusion von Blut durch die Gefäßwand hindurch in das umliegende Gewebe. Das betrifft vor allem die kleineren Gefäße der inneren Organe, die damit natürlich weniger durchblutet und nicht ausreichend mit Sauerstoff und Nährstoffen versorgt werden. Dies führt zu Organschäden.

Das Festhalten an der Theorie, durch künstliche Senkung des Cholesterins mit chemischen Mitteln Herzinfarkten, Schlaganfällen und überhaupt Arteriosklerose vorbeugen zu können, ist somit wohl einer der größten Schwindel, dem die Medizin in den letzten Jahren erlegen ist. Auch in der Tiermedizin werden wir ständig mit »modernen Märchen« konfrontiert. Es ist zwar noch niemand auf die Idee gekommen, cholesterinarme Futtermittel als notwendig für die Gesundheit unserer Tiere zu erklären, aber mit der richtigen Propaganda wäre das mit Sicherheit DER Renner schlechthin. Täglich werden in Tierarztpraxen die Patientenbesitzer mit »Falschinformationen« versorgt, wir werden im Verlauf des Buches immer wieder darauf zurückkommen. Vor allem über die Ursachen chronischer Krankheiten wird zu wenig beziehungsweise gar nicht aufgeklärt. Viele Tierärzte beschäftigen sich auch nicht mit Ursachenfindung, sondern beschränken sich ausschließlich auf die medikamentöse oder chirurgische Behandlung. Diese Medizin erfordert nicht viel Engagement seitens des behandelnden Tierarztes. Hier wird der Krankheit ein Name gegeben, und die jeweiligen Symptome kochbuchartig mit den entsprechenden chemischen Medikamenten behandelt.

Schulmedizin kontra Ganzheitsmedizin

Wenn Schulmediziner sich nicht einig sind (wie etwa beim Märchen vom Cholesterin) und teilweise völlig gegensätzliche Meinungen vertreten beziehungsweise es unglaublich lange dauert, bis sich ein solcher »Irrtum« aufgeklärt hat, wie groß erweisen sich da Gegensätze und Ablehnungen gegenüber einer »anderen« Medizin? Einer Medizin, die völlig anders vorgeht und sich nicht auf reine Medikamentenverschreibungen stützt?

Viele eingefleischte Schulmediziner sind der Meinung, Natur- oder Ganzheitsmedizin helfe nicht, sondern diene nur dazu, den Patienten das Geld aus der Tasche zu ziehen. Solche Aussagen resultieren aus Ignoranz, Arroganz und vor allem Nicht-verstehen-Wollen, was noch schlimmer ist. Diese Menschen können und wollen das Prinzip einer ganzheitlichen Medizin gar nicht verstehen und glauben, dass sie aufgrund ihrer Universitätsausbildung und meist auch langjährigen ärztlichen Tätigkeit in der Lage seien, Dinge beurteilen zu können, von denen sie im Grunde überhaupt keine Ahnung haben und die sie auch gar nicht interessieren. Aber nur wer beide Seiten kennt, kann sich ein wirkliches Bild machen.

Um spezielle Patientenwünsche zu erfüllen, werden vielleicht halbherzig ein paar homöopathische Globuli verschrieben oder alibimäßig Akupunkturnadeln gesetzt, dies aber zusätzlich zur normalen allopathischen, sprich schulmedizinischen Behandlung, deren Wirkung weit mehr vertraut wird. Das ist unglaubwürdig und widerspricht völlig einer ganzheitlichen Betrachtungsweise. Dem Patienten/Patientenbesitzer wird eine reichhaltige Palette an möglichen Diagnoseverfahren und Therapien vorenthalten, weil der behandelnde Arzt ganzheitlichen Methoden nicht vertraut oder sie nicht versteht beziehungsweise gar nicht verstehen will. Dadurch kann dem Patienten überhaupt keine andere Therapiemöglichkeit als die Einnahme chemischer Medikamente geboten werden, um aus einer chronischen Erkrankung herauszufinden. Ärzte und Tierärzte resignieren, wenn Krankheitssymptome sich immer wiederholen und im chronischen Zustand enden. Da werden Patienten als »unheilbar« erklärt und zu Dauerkonsumenten von Medikamenten gemacht. Der ganzheitlich arbeitende Therapeut dagegen versucht, den Organismus wieder in den Zustand zu versetzen, in dem er vor der Erkrankung gewesen ist. Die Aufgabe eines Arztes besteht ja eigentlich darin, Patienten dauerhaft zu heilen und nicht zu lebenslangen Konsumenten von Tabletten zu machen, wie es die Absicht der Pharmakonzerne ist. Da hier die zuständige Politik mitspielt, bedeutet das einen staatlich unterstützten Großangriff auf die Gesundheit der Patienten. Chronische Krankheiten bei Mensch und Tier wie Diabetes, Arthrosen, Morbus Crohn, Allergien, aber auch einfach immer wiederkehrende Infekte wie beispielsweise chronische Angina oder ständig wiederkehrende Durchfälle, wobei die Abstände zwischen den Krankheitsphasen immer kürzer werden, sind gute Beispiele, in denen die »Schulmedizin« außer der Verschreibung chemischer Medikamente keine Lösungsansätze kennt. Wobei diese Medikamente auf Dauer in vielen Fällen die Chronizität des Leidens noch verstärken.

Natürlich gibt es leider immer wieder Patienten, und da meine ich jetzt meine tierischen Patienten, bei denen man nur noch Schadensbegrenzung betreiben kann, weil durch jahrelange schulmedizinische Behandlung der Organismus der Tiere nicht mehr in der Lage ist, auf unterstützende Maßnahmen zu reagieren. Oft sind Organe wie Nieren und Leber sowie das Immunsystem durch chemische Medikamente bereits so geschädigt, dass keine völlige Heilung mehr möglich ist. Und: Es braucht sehr viel Geduld seitens der Besitzer, bis ein oft jahrelang bestehender Krankheitszustand gebessert werden kann. Patientenbesitzer aber, die schon einen mehrjährigen Leidensweg mit ihrem Tier hinter sich haben, verstehen sehr wohl, dass ein lang dauernder Krankheitsprozess nicht in einer Woche geheilt werden kann.

Chemische Medikamente können im akuten Fall Leben retten, machen aber einen chronisch kranken Organismus nicht gesund. Diese Patienten werden in ihrer Krankheit »eingeschweißt«, weil der Arzt nicht gelernt hat, medizinisch zu denken, sondern chemisch-pharmazeutisch. Ich werde in den nächsten Kapiteln bei den verschiedenen Erkrankungen jeweils darauf hinweisen, wie die schulmedizinische Behandlung in der Regel abläuft und wie dagegen eine ganzheitliche Behandlung aussehen kann.

Bei den Tausenden von Krankenberichten chronisch kranker Hunde und Katzen, die ich zu lesen und zu sehen bekommen habe, ist nur in den wenigsten Fällen überhaupt der Versuch unternommen worden, anders zu behandeln als mit Medikamenten, die die

Symptome unterdrücken. Auch einer Ursachenfindung wird keine Bedeutung beigemessen. Ich werde das Gefühl nicht los, dass die Schere zwischen Schulmedizin und sogenannter Alternativmedizin immer größer wird. Mir widerstrebt das Wort »Alternativmedizin«, da es suggeriert, dass diese Medizin eine Alternative zur Schulmedizin ist. Das impliziert aber, dass die Schulmedizin an erster Stelle steht, was im Bereich der Akutmedizin unbestritten auch der Fall ist, bei chronischen Erkrankungen führt sie aber leider meist in eine Sackgasse. Bei Mensch und Tier! Hier führt die »Alternativmedizin« leider immer noch ein Schattendasein. Bei dem Wort »Alternativmedizin« wird vor allem an die Homöopathie gedacht oder auch an Phytotherapie oder Akupunktur, an Bachblüten und so weiter. Das sind aber lediglich Einzelbereiche, die alle ihre Bedeutung haben, für eine ganzheitliche Behandlung von chronischen Erkrankungen, wie sie heute in ihrer »modernen« Form vorliegen, einzeln aber unzureichend sind. Nennen wir daher diese »Alternativmedizin« in weiterer Folge Ganzheitsmedizin.

An den Universitäten wird im Bereich sowohl der Human- als auch der Tiermedizin ein mittlerweile unüberschaubares Maß an Wissen vermittelt, sodass die verschiedenen Einzelbereiche nur noch von Spezialisten beherrscht werden können. Damit geht folglich der Blick aufs Ganze verloren. Patienten irren von Spezialist zu Spezialist, von jedem bekommen sie eine neue Diagnose – bezogen natürlich auf dessen spezielles Fachgebiet. Es werden ausschließlich Symptome geordnet und es wird versucht, diese mittels Medikamenten zu unterdrücken. Die Patienten werden dann von Fach(tier)arzt zu Fach(tier)-arzt gereicht und bekommen verschiedene Organdiagnosen sowie ein wahres Sammelsurium von Medikamenten verschrieben, die sich neutralisieren, gegenseitig ausschließen oder verstärken, von den Nebenwirkungen ganz zu schweigen. Zurück bleibt ein völlig verunsicherter Patient beziehungsweise Patientenbesitzer. Irgendwann wird dann die Krankheit als unheilbar abgestempelt, der Patient gilt als austherapiert. In Deutschland sterben jährlich mittlerweile mehr als

60.000 Menschen an Medikamentenunverträglichkeiten und Medikamentenwechselwirkungen. Wie viele tierische Patienten jährlich Opfer von Medikamentenmissbrauch sowie Medikamentenwechselwirkungen werden, ist nicht nachzuprüfen. Es dürften aber – und das behaupte ich aufgrund Tausender mir vorgelegten Krankenberichten – unzählig viele sein.

Ein Beispiel:

Der Malteserrüdenwelpe Romeo, 3½ Monate alt, wurde wegen eines Wespenstiches in der rechten Pfote in eine Tierklinik gebracht. Laut Krankenberichtsübermittlung der behandelnden Tierärztin war die Pfote druckempfindlich und geschwollen. Die Behandlung des Hundes bestand in der Verabreichung dreier Medikamente durch Injektionen. Diese Medikamente waren: das Antibiotikum Synulox RTU, Prednisolon (ein Kortison) sowie Novacen (Novamin, ein Schmerzmittel), wobei das Letztere direkt in die Vene injiziert wurde.

Abgesehen von der unverhältnismäßigen Anzahl und Auswahl der verabreichten Medikamente wurde völlig außer Acht gelassen, dass diese untereinander in Wechselwirkung stehen. Novamin zusammen mit Arzneimitteln wie Antibiotika und Corticoide führt zur starken Verminderung der weißen Blutkörperchen und damit zu einer Schwächung des Immunsystems.

Bei so einem jungen Tier wäre die Behandlung mit Corticoiden auch aufgrund der vielfältigen Nebenwirkungen nur im äußersten Notfall (anaphylaktischer Schock) notwendig gewesen.

Langer Rede kurzer Sinn: Bei Romeo hätte auch ein kalter Umschlag, eventuell eine Kalziuminjekion oder die Gabe des homöopathischen Mittels Apis ausgereicht. Es bestanden keinerlei Anzeichen eines Kreislaufversagens oder gar eines anaphylaktischen Schocks.

Aber das war erst der Anfang, die Geschichte ging noch viel schlimmer weiter und endete mit dem Tod Romeos wenige Tage später.

Drei Tage nach dem Wespenstich, von dem keine Schwellung an der Pfote mehr zu sehen war, wurde der Welpe aufgrund des folgenden Krankheitsbildes in einer anderen Tierklinik vorgestellt:
Romeo wurde am 2. August mit reduziertem Allgemeinbefinden und Durchfall in unserer Praxis vorgestellt. Trotz aller therapeutischen Maßnahmen wie Infusionen und Schleimhautschutz konnten die Magen-Darm-Blutungen nicht gestoppt werden. Bei einer Röntgenuntersuchung mit Kontrastmittel am 11. August war noch keine Veränderung der Schleimhaut zu erkennen. Da der Hämatokritwert stetig weiter sank, wurde eine Bluttransfusion durchgeführt, um den Hund für eine Probelaparotomie (Eröffnen des Bauches) stabil zu bekommen. Bei dieser Operation wurde eine Perforation (Loch in der Magenwand) festgestellt und versorgt. Aufgrund des schlechten Allgemeinzustandes verstarb Romeo einen Tag später. Vor dem akuten Beginn der Magen-Darm-Erkrankung war der Hund nie auffällig hinsichtlich Verdauungsstörungen. Er zeigte bei den regelmäßigen Untersuchungen bei Entwurmungen und Impfungen gute Zunahmen und ein völlig ungestörtes Allgemeinbefinden. Als mögliche Ursache für die massive Reaktion des gesamten Verdauungstraktes, die zu einer Perforation am Magenausgang führte, ist eine Medikamentenunverträglichkeit nicht auszuschließen.
Romeo wurde leider gleich zweimal Opfer tierärztlicher Bemühungen. Erstens führten die Medikamente zur Behandlung des Wespenstiches zum Durchfall. Das wäre ja noch behandelbar gewesen. Die weiterbehandelnde Kollegin (mir liegt die vollständige Krankenakte vor) verabreichte Romeo jedoch von Beginn des stationären Aufenthaltes an wiederum Medikamente, die nachweislich Magen-Darm-Blutungen hervorrufen können (Metacam). Dazu gab sie ihm noch wechselnde Antibiotika, erst Baytril, dann das Sulfadimidin Metronidazol. Und das alles täglich.
Zum Abschluss wurde dann noch zur Röntgenuntersuchung ein Kontrastmittel in den Magen gegeben, was bei Verdacht auf Magenulcus ein Kunstfehler ist. Die Medikamentenempfindlichkeit

als mögliche Ursache der schweren Erkrankung der den Wespenstich verkehrt behandelnden Kollegin unterzuschieben empfinde ich als besonders zynisch, hat die zweite behandelnde Tierärztin ja dann gerade durch die Gabe von ebenfalls mit schweren Nebenwirkungen behafteten Medikamenten noch das Ihrige dazu getan. Die Krankenakte liest sich wie ein Kriminalroman.
Dies ist ein trauriges Beispiel, wie in der Tiermedizin Medikamente völlig kritiklos verwendet werden, ohne auf Nebenwirkungen und Wechselwirkungen zu achten. An diesem Fall besonders prekär: Die zweite behandelnde Tierärztin ist Fachtierärztin für innere Krankheiten. Das alles spielt sich in sogenannten Tierkliniken ab, wohin die Patientenbesitzer ihre Tiere ja gerade in der Hoffnung bringen, dass sie dort besonders fachgerecht behandelt werden.
Ein Tier ist ja leider gesetzlich immer noch eine Sache und damit der materielle Schaden gering. Fehler können passieren, aber der vorliegende Fall zeigt eine grobe Missachtung und Ignoranz jeglicher Zusammenhänge zwischen Medikamentenwechselwirkung und möglichen Nebenwirkungen.
Im Nachhinein hat sich natürlich keiner für den Tod Romeos verantwortlich gefühlt.

Die iatrogen (durch den Arzt) verursachten Schäden sehen wir in der Humanmedizin an einem enormen Ansteigen der Zahl chronisch kranker Menschen, deren Behandlung die finanziellen Kapazitäten des Gesundheitssystems sprengt. Die steigende Zahl chronisch kranker Menschen alleine auf die gestiegene Lebenserwartung zurückzuführen ist reiner Zynismus.

Paradigmenwechsel

Krankheiten wie Arteriosklerose, Diabetes, Alzheimer, Parkinson, Herz-Kreislauf-Erkrankungen und letztendlich auch Krebs gelten nach wie vor als unheilbar. Die betroffenen Menschen erkranken aber in immer jüngerem Alter. Würde man allen insulinabhängigen Patienten das Insulin wegnehmen, alle Herzschrittmacher ausschalten, alle künstlichen Gelenke herausnehmen, würde auf der Stelle eine große Anzahl von Leuten sofort tot umfallen oder bewegungsunfähig werden. Das empfinde ich nicht als medizinischen Fortschritt, das ist reine »Reparaturmedizin«. Ein wirklicher Fortschritt wäre es, wenn die Menschen gesünder älter würden und die Zahl der chronisch kranken Leute kleiner und nicht größer werden würde. Heutzutage stirbt fast niemand mehr an »Altersschwäche« wie früher, wo sehr viele Leute ebenfalls sehr alt geworden sind.

Hierzu wäre ein fundamentales Umdenken in der derzeitigen Medizinerszene vonnöten, wobei der Präventivmedizin und nicht der Reparaturmedizin die erste und wichtigste Position zugestanden werden müsste. Meines Erachtens wird das spätestens in 20 Jahren oder – zu hoffen wäre es – noch früher der Fall sein. Auf jeden Fall dann, wenn das jetzige »Reparatursystem« nicht mehr finanzierbar ist.

In der Tiermedizin ist das gleiche Phänomen zu beobachten. Erkrankungen der Gelenke, des Herzens, der Schilddrüse, der Bauchspeicheldrüse sowie Allergien treten bei Hund und Katze in immer jüngerem Alter auf. Das kann so weit gehen, dass Hunde schon als Junghunde starke Allergiker sind oder eine große Anzahl an Tieren Schilddrüsenmedikamente »brauchen« und aus diesem Kreislauf ohne entsprechende Hilfe auch nicht mehr herauskommen. Schulmedizinisch wird dann lebenslang nur medikamentös behandelt. Hier stehen dann keine Krankenkassen vor dem Kollaps, sondern die Tierbesitzer vor der Privatinsolvenz. Viele E-Mails, die ich erhalte, beginnen mit ähnlichen Sätzen wie diesem: »Wir sind nervlich und finanziell am Ende. Unser Hund ist seit Jahren in Behandlung, bekommt Medikamente, ständig werden neue teure Untersuchungen gemacht, aber gesund wird er nicht. Im Gegenteil…«

Leider kristallisieren sich auch in der Ganzheitsmedizin immer mehr »Spezialisten« heraus. Es gibt Homöopathen, Akupunkteure,

Bachblütenspezialisten, Phytotherapeuten et cetera, jeder beharrt und schwört auf seine eigene Methode, die er meist dann auch als alleinige Therapie anwendet. Heilmethoden wie die Homöopathie und besonders die Akupunktur sind schon sehr alt und unbestritten auch wirksam, nehmen aber keineswegs darauf Rücksicht, dass der heutige Mensch, das heutige Haustier in einer gänzlich anderen Welt lebt als vor 100 oder mehr Jahren. Angefangen bei den Ernährungsgewohnheiten – beispielsweise ein zu hoher Konsum von tierischem Eiweiß – bis hin zur massiven toxischen Belastung durch Elektrosmog, Schwermetalle, Umweltgifte und Medikamente, ist der Mensch/das Tier vielfältigen krank machenden Einflüssen ausgesetzt, die es damals in dieser Form nicht gegeben hat. Wir haben es heute mit Patienten zu tun, die aufgrund dieser äußeren Einflüsse auf homöopathische Medikamente nicht mehr, schwächer oder anders reagieren als früher. Wenn in diesen Fällen nicht zuerst »ganzheitlich saniert« wird, das heißt die Ernährung umgestellt, die Eiweißversorgung optimiert wird sowie schädigende äußere Einflüsse, wenn möglich, gefunden und elimiert und die Depots an Mikronährstoffen aufgefüllt werden, können diese Therapien nicht so anschlagen wie in früheren Zeiten.

Die in naturheilkundlichen Praxen üblichen Methoden der Entgiftung mittels Entschlackungstees, Homöopathie und Nosoden sind daher oft erfolglos. Es werden zwar Vorgänge in Gang gesetzt, die Gifte aus der Zelle herauszuführen, die Bindung der giftigen Substanzen aber, die es in dieser Zusammensetzung früher nicht gegeben hat, sowie das Ausleiten dieser Substanzen aus dem Körper unterbleiben, weil der menschliche/tierische Organismus gar nicht darauf ausgerichtet ist. Im Klartext heißt das: Traditionelle Entschlackung und Ausleittherapien können aufgrund der neuen Art und Menge der Giftstoffe nicht wirksam sein, weil der Körper dafür keine Programme zur Ausscheidung hat. Das heißt aber auch, dass diese Giftstoffe sich im Organismus ständig addieren und schließlich Krankheiten auslösen können.

Ganzheitlich zu behandeln heißt aber auch: Störungen im Regulationssystem zu erkennen und diese ursächlich anzugehen. Der ganzheitlich denkende Arzt wendet nie nur eine Methode an, sondern kombiniert verschiedene Verfahren miteinander, abhängig von der jeweiligen Situation des Patienten. Der Mensch oder das Tier wird als Ganzes betrachtet, nicht nur das erkrankte Organ. Die einzelnen Organe wie Leber, Niere, Herz sind miteinander verknüpft und diese Tatsache muss in eine ganzheitliche Behandlung einfließen. Wenn wir den kranken Menschen oder das kranke Tier als Einheit sehen und wissen, dass alle Symptome ursächlich miteinander zusammenhängen, brauchen wir nicht jedes Symptom einzeln zu behandeln, sondern müssen die Auslöser der Erkrankung finden. Die Symptome sind oft gleich, die Ursachen aber jeweils andere. Ein Vergleich: An einem Auto blinkt eine Warnlampe. Der Schulmediziner nimmt einen Hammer, schlägt die Birne kaputt und fährt weiter. Das Auto fährt vielleicht noch eine Weile, hat aber einige Zeit später einen Totalschaden. Der Ganzheitsmediziner aber fährt umgehend in die nächste Werkstatt und versucht, dort dem Schaden auf den Grund zu gehen, um größere Katastrophen zu vermeiden. Vielleicht lässt sich der Unterschied der beiden »Glaubensfragen« so am eindrucksvollsten verdeutlichen.

Der Patient als Individuum

Die Ganzheitsmedizin versucht, ein überschaubares System zu finden, um anhand aller ermittelten Einzeldaten das Krankheitsgeschehen auf den Punkt zu bringen und ein auf den jeweiligen Patienten abgestimmtes ganzheitliches Programm zu ermitteln. Das ist im Wesentlichen die Vorgangsweise. Dabei gibt es ebenfalls verschiedene Wege der Diagnosefindung. Reicht eine genaue klinische Anamnese nicht aus, können Methoden wie Untersuchungen des Blutes im Dunkelfeldmikroskop, Vitalstoffanalysen und andere weiterführende

Untersuchungen), herangezogen werden. Da gibt es viele Möglichkeiten, die jeder Ganzheitsmediziner kennen und nutzen sollte.

Wichtig ist vor allem auch das strikte Milieudenken. Stoffwechselleistungen können nur dann erbracht werden, wenn das »innere Milieu« stimmt. Dieses Milieu ist abhängig von vielen unterschiedlichen Faktoren wie beispielsweise dem Säure-Basen-Haushalt. Deswegen sollte jede ganzheitliche Behandlung mit einer Basisregulation begonnen werden. Die moderne ganzheitliche Medizin kombiniert die Erfahrungen der Traditionellen Chinesischen und indischen Medizin und die europäischen Ideen Hahnemanns und Paracelsus' von Hohenheim miteinander. Dazu kommen neue Erkenntnisse aus der orthomolekularen Forschung vor allem über Aminosäuren (ein ganz wichtiger Aspekt, der leider von der Schulmedizin sträflich vernachlässigt wird), über Spurenelemente, Vitamine, Enzyme, freie Radikale et cetera. Wichtig sind zudem Kenntnisse über den Aufbau der Zelle, die Kommunikation zwischen den Zellen und so weiter. Ist beispielsweise die Zellmembran aufgrund verschiedenster Ursachen nicht oder vermindert durchlässig, können wichtige Stoffe nicht mehr hinein und andere nicht hinaus. Die Kommunikation und damit der Stoffwechsel zwischen den Zellen ist gestört, es kommt zu Stoffwechselentgleisungen und damit zu Krankheit. Viele chronische Krankheiten resultieren aus diesem gestörten Informationsfluss zwischen den Zellen, wobei auch die Zwischenzellsubstanz eine große Rolle spielt. Zellen »kleben« ja nicht aneinander, sondern schwimmen in dieser Zwischenzellsubstanz, die als Informationsträger fungiert.

Faszinierend ist auch die Lehre von Prof. Enderlein, die für konventionelle Schulmediziner absolut unverständlich ist. Als ich das erste Mal mit seiner Theorie des Pleomorphismus konfrontiert wurde, erging es mir nicht anders als vielen anderen. Ich bin ja auch gelernte Schulmedizinerin und erwische mich immer wieder dabei, in »alten Mustern« zu denken. Da ist Prof. Enderleins Lehre vom Pleomorphismus, die mithilfe der Blutuntersuchung mit dem Dunkelfeldmikroskop unglaubliche Einblicke in die Regulationsfähigkeit unseres Organismus gibt, wie eine Lehre vom anderen Stern. Sich darauf einzulassen ist aber eine unglaubliche Bereicherung für eine ganzheitliche Diagnose und in der Folge auch für die Therapie. Mehr davon aber später!

Um es auf den Punkt zu bringen:

Die wichtigsten Punkte einer ganzheitlichen biologischen Behandlung sind folgende:

Suche nach den Ursachen/Diagnose

- Ernährungsfehler
- toxische Belastungen durch Schwermetalle, Umweltgifte, Strahlen, Bakterien, Viren et cetera
- toxische Belastungen durch Dauermedikation mit Chemotherapeutika wie Antibiotika, Schmerzmitteln
- psychischer Dauerstress – Überwiegen des Sympathikus

Diese Punkte sind nicht nur für den Menschen, sondern auch für Hund und Katze von Bedeutung.
All das kann zur Unterversorgung beziehungsweise zum erhöhten Verbrauch von Vitalstoffen führen.

Therapie durch Basisregulation

- Ernährungsumstellung beziehungsweise -anpassung
- Darmsanierung
- Sanierung des inneren Milieus
- Entgiftung, Ausleitung (Schwermetalle, Medikamente …)
- Ersatz fehlender orthomolekularen Substanzen (Enzyme, Aminosäuren, Antioxidantien, Vitamine, Mineralstoffe, Spurenelemente)

KAPITEL 2

Die Ursachen

Warum ist meine Katze oder mein Hund krank?

Chronische Krankheiten entstehen nicht von heute auf morgen. Eine chronische Krankheit ist immer ein langwieriger Prozess, und meistens gehen Vorboten voraus. Oft merken wir es nicht gleich, wenn unser Hund oder unsere Katze schlechter frisst, müde ist oder sich nicht mehr so viel bewegen will wie früher. Wir schieben es auf das vielleicht schon fortgeschrittene Alter oder ignorieren die Veränderungen einfach. Krankheiten sind nicht in erster Linie »Schicksal«, sondern in vielen Fällen hausgemacht.

Kranksein ist in keinem Fall etwas »Feindliches, durch Zufall Entstandenes«, sondern die Botschaft des Körpers: Halt, mit mir stimmt etwas nicht. Dabei können gerade auch unsere Tiere auf psychischer Ebene reagieren und Krankheitssymptome entwickeln. Denken wir an Katzen, die sehr introvertierte, feinfühlige Individuen sind und mit Veränderungen in ihrem Umfeld wie einem Wohnungswechsel große Probleme haben und mit monatelangen Durchfällen reagieren. Diese Durchfälle mit Antibiotika zu bekämpfen würde das Ganze nur schlimmer machen und das Problem auf eine andere Ebene verschieben. Das ist aber leider die übliche Standardbehandlung. Manchmal wundere ich mich wirklich darüber, warum keinem dieser »Therapeuten« auffällt, dass das so nicht funktioniert und die Patienten nach einer Antibiotikabehandlung immer wieder mit dem gleichen Problem kommen. Dann wird gerade mal das Antibiotikum gewechselt. Ansonsten dominieren Ratlosigkeit und das Unvermögen, andere Wege zu beschreiten. Unsere Aufmerksamkeit sollte daher nicht nur dem Symptom Durchfall gelten, sondern der Gesamtsituation der Katze.

Bedeutsam für die Beurteilung von Krankheiten unserer Haustiere ist sicherlich auch die Tatsache, dass die Tiere unsere Verhaltensmuster und Denkweisen widerspiegeln. Wir projizieren bewusst oder unbewusst auf unsere Tiere, was wir uns wünschen oder was wir in unserem Leben versäumt haben. Unser Haustier wird dadurch oft zum Konfliktträger und erkrankt. Und das nicht selten mit den gleichen oder ähnlichen Erkrankungen wie der Besitzer.

Die Besitzerin von Pudeldame Chicca ist Single, 52 Jahre alt, übergewichtig, Diabetikerin und leidet seit Jahren an nicht erklärbaren Ekzemen auf der Haut. Bei der Erstvisite mit Chicca, die ebenfalls übergewichtig ist und an einem unstillbaren Hautjucken leidet, kenne ich das Leiden ihres Frauchens natürlich noch nicht. Im Laufe der Untersuchung stellt sich heraus, dass der Hund ebenfalls Diabetiker ist. Die exakt gleichen Krankheitsbilder bei Mensch und Tier, das habe ich nicht nur einmal in meiner Praxis erlebt. Solange die Erkrankung der Tierbesitzerin besteht, ist auch keine Heilung des Hundes in Sicht. Eine schwierige Aufgabe, vor allem dann, wenn die Besitzerin noch stolz darauf ist, dass der Hund die gleichen Leiden hat wie sie und ihn sogar noch dafür lobt.

Ein berührendes Beispiel, das sehr deutlich zeigt, wie groß die Sensibilität unserer Haustiere ist, auf das emotionale Ungleichgewicht ihres Besitzers zu reagieren, findet sich in der folgenden E-Mail von Hundebesitzerin Frau Bianca R. vom 18. März 2012:

Brisko leidet seit Februar unter ständig wiederkehrendem Erbrechen. Es handelt sich dabei nicht um erbrochene Speisereste, son-

dern vielmehr um Magensäure, die mit Blutfetzen durchsetzt ist. Ich gehe davon aus, dass es sich um Magensäure handelt – es riecht so ziemlich danach. Dazu muss ich aber auch noch erwähnen, dass bei mir Brustkrebs festgestellt wurde und ich kurz vorher meine erste Chemotherapie bekommen habe. Irgendwie habe ich das Gefühl, das hängt damit zusammen. Vielleicht irre ich mich ja auch ... Beim Tierarzt wurde er geröntgt. Er bekam dann für ein paar Tage Kortison. Dann ging es ihm wieder besser, aber leider nur für kurze Zeit. Auch bekommt er Pantoprazol (Protonenpumpenhemmer). Das kann aber doch alles keine Lösung sein. Ich mache mir tierische Sorgen um meinen Hund. Er ist mir eine solche Stütze in dieser schweren Zeit. Ich kann es einfach nicht ertragen, ihn so zu sehen. Meine Tierärztin weiß, dass ich barfe, und sie hatte beim letzten Mal anklingen lassen, dass manche Hunde das Barfen nach einiger Zeit nicht mehr vertragen können und ich mir schon mal Gedanken darüber machen solle, ihn vielleicht umzustellen.

Als Reaktion auf meine Antwort, in der ich ihr einige Ratschläge zur Fütterung gab, kam folgende Mail:

Ich halte mich bei der Fütterung von Brisko genau an Ihren Plan. Trotzdem hat er sich heute Morgen wieder viermal übergeben. Und wieder nur Magensäure. Jetzt steht morgen die dritte Chemotherapie für mich auf dem Plan. Kann es sein, dass er wirklich so feinfühlig ist und meine Angst davor merkt? Fühle mich ziemlich hilflos ...

Viele Leiden beginnen oft auf einer unbewussten Ebene, unbewältigte Konflikte verdichten sich, und irgendwann kommt es zum »sichtbaren« Problem, zum Schmerz, zur Erkrankung.

... und warum chronisch krank?

Wird dieser »erste Hilferuf« des Organismus nicht erkannt oder schon im Anfangsstadium mit chemischen Medikamenten falsch behandelt und keine Rücksicht darauf genommen, dass die gesamten Zellen des Körpers negativ mitschwingen, ist der erste Schritt ins chronische Leiden gesetzt. Das »Chronischwerden« einer Krankheit mit oft wechselnden und immer schlimmer werdenden Krankheitsbildern ist meist Folge des Missachtens der Hintergründe und der daraus erfolgten reinen »Symptombehandlung«. Aber was sind die Hintergründe?

Unsere Hunde und Katzen sind vielfältigen äußeren Einflüssen ausgesetzt, die das sogenannte innere Milieu durcheinanderbringen können. Ein intaktes inneres Milieu bedeutet nichts anderes, als dass alle Stoffwechselvorgänge im Körper harmonisch und ohne Störungen ablaufen. Dabei unterliegen alle Vorgänge einer bestimmten Dynamik, das heißt, alle Organe werden ständig ab- und aufgebaut. Manche Organe wie die Leber erneuern sich in wenigen Wochen komplett, Knochen und Knorpel benötigen dazu mehrere Jahre. Alles ist ständig in Bewegung und auch untereinander vernetzt. Der Informationsaustausch zwischen den Zellen funktioniert reibungslos. Kommt ein Störfaktor ins Spiel, können diese Vorgänge aus dem Ruder laufen, der Mensch oder das Tier zeigt erste Krankheitssymptome. Wenn hier nicht gleich regulierend eingegriffen wird, etwa in Form einer Darmsanierung, können größere Schäden entstehen, der Mensch oder das Tier wird chronisch krank.

Falsche Ernährung, Stress oder chemische Medikamente, um nur einige Beispiele zu nennen, verursachen einen Stoffwechseldauerstress. Das zeigt sich in einer Übersäuerung des Organismus. Das heißt, dass das Verhältnis von Säuren zu Basen gestört ist. Wie in einer elektrischen Batterie der Säuregrad über die Leistungsfähigkeit entscheidet, so entscheidet der »Säuregrad« auch in unserem Körper über unseren Gesundheitszustand. Die Übersäuerung kann, wenn sie längere Zeit besteht, zu einer großen Belastung und zu einer Krankheit führen.

Stoffwechseldauerstress durch minderwertiges Eiweiß

Der Konsum von zu viel und meist noch minderwertigem tierischen Eiweiß in Fast Food oder Fertigfutter kann zu diesem Stoffwechseldauerstress führen. Die Leber wird überlastet und es kommt zu einem Toxin-Rückstau, der entweder über die Haut mittels Ekzemen ausgeschieden wird oder sich degenerativ auf andere Organe auswirkt. Wir Menschen essen im Schnitt mehr als das Dreifache unserer täglich benötigten Eiweißmenge. Was zu viel zugeführt wird, muss ausgeschieden, abgebaut oder eingelagert werden. Sind die Ausscheidungsorgane überlastet, wird überschüssiges Eiweiß ins Gewebe eingelagert, es kommt zur Schlackenbildung und damit zu Gewebeveränderungen. Bei Hund und Katze entsteht der Stoffwechseldauerstress hauptsächlich durch das »Nichterkennen« der zerstörten Eiweißstrukturen. Schon bei der Erhitzung auf 43 Grad Celsius können die Aminosäurenketten, die Bestandteile der Eiweiße, auseinandergerissen werden. Reißt diese Kette nur an einer Stelle auseinander, ist die gesamte Eiweißstruktur zerstört. Je höher die Temperatur, desto mehr wird demnach vernichtet.

Die durch Übereiweißung bedingte Übersäuerung des Blutes und der Gewebsflüssigkeiten führt zusätzlich zu einer Verminderung des Sauerstofftransportes und damit zur Unterversorgung der einzelnen Organe. Wenn Gewebe nicht richtig durchblutet wird, folgt logischerweise eine Nährstoffunterversorgung und damit eine Schädigung des betroffenen Gewebes. Die Arthrose beim Menschen sowie bei Hund und Katze ist da ein gutes Beispiel. Arthrose ist in den meisten Fällen die Folge von Stoffwechselerkrankungen und in den seltensten Fällen die Folge von »Überbelastung« durch zu viel Bewegung. Die Übereiweißungskrankheiten sind chronische Krankheiten, sie entwickeln sich im Allgemeinen langsam und stören den gesamten Ausscheidungsstoffwechsel. Die »Zellatmung« der Mitochondrien, das sind die Kraftwerke jeder Zelle, wird massiv behindert, Zellen und Gewebe werden zerstört, was in der Folge zu degenerativen Erkrankungen führt.

Milieusanierung bedeutet: Entsäuerung durch Reduktion der Eiweißaufnahme (für den Menschen maximal 50 Gramm täglich). Bei Hund und Katze ist folgende Vorgehensweise angeraten: Veränderung der Fütterung mittels Umstellung auf hochwertiges Eiweiß (Vermeidung von erhitztem Fleisch), eventuell Entsäuerungsmittel. Bei Verwendung von üblicherweise im Handel erhältlichen Basenpulvern sollte man darauf achten, dass deren Mineralstoffzusammensetzung auf der Grundlage von Citraten beruht. Citrate machen im Gegensatz zu vielen anderen Basenmitteln den Darm nicht basisch. Ein basisches Darmmilieu, fördert aber das Wachstum von unerwünschten Bakterien und Pilzen. Es kann zu Fehlgärungen kommen, wobei hochgiftiges Ammoniak entsteht, welches direkt in den Stoffwechsel eingreift und die Verbrennung von Kohlenhydraten und Fetten hemmt. Müdigkeit und Energielosigkeit sind die Folge sowie Gewichtszunahme.

Leider hat das heutige sehr wasserhaltige Fleisch aus industrieller Massentierhaltung bei Weitem nicht mehr den Proteinnährwert wie früher, enthält dafür aber eine Menge an Hilfsstoffen wie Antibiotika und Hormone. Erhitzen und Kochen sowie Mikrowellenbestrahlung sorgen darüber hinaus für eine weitere Zerstörung wertvoller Nährstoffe. Solchermaßen denaturierte Eiweiße werden vermehrt im katabolen (abbauenden) Stoffwechsel zu Ammoniak (in der Leber) beziehungsweise Stickstoff (in der Niere) abgebaut und als Harnstoff über die Niere wieder ausgeschieden. Hier liegt auch die Ursache vieler Nierenerkrankungen, da die Niere irgendwann diesen Ansturm an Abbauprodukten aus zu viel und dazu noch denaturiertem Eiweiß nicht mehr bewältigen kann und mit Erhöhung der entsprechenden Blutwerte reagiert. Wertvolle Eiweiße werden dagegen im anabolen (aufbauenden) Stoffwechsel als Baustein für die Zellerneuerung verwendet. Das ist mit ein Grund dafür, dass Hunde, die ausschließlich mit hocherhitztem Fertigfutter ernährt werden, nicht nur schneller nierenkrank werden, sondern auch andere Störungen im Stoffwechsel, vor allem auch in der Muskulatur, entwickeln. Da das Herz ebenfalls ein Muskel ist, lassen sich viele Erkrankungen, auf diese Unterversorgung mit Aminosäuren zurückführen. Mit kaputten Ziegeln lässt sich nun einmal kein Haus bauen. Die gehören auf den Müll. Und genau das macht der menschliche und auch der tierische Organismus, wenn er nur kaputte Ziegeln geliefert bekommt: Er kann mit diesen nicht viel anfangen und wirft sie auf den Müll, das heißt, diese Eiweiße werden über Leber und Niere entsorgt. Sie können damit für den Aufbau und die Erneuerung der Zellen nicht hergenommen werden. Eine unkontrollierte Einnahme von Aminosäurepräparaten, wie es beispielsweise bei Bodybuildern der Fall ist, führt demnach zu einer immensen Belastung von Leber und Nieren, und nur wenig von den hoch dosierten Aminosäuren kann direkt für den Muskelaufbau verwendet werden. Man kann sich vorstellen, wie viele weitere Krankheiten noch entstehen können, wenn diese für die Organfunktion so wichtige Zellerneuerung nicht mehr optimal funktioniert.

Faktoren, die das innere Milieu noch aus dem Gleichgewicht bringen

Das sind vor allem die toxischen Belastungen durch

- **Schwermetalle** (Quecksilber, Aluminium, Cadmium, Blei, Kupfer, Nickel)
- **Endotoxine** (von Bakterien und Parasiten gebildete Toxine)
- **Xenobiotics** (von Menschen erzeugte Umweltgifte wie Holzschutzmittel, Insektizide, Dioxin) sowie
- **Konservierungsstoffe und Geschmacksverstärker** (in Lebensmitteln und Futtermitteln), die unseren Organismus und natürlich auch den unserer Haustiere massiv belasten
- **Hormone, Antibiotika, Chlor und toxische Metalle** im Trinkwasser
- **Belastungen durch Elektrosmog**

Umweltbelastung: die schleichende Vergiftung

Leider wird in der Schulmedizin diesen toxischen Belastungen keine oder nur wenig Bedeutung beigemessen. Nur die akuten Vergiftungen haben einen Stellenwert, die chronischen Vergiftungen werden in den meisten Fällen ignoriert, obwohl die WHO (Weltgesundheitsorganisation) schon vor mehr als 30 Jahren festgestellt hat, dass etwa 80 Prozent aller chronischen Erkrankungen einen Bezug zu Umweltbelastungen haben.

In der medizinischen Ausbildung erfahren Studenten nichts über Gift ausleitende Verfahren bei chronischen Intoxikationen. Alle diese Verfahren werden als unwissenschaftlich und unnötig dargestellt. Dabei sind Schwermetalle, und hier ist an erster Stelle das Quecksilber, die Ursache der Verminderung der Reaktionsfähigkeit des Organismus, sogenannte Blockadenbildner. Wir wissen, dass Schwermetalle wichtige Antagonisten (Gegenspieler) anderer Spurenelemente sind. Sie können beispielsweise lebenswichtige Mineralien und Spurenelemente verdrängen und deren Platz einnehmen, ohne deren Funktion zu erfüllen, und damit wichtige Stoffwechselprozesse blockieren. Schwermetalle haben damit ihre Wirkungen auf verschiedene Organe und rufen Krankheiten hervor. Schwermetallbelastungen sind meist jahrelang klinisch nicht erfassbar und lassen sich nicht oder nur schwer zuordnen. Wird in solchen Fällen, das heißt vor der eigentlichen Behandlung, nicht als erste Maßnahme eine Entgiftung beziehungsweise Ausleitung vorgenommen, verläuft jede Therapie im Sand oder hilft nur kurzfristig.

Beim Menschen wie bei Hund und Katze kommt das Herzleiden dilatative Kardiomyopathie immer häufiger vor. Diese Erkrankung ist häufig die Ursache für Herzversagen. Anhand von Gewebeproben vom menschlichen Herzen, die nach dem Ableben des Patienten entnommen wurden, konnte in vielen Fällen eine 22.000-fach erhöhte Quecksilberbelastung nachgewiesen werden.

Natürlich gibt es auch andere Gründe für diese Erkrankung, aber viele Krankheiten sind multikausal, das heißt, sie haben mehrere Ursachen. Es sollte aus diesem Grund auch bei unseren tierischen Patienten immer eine Entgiftung durchgeführt werden.

Patientenbesitzer akzeptieren diese Vorgehensweise, wenn man sie auf mögliche Umweltgifte hinweist, und stimmen einer Entgiftung sofort zu. Ich glaube, dass viele Menschen sehr wohl hinterfragen und kritischer werden, wenn man sie auf Umstände hinweist, die ihnen täglich in den Medien als unbedenklich vorgeführt werden, die aber keinesfalls so harmlos sind wie dargestellt. Wenn es um das eigene Haustier geht, werden viele auf einmal sehr hellhörig.

Beim Hund und bei der Katze ist Quecksilber vor allem in Impfstoffen eine Gefahr. Fast alle Haustiertollwutimpfstoffe enthalten Adjuvantien wie Thiomersal (Quecksilber) sowie auch Aluminiumhydroxid. Dass diese Adjuvantien Auslöser von Impfsarkomen (bösartigen Tumoren) sind, habe ich in meinem Buch *Hunde würden länger leben, wenn…* ausführlich beschrieben. Quecksilber gelangt aber auch durch die Fütterung von Hochseefischen oder über das Fischmehl, welches an Rinder und Schweine verfüttert oder im Tierfutter direkt verarbeitet wird, wieder in die Nahrungskette beziehungsweise Futtermittelkette. So können diese Schwermetalle direkt oder indirekt in den Futternapf unserer Haustiere gelangen. Schwermetalle können sich zusätzlich bei gleichzeitiger Belastung gegenseitig verstärken. Blei und Quecksilber addieren sich nicht nur, sondern multiplizieren sich sogar. »Quecksilberbelastete Menschen nehmen verstärkt andere Umweltgifte auf, denn das Quecksilber behindert die Zelle, sich abzuschotten, und lässt verstärkt den Zugang von Schwermetallen, Pestiziden und Formaldehyd in die Zelle zu. Dadurch können sich diese Gifte bei amalgambelasteten Menschen 30- bis 100-fach mehr anreichern, die Giftigkeit der Stoffe selbst wird bis zu 2500 Mal gesteigert.«[1] Somit werden gesetzlich festgelegte Richtwerte zur Farce.

---

1 Vgl. Joachim Mutter: *Amalgam, Risiko für die Menschheit*, 2011.

Blei wird vornehmlich in Knochen und Nervengewebe abgelagert. Der Grenzwert für den Menschen ist mit 100 Mikrogramm pro Liter festgelegt. Bleiwerte mit 20 Mikrogramm pro Liter, also Werte weit unterhalb des Grenzwertes, führen aber schon zu einer erhöhten Sterblichkeit durch Krebs, Herzinfarkt und andere Erkrankungen. Da wir alle Blei in den Knochen haben und unsere Tiere natürlich auch, genügt schon ein Bruchteil der klassischen toxischen Quecksilbermenge, um Störungen zu produzieren. Da solche synergistischen Wirkungen von Schwermetallen in der Toxikologie selten beachtet werden, werden sie auch als Auslöser chronischer Erkrankungen von der Schulmedizin nur selten in Betracht gezogen. Die Ausleitung von Schwermetallen stellt aber einen der wichtigsten Punkte in der ganzheitlichen Therapie dar. Schwermetalle sind nicht die einzigen Umweltgifte, die auf Mensch und Tier einwirken und schädliche Einflüsse haben. Wir sind diesen Belastungen täglich ausgesetzt – in Form von Giftstoffen aus Pestiziden, Insektiziden, chemischen Konservierungsstoffen, Geschmacksverstärkern in unseren Lebensmitteln beziehungsweise in der Fertignahrung bei Hund und Katze, Hormonen und Medikamentenrückständen im Fleisch und in den Eiern sowie Chlor und anderen toxischen Metallen. Leitungswasser ist mittlerweile eine chemische Mixtur, deren gesundheitliche Folgen überhaupt noch nicht absehbar sind. Chlor, toxische Metalle, Pestizide, Waschpulver und vor allem Arzneimittelrückstände – die Liste der sogenannten Spurenstoffe im Leitungswasser wird immer länger. Circa 10 bis 15 Prozent der nicht eingenommenen Medikamente werden achtlos über die Toiletten entsorgt. Der Teil, der konsumiert und vom Organismus nicht verarbeitet wird, gelangt über den Urin ebenfalls ins Wasser (das Diabetes-Medikament Metformin zu bis zu 100 Prozent, Antibiotika zu etwa 70 Prozent, das Grippemittel Tamiflu zu 70 bis 80 Prozent). Selbst modernsten Kläranlagen gelingt es nicht, diesen giftigen Cocktail aus dem Wasser zu eliminieren. Die Verfahren, die angewandt werden, um diese Substanzen zu binden, produzieren neue Stoffe, die sogar noch toxischer sind als die Spurenstoffe selbst. Das »geklärte« Wasser landet dann in unseren Flüssen und Seen, woher unser Trinkwasser wieder entnommen wird. Forscher haben herausgefunden, dass es durch Hormonrückstände (vor allem durch die Antibabypille) im Wasser von Seen zur Verweiblichung von Fischen und Fröschen kommt. In manchen Seen gibt es nur noch weibliche Fische. Zurzeit besteht aus Sicht der Forscher noch keine Gefahr, da die Konzentration dieser Arzneimittelrückstände zu gering ist. Wer weiß aber über die Wechselwirkungen all dieser Arzneimittel in unserem Körper Bescheid und darüber, was geschieht, wenn wir und unsere Haustiere jahrelang dieser giftigen Mixtur ausgesetzt sind? Die zunehmende Zahl an unfruchtbaren Männern in den Industrieländern wird ebenfalls mit Hormonrückständen in Zusammenhang gebracht. Seitdem ich das alles weiß, trinke ich kein Leitungswasser mehr, es sei denn, es stammt direkt aus einer Quelle. Aber nicht nur Leitungswasser, sondern auch das Grundwasser ist schwer belastet. Gifte, die durch die landwirtschaftliche Nutzung der Böden ins Grundwasser gelangen, aber auch sogenannte Biozide, das sind Chemikalien in Hausdämmstoffen, die gegen Bakterien- und Pilzbefall eingesetzt werden und die sich nach etwa 5 Jahren durch Regenwasser aus der Dämmung lösen, verunreinigen das Grundwasser. In der Folge ein Beispiel dafür, wie die massive Umweltbelastung die Gesundheit unserer Haustiere – in diesem Fall sind es Katzen – beeinflussen kann: Frau D., wohnhaft in einer kleinen Gemeinde bei Passau, hat sieben Katzen, von denen die beiden älteren (Susi, 13 Jahre, sowie Felix, 11 Jahre) an Krebs und die fünf jüngeren an anderen hartnäckigen chronischen Krankheiten leiden. In der unmittelbaren Nähe des Wohnortes gibt es seit den 1960er-Jahren eine Teerfabrik

und seit 2008 düngt und spritzt der benachbarte Bauer seine Felder regelmäßig mit Chemie: *Unser Haus ist jetzt von Mais- und Weizenfeldern umgeben. Diese Felder werden von dem Bauern einmal pro Woche gedüngt und gespritzt. Meine Katzen halten sich sehr viel in den Feldern auf. Zusätzlich dazu gibt es in unmittelbarer Nähe eine Teerfabrik. Wir wohnen hier recht einsam. Vor einigen Jahren war diese Gegend einmal Gegenstand von Untersuchungen, weil die Krebsrate bei den Bewohnern ungewöhnlich hoch war. Auch in meiner Familie ist die Zwillingsschwester meines Vaters mit 33 Jahren an Krebs gestorben. Mehrere nahe Verwandte haben ebenfalls Krebserkrankungen oder sind schon an Krebs gestorben.*
Frau Andrea D. (23 Jahre alt) leidet selbst an chronischer Nebenhöhlenentzündung.
Die zwei krebskranken Katzen waren in dieser Zeit sehr viel auf diesen Feldern unterwegs. Ein beziehungsweise zwei Jahre nachdem der Bauer mit der chemischen Bearbeitung seiner Felder begonnen hatte, erkrankte die erste Katze, Susi, an einem Sarkom unter dem Auge (siehe das Bild »Susi« auf Seite 1 im Bildteil in der Mitte dieses Buches). Susi wurde Ende 2009 operiert, 2011 entwickelte sich bei Kater Felix am Ohrrand ein Plattenepithelkarzinom, welches ebenfalls chirurgisch entfernt wurde (siehe Bilder »Felix 1« und »Felix 2« im Bildteil Seite 1). Frau D. umzäunte ihren Garten 2011 mit einem hohen Zaun. Die Katzen können sich seitdem nicht mehr direkt auf den Feldern aufhalten. Sie wurden alle mehrmals entgiftet sowie eine Grundsanierung durchgeführt und das Immunsystem gezielt aufgebaut. Die beiden krebskranken Katzen sind seit der Operation ohne Rezidiv, bei den anderen fünf bestehen die chronischen Krankheiten zum Teil noch immer. Vor allem Kater Charly leidet seit Jahren an chronischem Schnupfen. Wenn er niest, spritzt es Blut und Eiter. Im Großen und Ganzen ist der allgemeine Zustand aller Katzen aber deutlich besser geworden. Solange aber die einwirkenden Gifte, und das sind in

unserem Fall die Teerfabrik UND der Chemie spritzende Bauer, nicht eliminiert werden können, wird es keine vollständige Heilung geben können. Denn trotz der Umzäunung des Grundstückes können die Giftstoffe auch durch die Luft weiterhin in den Garten gelangen. Ein unlösbares Problem.

Aufgrund der äußeren Umstände (Teerfabrik in der Nähe, wöchentliche chemische Spritz-und Düngemittelaktion des Bauern) sowie der Tatsache, dass in dieser Gegend schon einmal untersucht wurde, warum die Krebsrate unter den Anwohnern so extrem hoch ist, ist es eigentlich sehr deutlich, dass hier auch eine Intoxikation der Katzen vorliegen muss. Ein derart gehäuftes Auftreten chronischer Erkrankungen bei Mensch und Tier lässt doch sehr auf einen Zusammenhang schließen.

Elektrosmog – eine Zeitbombe?

Die Wirkung von Elektrosmog, das heißt von hoch- und niederfrequenter Strahlung, der wir und unsere Tiere täglich ausgesetzt sind, besteht vor allem in der Zerstörung unserer Energiefelder, die für Gesundheit und Wohlbefinden so wichtig sind. Vor allem die zahlenmäßig ansteigenden gepulsten elektromagnetischen Wellen, die von Handys, Mobilfunksendern und mobilen Haustelefonen 24 Stunden am Tag ausgehen, haben einen nicht zu unterschätzenden Einfluss auf die Gesundheit von Mensch und Tier. Die Ausreden der Mobilfunkanbieter ähneln denen der Pharma-, der Lebensmittel- sowie der Futtermittelindustrie, die uns seit Jahrzehnten einreden wollen, dass ihre Produkte bedenkenlos konsumiert werden können und ihre Herstellungsverfahren absolut nebenwirkungsfrei sind. Zahlreiche unabhängige Untersuchungen bestätigen aber die massiven Gesundheitsschäden, welche durch Mobilfunk entstehen. Wie beispielsweise längeres Telefonieren mit dem Handy Ihr Blut verändert, sehen Sie auf dem Bild »Geldrollenbildung« auf Seite 2 im Bildteil. Elektrosmog ist eine Zeitbombe.

Auch im Plastik steckt Gift

Die Liste der chemischen Stoffe, denen wir täglich ausgesetzt sind, ist lang und kann hier nicht vollständig aufgeführt werden. Erwähnen möchte ich aber noch die Phthalate und Bisphenol A (BPA) in Plastikverpackungen. Diese zwei künstlichen Substanzen haben hormonähnliche Wirkungen auf den Organismus. In geringsten Dosierungen lösen diese Chemikalien ähnliche Wirkungen aus wie die Antibabypille oder andere Hormonpräparate. 90 Prozent der unabhängigen Studien entdeckten Beunruhigendes. Allein von BPA werden jährlich 6 Millionen Tonnen verarbeitet.

Phthalate befinden sich hauptsächlich in Plastikbehältern und Frischhaltefolien. Hier werden die Gifte herausgelöst und gelangen in Nahrungsmittel und ins Wasser. Auch unsere Hunde und Katzen sind gefährdet, beinhalten doch gerade die Innenseiten von Konservendosen dieses Plastik – genau wie die Plastiksäcke der Trockenfutterhersteller. Verhindern kann man die Phthalatkontakte, indem man Plastikverpackungen meidet. Wer auf die Plastikdosen nicht verzichten will, sollte vorher Butterbrotpapier unterlegen.

Gerade Tiere sind äußerst empfindlich gegenüber Hormonen (vor allem die Schilddrüse). Auch dem unfreiwilligen Verzehr von Dioxin ist nicht nur der Mensch ausgesetzt, sondern genauso unsere Tiere. Diese nehmen das Gift ebenfalls beim Verzehr von tierischem Fett aus konventioneller Tierhaltung oder aus verseuchtem Fisch auf.

FAZIT

Um die Ursachen einer Krankheit zu erkennen, sollte man auch das Umfeld – und vor allem die Umweltgifte – in Betracht ziehen.

KAPITEL 3

Diagnose heißt: »den Durchblick haben«

»Diagnose« kommt aus dem Griechischen und bedeutet »durchschauen«. Schulmedizinisch gesehen, muss jede Krankheit einen Namen haben, das heißt aber noch lange nicht, dass diese Krankheit durchschaut wurde. »Den Durchblick« zu bekommen ist wesentlich wichtiger – und natürlich schwieriger, als dem Ganzen einfach einen lateinischen Namen überzuhängen.

Heutzutage wird gerne alles auf die Gene geschoben. Ein genetisches Problem mag manchmal der Grund für eine Erkrankung sein, in vielen Fällen ist das jedoch nur eine Ausrede, um von den wirklichen Ursachen abzulenken. Bei Rassehunden, die jahrelang ingezüchtet wurden, verhält sich die Sache sicher etwas anders. Hier konnten sich im Laufe der Zeit sehr wohl viele von Rasse zu Rasse unterschiedliche Erbkrankheiten festsetzen. Bei vielen Patienten aber, die wegen einer Erkrankung kommen, die angeblich »erblich« sein soll, weigere ich mich, das so zu akzeptieren. In vielen Fällen – wenn nicht rassetypisch nachgewiesen – ist auch hier durch entsprechende Umstellungen eine Aktivierung der Selbstheilungskräfte und damit eine Heilung oder zumindest eine Besserung der Symptome sehr wohl möglich.

Vorweg muss gesagt werden, dass ich mittlerweile fast nur noch mit chronisch kranken Patienten zu tun habe und wenige Akutfälle behandle. Das liegt einerseits daran, dass ich wegen der großen Anzahl an chronischen Fällen einfach keine Zeit mehr für die kleinen oder größeren Zwischenfälle habe. Einerseits ist das natürlich auch schade, weil ich mitbekommen muss, wie Hunde oder Katzen aus meinem in unmittelbarer Nähe liegenden Patientenkreis beispielsweise wegen eines akuten Durchfalls schon in der Anfangsphase der Erkrankung mit Antibiotika, manchmal sogar Kortison vollgepumpt werden. Gerade durch solch eine Vorgehensweise besteht aber die große Gefahr, dass sich aus einer Bagatelle heraus chronische Erkrankungen entwickeln können. Symptome wie Durchfall sind aus Sicht des biologisch arbeitenden Therapeuten Regulationsversuche des Organismus, Toxine aus dem Körper auszuschwemmen. Hier darf der Durchfall dann nicht einfach mit Antibiotika beziehungsweise entzündungshemmenden Medikamenten unterdrückt werden, sondern es müssen gezielt gestörte Stoffwechselvorgänge unterstützt werden, das heißt, die Darmflora muss wieder aufgebaut werden, damit sich der Darm wieder selbst regenerieren kann. Der Rest ist Diätetik.

Der wichtigste Punkt für die Diagnose einer chronischen Erkrankung ist eine genaue, individuelle Analyse des Patienten. Meist sind das Patienten, die schulmedizinisch vollständig abgeklärt sind und ohne ständige Einnahme chemischer Medikamente nicht mehr auskommen können.

Eine genaue Diagnose braucht Zeit

In der Regel nehme ich mir für eine Erstanalyse mindestens eine halbe Stunde Zeit. Kristallisieren sich bei diesem Erstkontakt die möglichen Ursachen bereits heraus, benötigt es in der Regel keiner weiterführenden abklärenden Untersuchungen (Vitalstoffanalyse, Dunkelfeldmikroskopie et cetera). Wenn sich ein Krankheitsverlauf aber schon beim Erstkontakt als sehr verfahren und kompliziert darstellt, vielfach seit Jahren besteht und trotz Dauermedikation meist mit Antibiotika und Kortison keinerlei Besserung aufgetreten ist, führe ich parallel zur Basissanierung eine Vitalstoffanalyse durch, um herauszufinden, welche orthomolekularen Stoffe individuell ergänzt werden müssen, sowie, wenn überhaupt möglich, eine dunkelfeldmikroskopische Untersuchung des Blutes, um die momentane Reaktionslage des Organismus zu beurteilen.

Auf schulmedizinische Blutuntersuchungen verzichte ich in der Regel, da sie bei den meisten chronischen Erkrankungen nicht sehr aussagekräftig und bei chronisch kranken Patienten meist schon mehrfach durchgeführt worden sind. Beim Erstkontakt genügen eine gründliche Befragung des Besitzers sowie eine genaue klinische Untersuchung des Hundes. Die meisten chronischen Krankengeschichten laufen aber immer nach dem gleichen Schema ab. Das ist beängstigend!

Vielfach sind falsche Fütterung, Impfungen, Medikamente und Intoxikationen Verursacher von Erkrankungen, die sich in ganz unterschiedlichen Symptomen zeigen können, aber immer den gleichen degenerativen Verlauf haben. Vieles lässt sich, vor allem wenn die Tiere noch jung sind, mit einer einfachen Darmsanierung sowie einer Ernährungsumstellung heilen. Bei älteren Tieren, bei denen Beschwerden schon seit Jahren bestehen, ist es etwas schwieriger. Aber auch hier kann man in den meisten Fällen noch eine oder mehrere Ursachen finden und entsprechende Maßnahmen ergreifen.

Prinzipiell gilt: Je länger ein Krankheitsbild besteht, desto länger dauert auch die Heilung. Dabei muss berücksichtigt werden, dass Krankheitsbilder auf eine andere Ebene wechseln können und dann ein anderes Gesicht bekommen. Beispiel: Nach dem chronischen Durchfall kommen die eigentlichen Hautprobleme, oder nach immer wiederkehrenden Blasenentzündungen stellt sich ein Darmproblem ein. Es bleibt trotzdem die gleiche Krankheit, das heißt, die Ursachen sind dieselben. Zur Veranschaulichung ein Beispiel.

Benno und das Federmehl

Benno, Schäferrüde, 3 Jahre, Besitzerehepaar H. aus der Steiermark, der vierte gemeinsame Hund. Benno ist abgemagert, unlustig, hat stumpfes glanzloses Fell, legt sich nach Betreten der Praxis sofort auf den Boden und schläft ein. Nichts interessiert ihn. Sein Verhalten ist für einen dreijährigen Rüden keinesfalls normal. Was mir besonders auffällt: Benno hat fast keine Muskulatur, alles ist schlaff, er macht den Eindruck eines uralten Hundes.

Familie H. erzählt: Alle ihre bisherigen Hunde wurden mit rohem Pansen und gekochtem Reis ernährt, auch Benno. Der war immer gesund und munter, bis er auf die zweite Achtfachimpfung mit monatelangen Bauchschmerzen und heftigem Durchfall sowie furchtbaren Blähungen reagierte. Die übliche tierärztliche Behandlung bestand in Antibiotikagaben und Schmerzmitteln.

Der Durchfall wurde besser, kam aber wieder. Auch die Blähungen blieben. Wieder bekam Benno Antibiotika und Schmerzmittel. Familie H. stellte auf Anraten des Tierarztes die Fütterung mit rohem Pansen ein und gab Durchfall-Diätfutter. Das ging einige Wochen lang gut, dann wieder das Gleiche wie vorher: Durchfälle. Benno kratzte sich jetzt auch vermehrt.

Wieder Antibiotika plus Kortison. Das mehrmals in immer kürzer werdenden Abständen hintereinander. Dann: Bluttest auf Nahrungsmittelallergien. Ergebnis: Benno ist auf alle Fleischsorten allergisch. Verschreibung: ein ganz besonderes NEUES Allergie-Diätfutter (62 Euro für 8 Kilogramm).

Allerdings sind diese mittels IgE-Bluttests getesteten positiven Allergene in Wirklichkeit nur Sekundärallergien, die ihre Basis in einem gestörten inneren Milieu haben. Das Meiden dieser Allergene führt somit nur zu ganz kurzfristigem oder zu gar keinem Erfolg. Nach einer Milieusanierung verschwinden diese Sekundärallergien meist, und zurück bleiben vielleicht eine oder zwei Grundallergien, die aber meist im Welpenalter schon gelegt wurden (siehe auch Kapitel 14: *Hilfe, mein Hund hört nicht auf, sich zu kratzen! – Allergien und Autoimmunerkrankungen*).

Damit sind Allergietests auf Nahrungsmittel wertlos und rausgeworfenes Geld. Nach einer gründlichen Milieusanierung verschwinden ein Großteil oder sogar alle dieser Sekundärallergien in der Regel von alleine!
Familie H. zeigt mir alle anderen Blutuntersuchungsergebnisse, die nicht sonderlich aussagekräftig sind. Einige veränderte Leberwerte, die aber auf die Therapien mit Kortison zurückzuführen sind. Das Diätfuttermittel, das Benno aufgrund des Allergietests zu diesem Zeitpunkt seit circa einem halben Jahr bekommt, besteht aus Federmehl als einziger Eiweißquelle.
Aktueller Stand: Durchfälle sind noch da, Juckreiz etwas besser momentan. Immer wiederkehrender Schnupfen.
Dauertherapie mit Antibiotika, 5 Milligramm Kortison täglich.

Die Geschichte:
Bennos Durchfall und die Blähungen waren Impfreaktionen, die mit Antibiotika und Schmerzmitteln behandelt wurden. Eine Impfung ist immer ein Angriff auf das Immunsystem, hier mit Antibiotika zu reagieren ist die falsche Option. Besser wäre gewesen: Ausleiten mit Bovisan, ein bis zwei Tage hungern lassen, dann ein bis zwei Tage nur gekochte Karotten, dann mit rohem Pansen und den gekochten Karotten auf die gewohnte Ernährung übergehen.

Durch die Antibiotika werden nicht nur »schlechte« Bakterien im Darm abgetötet, sondern auch die »guten«. Nur wachsen die »bösen« schneller nach als die »guten«. Der Beginn eines verhängnisvollen Kreislaufs. Manche Hunde bekommen Antibiotika sogar als Dauertherapie. Darmprobleme mit Antibiotika auszuheilen funktioniert aber auf Dauer nicht. Leider ist das mangels Alternativen die Standardtherapie in fast allen Tierarztpraxen. Bennos Darmflora kann sich nicht mehr aufbauen. Die Durchfälle sind damit nicht in den Griff zu bekommen. Die Folge äußert sich in einer vermehrten Durchlässigkeit der Darmschleimhaut. Große Moleküle können dann in den Blutkreislauf gelangen. Allergische Reaktionen in Form von Juckreiz, Hautentzündungen et cetera treten auf. Dazu bedeutet das vom Tierarzt verordnete Allergiediätfutter einen weiteren Angriff auf die Gesundheit des armen Hundes. Der dieses Futter herstellende Großkonzern wirbt mit dem Argument, dass aufgrund des niederen Molekulargewichtes der Oligopeptide des in diesem Diätfutter enthaltenen Federmehls eine allergische Reaktion auf Nährstoffe verhindert werden soll. Diese »hydrolisierten« Diäten haben den Grundgedanken, dass Allergene gewisse Molekülgrößen haben müssen, um vom Immunsystem erkannt zu werden. Die Proteine bei hydrolisierten Diäten sollen daher aufgrund ihrer Molekülgröße (kleiner 5000 Dalton) allergische Reaktionen verhindern. Diese Feststellungen leiten sich von Untersuchungen an menschlichen Säuglingen ab, bei denen eine allergische Reaktion auf Kuhmilchallergen durch Herstellung eines Hydrolysats unter 3000 Dalton umgangen werden konnte. Bei einem Teil der Hunde und Katzen scheint das aber nicht zu funktionieren, hier sind noch andere immunologische Mechanismen beteiligt, die auch mit einem Hydrolysat nicht umgangen werden können. Zudem können bei der Herstellung Reaktionsprodukte entstehen, die wiederum allergische Reaktionen auslösen können. Hydrolysate bringen auch nur dann Erfolg, wenn die zugrunde liegende allergische Reaktion dem Soforttyp (IgE-abhängig) zuzuordnen ist.[2]

Federmehl ist in seiner Nährstoffzusammensetzung, was wertvolle Eiweiße betrifft, gleichzusetzen mit Teppichbodenfransen. Diese Oligopeptide können nicht für den Aufbau von Zellstrukturen, wofür sie ja vorgesehen sind, hergenommen werden, weil sie fast vollständig dem katabolen (abbauenden) Stoffwechsel folgen und über die Nieren als Abfall entsorgt werden. Das ist auch der Grund, warum Benno so wenig Muskulatur hat und so schlapp ist. Diese aus Federmehl gewonnenen Oligopeptide sind nicht in der Lage, die Muskulatur zu erhalten – im Gegenteil, wertvolle Aminosäuren feh-

---

2 Claudia Rade: *Futtermittelallergien bei Hund und Katze: Update der diätetischen Möglichkeiten.* In: *Ernährung-Spezial, Kleintiermedizin.* Ausgabe 1/2012.

len, und die Muskulatur wird abgebaut. Als Nächstes werden Herzmuskelzellen abgebaut, Herzerkrankungen sind die Folge.

Da Aminosäuren auch für den Aufbau von Immunzellen benötigt werden, macht sich ein Mangel ebenfalls bemerkbar. In unserem Fall in Form der immer wiederkehrenden Infekte (Schnupfen) sowie der nicht in den Griff zu bekommenden Durchfälle. Das Immunsystem ist schwer gestört.

Die in diesem Futter nach dem Federmehl als zweitgrößter Inhaltsstoff enthaltene Maisstärke verstärkt das Problem zusätzlich. Dazu mehr im Kapitel 4: *Die Ernährung*. Wenn Familie H. ihren Hund weiterhin so füttern würde – in der Beschreibung des Futters wird eine lebenslange Fütterung empfohlen –, wäre Benno in Kürze schwer herzkrank, die Muskulatur würde sich immer weiter zurückbilden, und irgendwann könnten die Nieren den vermehrt anfallenden Stickstoff aus dem Federmehl nicht mehr verarbeiten. Solche Folgeerkrankungen werden von Tierärzten meist nicht mit dem Diätfutter in Zusammenhang gebracht.

Benno kratzt sich zwar etwas weniger, was natürlich auch auf das Kortison zurückzuführen ist. Wieso der Hund überhaupt noch Kortison erhalten hat, ist mir schleierhaft, bekommt er doch schon so lange sein »Allergiediätfutter«. Das Vertrauen des Tierarztes in dieses Futter scheint dann doch nicht so groß zu sein.

Was ist zu tun?

Das Wichtigste zuerst: Bennos Darmflora aufbauen, fehlende Mikronährstoffe (Vitamine, Spurenelemente, Mineralstoffe) ersetzen sowie wertvolle Aminosäuren zuführen, die verloren gegangen sind und die er für den Aufbau seiner Muskulatur so dringend benötigt. Die Niere muss entlastet werden. Außerdem müssen mittels Entgiftung die chemischen Medikamente ausgeleitet werden.

1. Darmsanierung
2. Reishi-Extrakt und Hericium-Extrakt, täglich 1 Kapsel von jedem,

plus Vitalpilzpulver (Unterstützung der Darmfunktion sowie Versorgung mit Mikronährstoffen)
3. Entgiftung mit Ziegenkolostrum (da gibt es aber mehrere Entgiftungsmöglichkeiten)
4. Aminosäurenpresslinge: 3 Presslinge täglich im Mörser verstampft ins Futter
5. Ernährungsumstellung. Das Diätfutter sollte umgehend entsorgt werden.

Wie gehen wir jetzt fütterungsmäßig bei Benno vor?
Wir beginnen mit 10 Prozent hochwertigem Eiweiß in der Ration, weißem rohen gewolften Fleisch, am besten Hühnerfleisch. Der Rest (90 Prozent der Ration) besteht aus mindestens eine halbe Stunde lang gekochten Karotten sowie einem Löffel gekochter Hirse oder Buchweizen. Wir bleiben bei einer Eiweißquelle (Huhn) und steigern diese innerhalb von 14 Tagen auf 50 Prozent der Gesamtration. Zweimal in der Woche ein ganzes rohes Ei. Eier sowie das Fleisch sollten, wenn irgend möglich, aus biologisch artgerechter Tierhaltung bezogen werden. Die Darmsanierung wird über mindestens 3 Monate fortgeführt. Der Entgiftungssaft wird als Kur gegeben, die Aminosäurenpresslinge so lange, bis die Muskulatur sich wieder aufgebaut hat, das wird dann nach Bedarf entschieden. Die Vitalpilzextrakte sowie das Vitalpilzpulver werden über 60 Tage ebenfalls als Kur verabreicht.

Sollte Hühnerfleisch nicht vertragen werden, was sich meistens in einer andauernden Verschlimmerung der Symptomatik (Juckreiz) zeigt, muss die Eiweißquelle verändert werden. Wir beginnen aber immer mit nur 10 Prozent Fleisch in der Gesamtration.

Die Blutuntersuchung im Dunkelfeld

Die Dunkelfeldmikroskopie ist eine bereits seit über 250 Jahren bekannte Variante der Hellfeldmikroskopie. Die Dunkelfeldmikroskopie zeigt ein anderes Bild als das Hellfeld. Man kann sich als Vergleich einen Raum vorstellen, in dessen Luft man normalerweise keine Staubkörnchen sehen kann. Fällt aber ein Sonnenstrahl in den Raum, dann sind diese Staubkörnchen für jeden sichtbar. Das Licht wird beim Dunkelfeldmikroskop an der Seite entlanggeführt und trifft genau auf den Objektträger, der dadurch angestrahlt wird und eine andere Sichtweise erzeugt. Bei dieser Untersuchungsweise werden die Zellen des Blutes in ihrer zeitlichen Entwicklung beobachtet. Die Form der roten Blutkörperchen, ihre Elastizität und freie Beweglichkeit werden erkennbar (siehe zur Veranschaulichung die Bilder »Normalzustand«, »Geldrollenbildung«, »Schwere Störung« und »Symplastenbildung« im Bildteil dieses Buches). Prof. Dr. Günther Enderlein war der Entdecker des Pleomorphismus. Pleomorphismus bedeutet: Kleinstlebewesen wie Pilze, Bakterien und Viren können sich verändern, im Gegensatz zum Monomorphismus (nach Louis Pasteur), der folgende These vertritt: Jede Krankheit wird durch nur einen speziellen Mikroorganismus verursacht. Die entscheidende Entdeckung von Prof. Enderlein war nun die, dass sich aufgrund von Milieuveränderungen die verschiedenen Formen dieser Mikroorganismen verändern und immer weiter »aufwärtsentwickeln«, je länger das »kranke« Milieu bestehen bleibt. Je höher entwickelt sich diese Mikroorganismen im Dunkelfeld darstellen, desto geschädigter ist der Organismus. Man kann mit Dunkelfeldmikroskopie keine Diagnosen stellen, aber sie gibt einen sehr guten Überblick über den momentanen Gesundheitszustand des Patienten.

Die Beurteilung der einzelnen Entwicklungsstadien im Dunkelfeldmikroskop ist nicht einfach, aber erlernbar. Die auf diesen Erkenntnissen aufbauende Regulationstherapie ist die Sanumtherapie, die natürlich auch ohne eine Dunkelfeldanalyse angewendet werden kann. Leider ist die Dunkelfeldmikroskopie durch einige »Therapeuten« etwas in Misskredit geraten, die anhand von Dunkelfeldbildern Diagnosen gestellt haben, die man aber nicht stellen kann. Auch ist es von außerordentlicher Wichtigkeit, die Bilder über einen längeren Zeitraum (bis zu 12 Stunden) immer wieder anzuschauen und neu zu interpretieren, weil sich die verschiedenen Entwicklungsstufen erst nach einer gewissen Zeit darstellen. Leider missachten dies viele Therapeuten.

Ich habe mit der Dunkelfeldmikroskopie vor circa 2 ½ Jahren begonnen und befinde mich immer noch in der Anfangsphase. Auch hindern mich praktische Gründe oft daran, Dunkelfeldanalysen korrekt durchzuführen: Dem Patienten muss früh am Morgen Blut abgenommen werden, und die Beurteilung der Bilder in dem geforderten Zeitrahmen ist aufwendig. Auch ist es wichtig, immer wieder die beurteilten Bilder von einem Fachmann überprüfen zu lassen, um sich keine »falschen« Interpretationen anzueignen. Hier habe ich in Karl-Heinz Wickert einen kompetenten Mann gefunden. Nach Fertigstellung dieses Buches werde ich mich der Dunkelfeldmikroskopie sicherlich mehr widmen. Es ist einfach eine zu wichtige und außerdem äußerst faszinierende Sache, um sich nicht weiter darin zu vertiefen.

KAPITEL 4

Die Ernährung

Mythen und Wahrheiten über das Futter für Hund und Katze

»Ach, übrigens wurde mir von der Tierärztin noch mit auf den Weg gegeben, vom Barfen halte sie gar nichts (man wisse ja nicht, wo das Fleisch so herkäme). Hintergrund ist: Ich bestelle tiefgefroren im Internet, das Fleisch stammt aus deutschen Schlachthöfen. Da war ich leider nicht schlagfertig genug, aber falls ich da noch mal hingehe, möchte ich natürlich von ihr wissen, wo denn das Fleisch oder der fleischähnliche Zusatz im Trockenfutter herkommt.«

Was die Argumente angeht, wie Tierärzte Fertigfutter verteidigen, habe ich viele abenteuerliche Aussagen gehört. Ein Beispiel: »Rohfleischfütterung ist unhygienisch, die Tiere könnten Bakterien und Parasiten bekommen.« Unsinn! Nichts ist »keimfreier« für den Hund oder die Katze als das Fleisch vom Supermarkt oder Metzger, im Vergleich zu erbeutetem Fleisch in der Natur.

Oder: »Knochenfütterung führt zu Knochenkotverstopfung und Ihr Hund wird irgendwann operiert werden müssen.« Falsch: Wenn die Knochen roh verfüttert werden, passiert nichts, lediglich der Stuhl wird etwas härter. Deswegen sollte auch immer etwas Fleisch zum Knochen dazugegeben werden. Rohe Knochen splittern nicht, weil die elastischen Fasern noch erhalten sind, die jedoch durch Kochen zerstört werden. NUR gekochte Knochen splittern. Sie können auch Geflügelknochen geben, aber nur im rohen Zustand. Tierärzte machen keinen Unterschied zwischen rohen und gekochten Knochen. Knochen werden meist pauschal abgelehnt und als Gefahr für unsere Tiere dargestellt.

Oder man erzählt Ihnen, dass Katzen oder Hunde durch die Rohfleischfütterung wild und aggressiv werden und der Hund gar zu wildern beginnt. Außerdem würden Katzen oder Hunde bald an Nährstoffmangel leiden, weil es äußerst schwierig sei, eine Rohfleischfütterung richtig durchzuführen. Dafür würden Sie fundiertes Fachwissen benötigten.

Darauf kann ich nur antworten, dass es natürlich einfacher ist, eine Dose zu öffnen oder in einen Futtersack zu greifen, nur: Rohfleischfütterung ist bei Weitem nicht so kompliziert wie oft dargestellt.

Die oben angeführten Aussagen stammen von Tierärzten und sind dementsprechend bei den Patientenbesitzern weit verbreitet. Diese vertrauen dem Tierarzt, will der doch das Beste für das Tier und kennt sich auch fütterungtechnisch gut aus. Skurril wird es aber dann, wenn der Tierarzt vorschlägt, einen Hund oder eine Katze aufgrund des Barfens einer Blutuntersuchung zu unterziehen, um festzustellen, ob die Rohfütterung nicht schon ihre Spuren hinterlassen hat. Das wäre in etwa so, als würden Sie Ihrem Kind, das Sie bisher ohne schlechtes Gewissen ausschließlich mit Fast Food und Cola ernährt haben, nach einer Umstellung auf frisches Gemüse, Obst et cetera einer Blutuntersuchung unterziehen, um festzustellen, ob ihm diese Umstellung auch nicht geschadet hat.

Liebe Frau Dr. Ziegler,
ich habe vor einem halben Jahr meinen Hund Rudi, Jack Russell, 4 Jahre alt, auf »Barfen« umgestellt. Es tut ihm anscheinend sehr gut, er ist springlebendig, hat ein schönes Fell und seine Verdau-

ungsprobleme sind seit der Umstellung Vergangenheit. Letzte Woche hat er sich an der Kralle verletzt und wir mussten zum Tierarzt. Das Gespräch ging auch über die Fütterung und wir berichteten ganz stolz, wie gut es uns mit der Umstellung ergangen ist. Der Tierarzt war gar nicht angetan von unserer Vorgehensweise und riet uns DRINGEND, eine Blutuntersuchung durchführen zu lassen, um zu sehen, ob dem Hund nicht doch etwas fehle. Müssen wir das wirklich tun? Kann es sein, dass unserem Hund etwas fehlt?

Abgesehen davon, dass man mit den üblichen Standardblutuntersuchungen gar nicht sagen kann, ob etwas »fehlt«, gehört diese Vorgehensweise des Tierarztes in die Kategorie »Angstmache und Verunsicherung«. Gern wird bei einem erhöhten Kreatininwert die Rohfleischfütterung als Verursacher hingestellt. Es ist völlig normal, dass ein gebarfter Hund vor allem kurz nach der Fütterung einen höheren Kreatininwert im Blut hat als Hunde, die mit Fertigfutter ernährt werden. Auch werden die Blutstandardwerte an Hunden und Katzen festgelegt, die mit industrieller Nahrung gefüttert werden. Bei gebarften Tieren muss mit der Blutabnahme bis mindestens 12 bis 18 Stunden nach der Fütterung gewartet werden, um objektive Werte zu erhalten.

Beispielsweise sind nicht der Norm entsprechende Kalziumwerte im Blut nicht aussagekräftig, weil sie nur das nicht zellgebundene Kalzium anzeigen, das aber bloß einen geringen Teil des Gesamtkalziums ausmacht. Keinesfalls sagt dieser Kalziumwert im Blut etwas über einen eventuellen Mangel aus. Das wissen aber viele Tierärzte nicht, sie verunsichern die Patientenbesitzer und verweisen auf die angebliche Sicherheit von Fertigfutter. Hier sei »alles drin«, was das Tier benötige. In meinem ersten Buch *Hunde würden länger leben, wenn …* habe ich ausführlich über die Nachteile des industriell verarbeiteten Futters berichtet, deswegen hier nur eine kurze Zusammenfassung.

Extrudiertes Trockenfutter ist wertlos

Trockenfutter ist grundsätzlich abzulehnen (außer es ist kalt gepresst und enthält keine chemischen Zusatzstoffe und keine künstlichen Vitamine). Die meisten Trockenfutter sind aber extrudiert, das heißt, sie werden hocherhitzt (über 200 Grad Celsius). Dadurch wird so ziemlich alles zerstört, was an wertvollen Rohstoffen vorhanden war (Aminosäuren, Enzyme, Vitamine, sekundäre Pflanzenstoffe). Schon bei einer Erhitzung auf über 50 Grad Celsius gehen die ersten Aminosäurenstrukturen verloren.

Extrudiertes Trockenfutter ist »tot«. Hier nützt es auch nichts, wenn die verwendeten Rohstoffe »hochwertig« sind, wenn sie im Zuge des Herstellungsverfahrens wieder vernichtet werden. Die dann im Nachhinein zugesetzten Stoffe (Vitamine, Aminosäuren et cetera) werden allesamt künstlich hergestellt und entsprechen keinesfalls ihren natürlichen Pendants. Es gibt beispielsweise eine breite Palette an Vitamin-E-Untergruppen, nur eine einzige aber kann künstlich hergestellt werden. Da bleibt die biologische Vielfalt völlig auf der Strecke. Noch ist es nicht möglich, die Natur zu kopieren. Bis jetzt ist es noch niemandem gelungen, auch nur ein Salatblatt künstlich herzustellen.

Diese im Labor zusammengepanschten Futtermittel genügen zwar zum Überleben, aber nicht zur Erhaltung einer lebenslangen Gesundheit. Die Annahme, man könnte einfach aus Kohlenhydraten, Fetten, Proteinen, Vitaminen und Mineralstoffen eine »vollwertige« Nahrung zusammenmixen, ist leider gründlich falsch. Mangelt es den Einzelteilen an biologischer Vielfalt, so ist das große Ganze ebenfalls mangelhaft. Zusätzlich enthalten Trockenfutter meist auch zu viel Getreide, was vor allem Katzen auf Dauer nicht verstoffwechseln können. Es gibt zwar mittlerweile schon getreidefreie Trockenfutter, das ändert aber nichts an der Tatsache, dass aufgrund der hohen Erhitzung auch diese Futter ernährungstechnisch wertlos sind. Trockenfutterdiäten beim Tierarzt sind aber noch nicht einmal von guter Rohstoffqualität. Das schließt sie demnach sogar in zweifacher Hinsicht aus: extrudiert UND mindere Rohstoffqualität. Wer dies anzweifelt, der lese die Deklaration auf der Verpackung. Dort steht die Zusammensetzung der Inhaltstoffe genau aufgelistet. Um diese zu verstehen, benötigt es keine Experten. Trockenfutter kalt gepresst ohne Zusatzstoffe kann als Überbrückungshilfe (Urlaub, wenig Zeit et cetera) gefüttert werden. Auf jeden Fall ist eine überwiegende Rohfütterung vorzuziehen.

Für Katzen gibt es leider noch kein kalt gepresstes Trockenfutter. Herkömmliches extrudiertes Trockenfutter für Katzen sollte getreidefrei sein und auch nur in Ausnahmefällen gegeben werden.

Dosenfutter

Dosenfutter kann ab und zu für zwischendurch oder im Urlaub gegeben werden. Hier gilt die Regel: Je hochwertiger die Rohstoffe, desto weniger muss erhitzt werden. Sind sehr viele »tierische Nebenerzeugnisse« enthalten, muss mehr und länger erhitzt werden. Das heißt im Klartext: Es sollten KEINE tierischen Nebenerzeugnisse enthalten sein. Hochwertige Dosen sollten eine offene Deklaration aufweisen, das heißt, alle Inhaltsstoffe müssen einzeln angeführt werden. Beispielsweise: 40 Prozent Rindfleisch, 10 Prozent Rinderleber, 10 Prozent Rinderlunge und so weiter. Handelt es sich um ein Alleinfuttermittel, sind Gemüse, Kräuter et cetera enthalten und müssen im Nachhinein vom Tierbesitzer nicht hinzugegeben werden. Handelt es sich um ein Einzelfuttermittel, dann sind nur Muskelfleisch und Innereien enthalten. Hier muss der Tierbesitzer die fehlenden Stoffe ergänzen. Außerdem dürfen in einer hochwertigen Dose keinerlei Zusatzstoffe sein, auch keine künstlichen Vitamine. Hier trennt sich die Spreu vom Weizen, und die Auswahl an Produkten wird kleiner.

Studieren Sie genau die Deklaration und verlassen Sie sich nicht auf Angaben wie »enthält keine künstlichen Konservierungsstoffe«.

Das ist dann meist ein Ablenkungsmanöver, um die Kunden zu täuschen. Zugekaufte, schon konservierte Fette müssen beispielsweise nicht mehr deklariert werden. Solche Dosen enthalten dann meistens auch eine große Anzahl an synthetischen Zusatzstoffen (künstliche Vitamine et cetera). Auch sogenannte Biodosen sind mit Vorsicht zu betrachten. Meist beträgt der Anteil an »Bio«-Fleisch nicht mehr als 4 Prozent. Fast alle in Supermärkten sowie Fachmärkten verkauften Futterdosen sind in Bezug auf die Qualität der Rohstoffe schlecht. Einige wenige Ausnahmen enthalten zwar mehr Fleisch, sind aber ebenfalls meist mit künstlichen Zusatzstoffen versetzt. Hände weg davon! Warum? Künstliche Zusatzstoffe wie Antioxidantien, die das Futter frisch halten sollen, oder Konservierungsstoffe, die die Vermehrung von Keimen verhindern, können auf Dauer massiven gesundheitlichen Schaden anrichten. Vor allem die in Tierarztpraxen verkauften Diätfuttermittel enthalten krebserregendes BHA und BHT. Zusatzstoffe können auch Auslöser von Allergien sein. Um jahrelange Haltbarkeit zu erreichen, wird ein Produkt erzeugt, das schwere Gesundheitsstörungen auslösen kann. Gutes Dosenfutter enthält als Antioxidans verschiedene Öle (Lachsöl) und ist nicht jahrelang haltbar. Eine Verbrauchertäuschung stellt auch beispielsweise die Verwendung von Vitamin E als Antioxidans dar. Vitamin klingt zwar gesund, ist es aber nicht, weil zugesetzte Vitamine künstlich mittels gentechnisch veränderter Bakterien hergestellt werden. Also ebenfalls ein Chemiecocktail.

Wie unglaublich positiv sich die Umstellung auf Rohfütterung auf die Gesundheit und oft auch auf das Verhalten der Tiere auswirkt, habe ich nicht nur in der eigenen Praxis, sondern auch über unzählige E-Mails berichtet bekommen. Viele dieser E-Mails beginnen mit solchen Sätzen: *Seit wir unseren Hund auf Rohfutter umgestellt haben, haben wir einen völlig veränderten Hund, sämtliche Beschwerden wie Durchfall, Erbrechen gehören der Vergangenheit an* Oder: *Seitdem unser Hund Rohfleisch bekommt, ist er viel vitaler…* Oder: *Seit der Um-*

stellung haben wir bei unserem Jack Russel nicht mehr mit ständigen Darmproblemen zu kämpfen. Oder: *Die Rohfleischfütterung bekommt unserer Katze sehr gut. Sie hat jetzt auch ein viel glänzenderes Fell, und auch der Zahnstein muss nicht mehr andauernd entfernt werden …*

Dieses Buch soll auch dazu beitragen, unschlüssige Tierbesitzer zu motivieren, ihren Hund oder ihre Katze auf Rohfleischfütterung umzustellen. Ein sehr großer Teil der umgestiegenen Hunde- beziehungsweise Katzenbesitzer bleibt auch mit großer Begeisterung dabei. Ich schätze diesen Anteil aufgrund eigener Erfahrungen auf bestimmt fast 90 Prozent, wobei hier auch viele »Teilbarfer« dabei sind. Viele Tierbesitzer haben ihren eigenen »Kompromiss« gefunden, barfen teilweise oder überwiegend, wie es eben in die Lebenssituation des Einzelnen passt. Alles ist in Ordnung, solange auf jegliches extrudiertes Trockenfutter sowie auf minderwertige Dosen verzichtet wird.

»Barfen« – was heißt das eigentlich?

Was heißt denn eigentlich B. A. R. F.? Bones And Raw Food, zu Deutsch: biologisch artgerechte Rohfütterung. Dieses Buch soll kein BARF-Buch werden, dafür gibt es genügend ausführliche Literatur. Ich möchte nur kurz auf tierartliche Unterschiede zwischen Hunden und Katzen hinweisen sowie einige grundsätzliche Fragen, die auch unter »Barfern« immer wieder zu Missverständnissen führen, beantworten.

Warum müssen Hunde und Katzen unterschiedlich gefüttert werden?

Größentechnisch sind Hunde und Katzen heute manchmal nicht mehr auseinanderzuhalten. Heute gibt es Katzen, die größer und schwerer sind als mancher Hund. Was beiden aber geblieben ist,

ist ein Verdauungstrakt, der die wilden Vorfahren widerspiegelt. Daran hat sich auch seit dem Zeitpunkt der Einführung von Fertigfutter nicht viel geändert (seit den 1970er-Jahren). Es dauert Hunderttausende von Jahren, bis ein hoch kompliziertes Organsystem wie der Verdauungstrakt einer Art sich verändern und an andere Gegebenheiten anpassen kann. Die Aussage, Hunde und Katzen hätten sich verdauungstechnisch schon an Fertigfutter angepasst, entbehrt damit jeder Grundlage. Mittlerweile hat in vielen Hundezuchten durch verantwortungsloses »Inzüchten« eine gewisse »Degeneration« stattgefunden, nicht nur was das Aussehen der Tiere betrifft. Durch über Generationen hinweg anhaltende Fehlernährung hat die Verdauungsleistung der Tiere massiv abgenommen. Hunde und Katzen sind aufgrund stark reduzierter Bakterien- beziehungsweise Enzymflora heutzutage immer weniger in der Lage, eine artgerechte Verdauungsarbeit durchzuführen und damit auch gesund zu bleiben. Experimente der Amerikaner Pottenger und Simonson zeigen das sehr eindrucksvoll: Die Forscher unternahmen 20 Jahre lang Tierfütterungsversuche an Katzen. Bei einer Versuchsgruppe, bei der die Katzen Fleisch und Milch, teils roh, teils gekocht, erhielten, stellten die Wissenschaftler zunächst fest, dass bei roher Nahrung die Katzen gesund blieben, sich fortpflanzen konnten und gesunde Welpen auf die Welt brachten. Bei gekochter Nahrung dagegen kam es zu Störungen der Fortpflanzung, zu Fehlgeburten sowie zu Wesensveränderungen. Weibchen wurden bissig, Männchen zeigten sich zunehmend sexuell desinteressiert. Ab der dritten Generation überlebte keine Katze mehr den 6. Lebensmonat. Bei Fütterung mit rohem Fleisch beziehungsweise roher Milch war die Skelettbildung normal, bei gekochtem Fleisch zeigten sich Veränderungen am Gebiss. In der zweiten Generation dann kam es zu Schädelmissbildungen und zu völlig deformierten Gebissen. In der dritten Generation waren die Veränderungen noch ausgeprägter. Nach Wiedereinführung der Rohnahrung bildeten sich diese Veränderungen erst in der 4. Generation wieder gänzlich zurück. Pottenger und Simonson experimentierten zwar hauptsächlich in Hinsicht auf Unterschiede in der Fütterung zwischen roher beziehungsweise gekochter Milch, rohem beziehungsweise gekochtem Fleisch, das Resultat war aber in jeder Hinsicht eindeutig. Gekochtes Futter macht auf Dauer krank. Genau wie H-Milch eine »tote Brühe« darstellt und beim Menschen gesundheitliche Schäden anrichten kann, ist industriell verarbeitetes Fleisch in der Tiernahrung ein Grund für das Zunehmen sogenannter Zivilisationskrankheiten.

Warum müssen Hunde und Katzen unterschiedlich gefüttert werden? Die Unterschiede zwischen Hund und Katze in Hinblick auf die Verdauungsorgane und den Stoffwechsel sind folgende:

Der Hund ist ein sogenannter Semi-Carnivore, also ein Halb-Fleischfresser, im Gegensatz zur Katze, die ein Carnivore, also ein kompletter Fleischfresser, ist. Der Vorfahre unseres Haushundes ist ja bekannterweise der Wolf. Der Wolf jagt im Rudel, hat Reißzähne und lange, spitze Eckzähne. Der Wolf frisst auch im Rudel und muss sich sputen, um etwas zu erwischen. Deswegen reißt er große Brocken aus der Beute und schlingt sie hinunter. Da bleibt nicht viel Zeit zum Kauen. Die Katze dagegen jagt einzeln, hat schwächere Kiefergelenke als der Hund, sie besitzt keine Eckzähne, sondern nur Reißzähne und kann sich Zeit nehmen beim Auffressen der Beute. Katzen sind Nachtjäger, sie können besser hören als riechen und haben einziehbare Krallen. Katzen brauchen viel Fleisch. Was sie nicht brauchen, ist Getreide, das können sie nicht oder kaum verstoffwechseln. Zudem decken Katzen als ehemalige Wüstenbewohner in der Natur ihren Flüssigkeitsbedarf fast ausschließlich durch den Verzehr von Beutetieren.

Ein Hund freut sich, oft zum Leidwesen seiner Besitzer, über vergammeltes und verwestes Fleisch. Eine Katze würde dieses niemals anrühren. Hunde können problemlos mehrere Tage fasten, Katzen nicht. Die Katze frisst über den Tag verteilt mehrere kleinere Mahlzeiten. Wie auch in der Natur, wo sie mehrere kleine Beutetiere täglich fängt und verspeist. Fastet eine Katze länger als 24 Stunden, kann es, gerade bei übergewichtigen Katzen, aber auch bei Jungtieren in der Wachstumsphase oder bei trächtigen beziehungsweise laktierenden Katzen zu Erkrankungen (hepatische Lipidose) kommen.

Eine weitere Besonderheit der Katze ist, dass sie auf die regelmäßige Zufuhr von Taurin angewiesen ist. Taurin ist eine essenzielle Aminosäure und kann von der Katze nur in geringem Maße selbst synthetisiert werden. Natürliche Taurinquellen sind vor allem Herz, Muscheln und Meerestiere. Rohes Muskelfleisch (vor allem das Herz) enthält ebenfalls viel Taurin, was für den Bedarf einer Katze ausreicht. Frisst die Katze kein Herz, kann als natürliche Taurinquelle Grünlippmuschelextrakt verwendet werden. Künstliches Taurin ist nur bedingt geeignet, da Katzen dieses nicht so gut verstoffwechseln können. Außerdem wollen wir ja gerade auf künstlich hergestellte Zusatzstoffe verzichten. Solange es natürliche Alternativen gibt, sollten diese auf jeden Fall vorgezogen werden. Taurin wird durch Kochen größtenteils zerstört, deswegen wird in Fertigfuttern fast immer künstliches Taurin zugesetzt.

Katzen decken ihren Energiebedarf über Fleisch und tierische Fette. Eine Katze kann sogar bis zu 64 Prozent Fett in der Trockenmasse locker verdauen. Pflanzenöle, wie sie gerne als Barfzusätze verkauft werden, bringen einer Katze wenig bis gar nichts. Warum? Die Katze ist neben Taurin auch auf die Zufuhr von Arachidonsäure angewiesen, die sich ausschließlich in tierischen Fetten wie Schweineschmalz oder Lachsöl befindet.

Über die Fütterung von rohem Fleisch und Fett haben wir für den Bedarf der Katze fast alles abgedeckt, aber eben noch nicht alles. Eine Katze benötigt circa 4 bis 5 Prozent der Gesamtfuttermenge Ballaststoffe, das ist bei einer etwa 4 Kilogramm schweren Katze etwa ein Teelöffel voll. Als Ballaststoffe können geraspelte Karotten, geraspelte Zucchini et cetera ins Futter gegeben werden. Eine weitere Besonderheit der Katze liegt in ihrer Unfähigkeit, Vitamin A aus Betacarotin zu bilden. Hier kann man mit der gelegentlichen Fütterung von Leber (nicht mehr als 150 Gramm pro Woche) aber unterstützend eingreifen. Katzen können außerdem kein Niacin (Vitamin B) bilden. Bei der Rohfütterung ist die Versorgung mit Niacin aber ausreichend.

Hunde können Betacarotin in Vitamin A umwandeln, somit hat beim Hund die Fütterung von Karotten oder Tomaten eine ganz andere Bedeutung als bei der Katze. Hunde können Arachidonsäure aus Linolsäure bilden, sie sind also hier auf die Zufuhr von außen nicht angewiesen. Was Hunde aber nicht können, ist, aus Alpha-Linolensäure Omega-3-Fettsäuren zu bilden (EPA und DHA). Diese Fettsäuren findet man heutzutage hauptsächlich nur noch im Fisch. Fleisch von auf der Weide gehaltenen Schlachttieren enthält im Gegensatz zu dem Fleisch von Schlachttieren aus der Massentierhaltung noch viele Omega-3-Fettsäuren. Das liegt an der Fütterung. Wildtiere decken ihren Bedarf an diesen Fettsäuren mit der Aufnahme von Kräutern, Farnen, Gräsern et cetera. In der Massentierhaltung gibt es keine Omega-3-haltigen Wildkräuter mehr. Deswegen müssen wir auf eine zusätzliche Versorgung mit Omega-3-Fettsäuren achten (tierische Öle).

Zusammenfassend können wir sagen, dass die Katze ihren Bedarf fast ausschließlich aus tierischen Produkten (Fleisch, Fett, Knochen und Innereien) decken kann – plus einem geringen Teil an Ballaststoffen sowie abwechselnd verschiedenen Kräutern. Sollten keine Knochen gefressen werden können, ist mit Eierschalenpulver der fehlende Kalziumgehalt zu ersetzen.

Dem Hund hingegen genügt für eine optimale Versorgung die Zufuhr von rohem Fleisch mit Fett nicht. Da der Wolf in der Natur zuerst den Mageninhalt des Beutetieres verspeist, müssen wir versuchen, diese Versorgung mit Gräsern, Kräutern, Wurzeln et cetera zu ersetzen. Der Mageninhalt des Beutetieres enthält auch viele pflanzliche Enzyme, die der Wolf/Hund für eine gesunde Verdauung unbedingt benötigt.

»Barfen« des Hundes

Die Barf-Fütterung ist viel einfacher, als man anfangs glaubt. Einige Regeln sollten jedoch eingehalten werden. 70 Prozent Fleisch und Innereien (beim alten Hund 50 Prozent), der Rest Gemüse, Buchweizen, Amaranth, Quinoa, Hirse, Obst, frische oder getrocknete Kräuter, Lachsöl. Was verfüttert werden kann, richtet sich auch nach den Vorlieben des Hundes, Unverträglichkeiten müssen beachtet werden. Die richtige Ernährung für alle gibt es nicht. Wie beim Menschen existieren auch bei Hunden und Katzen individuelle Vorlieben sowie Verträglichkeiten. Manche Hunde vertragen beispielsweise kein Obst oder bekommen auf bestimmte Gemüsesorten Blähungen. Das muss dann jeder Tierbesitzer selbst herausfinden.

Auch viele Menschen verfügen nicht über eine ausreichende »Verdauungskapazität«, das heißt, ihnen fehlen die entsprechenden Enzyme und Bakterien, um beispielsweise rohes Gemüse verdauen zu können. Auch Hunde, die jahrelang »vorverdautes« Industriefutter bekommen haben, sind aufgrund der reduzierten Darmflora nicht in der Lage, alles problemlos verarbeiten zu können. Viele Hunde aber, und das sind meistens diejenigen, die schon als Welpen gebarft werden, können alles erdenklich Fressbare, auch in großen Mengen, vertilgen, ohne nur die kleinsten Anzeichen einer Verdauungsstörung zu zeigen. Man kann »empfindliche« Hunde aber sehr wohl »barfen«, man muss nur herausfinden, was vertragen wird und was nicht, und durch Zufütterung von Darmbakterien unterstützend eingreifen. Manche Patientenbesitzer geben hier viel zu schnell auf. Fast alle Hunde, vor allem aber auch die kranken, kann man ohne größere Probleme umstellen. Es ist nie zu spät, um mit dem Barfen zu beginnen. Natürlich kommt es auch auf den Hundebesitzer an, inwieweit er in der Lage ist, bei einem »empfindlichen« Hund herauszufinden, was er verträgt und was nicht. Die meisten bekommen das aber super in den Griff.

Kritisch wird es bei bestehenden Futtermittelunverträglichkeiten oder Futtermittelallergien. Hier kann es sein, dass vom Besitzer sehr viel Engagement und Geduld abverlangt werden. Eine Ausschlussdiät über mehrere Monate durchzuführen ist keine leichte Aufgabe, aber lösbar. Oft haben Tierbesitzer schon lange Leidenswege hinter sich und sind bereit, alles für ihr Tier zu tun.

Wenn man Welpen, egal, ob Katzen- oder Hundewelpen, gleich mit Beginn der Zufütterung an rohes Fleisch gewöhnt, hat man die besten Voraussetzungen dafür, dass es keine Probleme mit Futtermittelunverträglichkeiten oder Allergien gibt, die Verdauung ordnungsgemäß funktioniert und die Hunde und Katzen zeitlebens gesund bleiben und auch gesund alt werden können.

Bekommt man seinen Welpen aus einer Zucht oder aus einem Tierheim, wo mit Fertigfutter gefüttert wurde, heißt es für den neuen Tierbesitzer: sofort umstellen. In der Regel klappt das ohne Probleme. Man sollte nicht den Fehler machen und das vom Züchter oder vom Tierheim mitgegebene »gewohnte« Fertigfutter mit der neuen rohen Kost zusammenmischen. Da Fertigfutter gegenüber Rohfutter unterschiedliche Verdauungszeiten hat, wird der Verdauungstrakt des Welpen völlig überfordert. Hier kann es dann schon zu Problemen (Durchfall) kommen, und die frischgebackenen Tierbesitzer geben gleich auf. Manche begehen auch den Fehler, das Fleisch erst einmal zu kochen. Die Annahme, ein Welpe könnte gekochtes Fleisch leichter verdauen, ist schlichtweg falsch. Gewolftes, also durch den Fleischwolf gedrehtes, rohes Fleisch kann der Welpe viel besser verwerten. Das gilt für Hund und Katze. Sollte es trotzdem bei der Umstellung zu Durchfällen kommen, keine Panik, das ist leicht in den Griff zu bekommen. Geben Sie ein bis zwei Tage lang in Fleischbrühe gut durchgekochte Karotten, das stoppt jeden umstellungsbedingten Durchfall in Kürze.

Ein Welpe, egal, ob Hund oder Katze, benötigt kein anderes Futter als ein erwachsenes Tier, nur in der Gesamtmenge mehr Fleisch und Fett. Beim Hundewelpen ist die Gesamtfuttermenge, bezogen auf das Körpergewicht, etwa doppelt so groß wie beim erwachsenen Hund, der Eiweißanteil (Fleisch) sollte aber größer sein. Es gilt die Regel: Je älter der Hund, desto weniger Eiweiß benötigt er. Welpe und Junghund benötigen etwa 70 Prozent Fleisch in der Ration, der alte Hund maximal 50 Prozent. Das sind aber alles nur ungefähre Zahlen. Hunde, die täglich körperliche Höchstleistungen vollbringen sollen, oder Katzen, die den ganzen Tag im Freien verbringen, benötigen eine größere Futtermenge als Couch-Potatoes.

Ein Fastentag pro Woche oder ein komplett fleischloser Tag sollten beim erwachsenen Hund unbedingt durchgezogen werden. Wenn Milchprodukte gegeben werden, dann angesäuerte (Hüttenkäse, Joghurt) oder nur Ziegenmilchprodukte. Als Muttermilchersatz sollten auf keinen Fall die üblichen Milchersatzpulver verwendet werden. Diese werden leider ausnahmslos auf Kuhmilchbasis hergestellt. Und Kuhmilchprodukte können die ersten Weichen für später auftretende Allergien stellen. Beim Welpen und auch beim erwachsenen Hund ist zusätzlich noch auf genügend Kalzium zu achten. Sind die Milchzähne noch vorhanden und können noch keine Knochen gefressen werden, muss Eierschalenpulver gegeben werden. Beim erwachsenen Hund genügen zwei- bis dreimal pro Woche Knochen, können diese nicht gefressen werden, geben Sie ebenfalls Eierschalenpulver.

Getreide sollten nur sehr aktive Welpen und Junghunde bekommen, die mit der oben genannten Fütterung nicht satt werden beziehungsweise zu dünn sind. Molligen Welpen sollten Sie KEIN Getreide geben. Welpen und Junghunde sollten eher dünn als dick sein.

Strittige Fragen unter »Barfern«

Einige Punkte werden auch unter »Barfern« immer wieder heftig diskutiert:

- **Schweinefleisch:** Prinzipiell ja, da das für Hund und Katze tödliche Aujeszkyvirus bei uns nur noch bei Wildschweinen vorkommt. In unserer heutigen Schweinehaltung existiert das Virus nicht mehr. Anders ist es bei aus dem Ausland eingeführten Schweinen, hier kann das Aujeszkyvirus durchaus vorkommen. Da wir aber sowieso Schweinefleisch aus Massentierhaltungen meiden sollten (Stress und Medikamente), bleibt nur das Schweinefleisch aus hiesigen Biobetrieben, das Sie unbedenklich verfüttern können. Bei Allergikern sollte auf die Fütterung von Schweinefleisch wegen des hohen Histamingehaltes ganz verzichtet werden. Durch Kochen wird das Virus abgetötet, aber kochen wollen wir ja nicht.
- **Obst:** Wenn Obst gefüttert wird, dieses aus heimischen Obstsorten zusammenstellen (Äpfel, Birnen, Beeren). Viele Obstsorten wie Bananen oder Kiwis haben mittlerweile so einen hohen Zuckergehalt, dass sie Süßigkeiten gleichzusetzen sind. Gut geeignet sind Brombeeren, Himbeeren, Johannisbeeren, Heidelbeeren.
- **Pferdefleisch:** Immer wieder wird der Fehler begangen, allergische Hunde sofort mit Pferdefleisch zu füttern. Die Verwendung von Pferdefleisch sollte auf einen späteren Zeitpunkt verschoben werden, wenn sich nach Ausschlussdiäten aller anderen Fleischsorten keine Alternative mehr bietet (das ist aber äußerst selten). Auch ist Pferdefleisch wegen der gestiegenen Nachfrage mit Vorsicht zu genießen. Hier kann es schon vorkommen, dass auch eingeschläferte Tiere aus den Pferdekliniken verarbeitet werden. Dass hier dann eine Medikamentenbelastung vorliegen kann, ist nicht auszuschließen. Pferdefleisch dürfte mittlerweile auch sehr billig zu haben sein, wie der jüngste Fleischskandal zeigt. Diese Pferde stammen hauptsächlich aus Rumänien, Kanada und Argentinien und werden dort unter den unwürdigsten Bedingungen geschlachtet (siehe Bericht *Stern TV* vom Februar 2013).

- **Glutengehalt:** Unser heutiges Getreide wird mit einem viel höheren Glutengehalt gezüchtet als früher. Der Grund dafür liegt in den besseren Verarbeitungsmöglichkeiten des Getreides mit höherem Glutengehalt.
  Auf folgende glutenhaltige Getreidesorten sollte gerade bei darmempfindlichen Hunden verzichtet werden: Weizen, Roggen, Gerste, Hafer, Dinkel und Grünkern. Glutenfreie Getreide sind: Mais, Reis sowie die sogenannten Pseudogetreide:
  - Buchweizen (zählt botanisch zu den Knöterichgewächsen, es wird der geschälte Samen verwendet) eignet sich hervorragend für alle Hunde.
  - Quinoa (zählt botanisch zu den Gänsefußgewächsen, es wird ebenfalls der Samen verwendet) zählt wie der Buchweizen noch zu den »ursprünglichen Getreidesorten«, die einen sehr hohen Gehalt an Vitaminen und Nährstoffen haben, viel mehr als herkömmliches Getreide.
  - Amaranth (zählt botanisch zu den Fuchsschwanzgewächsen) ist eine der ältesten Nutzpflanzen überhaupt und enthält viele wertvolle Aminosäuren sowie ungesättigte Fettsäuren.
  - Hirse zählt botanisch zu den Gräsern. Sie ist eine der ältesten Getreidearten, reich an Eisen und Kieselsäure et cetera.

  Diese vier »Pseudogetreidearten« verwende ich deswegen so gerne, weil sie erstens sehr viel mehr Nährstoffe und Vitalstoffe als herkömmliche Getreide enthalten, zweitens glutenfrei sind und drittens keine Einfachzucker enthalten. Zusätzlich haben sie einen basischen Charakter, säuern also das Futter nicht so an wie die anderen Getreidesorten. Alle Produkte aus weißen Auszugsmehlen wie Nudeln, polierter Reis, Backwaren, aber auch Kartoffeln haben einen hohen glykämischen Index, damit einen sofortigen Blutzuckeranstieg, belasten die Bauchspeicheldrüse und machen vor allem dick.

- **Gemüse:** Fast alle Gemüsesorten sind geeignet, außer blähende wie Kohlsorten. Gemüse kann fein geraspelt oder kurz gedünstet verfüttert werden.

Zusätze sind bei gesunden Tieren nicht notwendig. Ausnahmen sind:

- **Kalziumzusatz** in Form von Eierschalenpulver bei Hunden und Katzen, die keine Knochen fressen können.
- **Öle:** Omega-3-Fettsäuren in Form von Ölen zugeben (regelmäßig Lachsöl oder Krillöl, manchmal Schwarzkümmelöl, Hanföl, Nachtkerzenöl), vor allem dann, wenn Fleisch aus Massentierhaltungen verfüttert wird.
- **Milchprodukte:** Die Fütterung von Milchprodukten ist vor allem bei Allergikern sowie bei darmempfindlichen Hunden abzulehnen.

  Viele Hunde und Katzen lieben Milchprodukte. Wenn es gut vertragen wird, ist nichts dagegen einzuwenden, es sollten jedoch Ziegenmilchprodukte vorgezogen werden. Katzen, die auf einem Bauernhof leben und Rohmilch von der Kuh bekommen, haben Glück. Rohmilch ist ein ausgezeichnetes Futtermittel für Katzen und auch für Hunde, weil sie noch ursprünglich ist und alle wertvollen Nährstoffe enthält (siehe Kapitel 4: *Die Ernährung – Milchprodukte: gut oder schlecht?*).
- Wichtig sind auch regelmäßige Gaben von **Kräutern**. Neben Küchenkräutern wie Petersilie, Basilikum, Thymian et cetera sind vor allem Wildkräuter aufgrund ihres höheren Gehaltes an gesundheitsfördernden Inhaltstoffen den Kulturpflanzen vorzuziehen: Bärwurz, Bibernelle, Blutweiderich, Brombeerblätter, junge Buchenblätter, Dost, Brunnenkresse, Käsepappel, Kerbel, Klee, Lungenkraut, Luzerne, Quecke, Sauerampfer, Schachtelhalm, Schafgarbe, Veilchen, Wiesenbärenklau, Löwenzahn, Giersch, Breitwegerich, Spitzwegerich, Gänseblümchen, Klee, Brennnessel, Stiefmütterchen.

- **Nüsse:** Auf Nüssen bilden sich oft Pilzgifte, die schädlich für die Leber sind. Nüsse, die nicht direkt vom Baum kommen, sondern gelagert werden, müssen deswegen über Nacht in Wasser, dem etwas Vitamin C beigefügt wurde, eingeweicht werden. So werden die Pilzgifte abgespült. Prinzipiell sollten Nüsse nicht zu oft verabreicht werden.

Was tun bei Zahnstein?

Zahnstein bildet sich aus bakteriellen Belägen, die durch Einlagerung von Mineralien (Kalzium, Phosphor, Magnesium) verhärten.

Wann entstehen diese bakteriellen Beläge? Diese bilden sich vor allem durch die Aufnahme kohlenhydratreicher Futtermittel (Trockenfutter). Die darin enthaltenen Zuckerverbindungen dienen als Haftmittel für die Bakterien und stellen ein ideales Klima für deren Vermehrung dar.

Zusätzlich begünstigt die durch kohlenhydratreiche Futtermittel verursachte pH-Wert-Verschiebung im Speichel die Zahnsteinbildung noch weiter.

Andere Faktoren, wie Fehlstellungen oder die durch Züchtung immer kleiner und kürzer werdenden Köpfe, fördern ebenfalls die Zahnsteinbildung. Durch die kurzen Köpfe, bekommen die Hunde weniger Luft und müssen vermehrt hecheln. Die Maulhöhle trocknet schneller aus, und die Zähne bekommen zu wenig Speichel, der eine antibakterielle Wirkung hat. Auch hier bildet sich Zahnstein schneller.

Folgen von Zahnstein sind chronische Entzündungen mit Rückbildung des Zahnfleisches. Diese Entzündungen können bis zur Zahnwurzel wandern, der Zahn wird locker und fällt letztendlich aus. Auch übler Maulgeruch ist ein unangenehmer Begleiter des Zahnsteins.

Die Tierärzte und die Futtermittelindustrie versuchen den Tierbesitzern einzureden, die Entstehung von Zahnstein bei Hund und Katze wäre »normal«. Das ist auch verständlich, liegen doch die Ursachen der Zahnsteinbildung hauptsächlich in einer »falschen« Fütterung und sind demnach hausgemacht wie viele andere Erkrankungen. Die Hersteller und die Verkäufer der den Zahnstein verursachenden Futtermittel sind natürlich nicht daran interessiert, die wirklichen Zusammenhänge aufzudecken.

Es ist das ureigenste Bedürfnis des Hundes, seine Beute zu reißen und zu kauen. Das kann er nur, wenn er »ganze« Fleischstücke bekommt. Bei Fütterung von weichem Dosenfutter, aber auch Trockenfutter ist das Gebiss unterfordert, es fehlen die Reibungsflächen, Zahnstein kann sich schneller bilden.

Handelsübliche Zahnreinigungskauknochen und auch sogenannte zahnreinigende Trockenfutter sind völlig ungeeignet als Prophylaxe zur Zahnsteinbildung. Ganz im Gegenteil. Sieht man sich die Inhaltsstoffe dieser »Kauknochen« an, Getreide, Stärke, Zucker, ist es eigentlich logisch, dass das nicht funktionieren kann.

Die beste Vorsorge gegen Zahnstein ist:

- Vermeidung von kohlenhydratreichem Trockenfutter
- Vermeidung von im Handel angebotenen »zahnreinigenden« Produkten (Denta stix und Co.)
- Fütterung von Fleischstücken im Ganzen, darauf kaut der Hund, aber auch die Katze lange herum
- Gabe von rohen Knochen oder getrockneten Kauartikeln wie Pansen, Dörrfleisch, Rinderkopfhaut et cetera

Ist der Zahnstein einmal vorhanden, muss er entfernt werden. Danach kann aber sehr wohl das baldige Wiederauftreten des Zahnsteins verhindert werden.

Leider raten Ihnen Tierärzte eher dazu, Ihrem Hund die Zähne zu putzen oder »zahnreinigendes« Futter zu geben, als die Fütterung anzupassen. Universitätsprofessoren (Wien) geben sich dafür her, für völlig ungeeignete Kauartikel, deren Zusammensetzung den Zahnstein eher fördert als verhindert, Werbung zu machen. Junge Kollegen übernehmen diese Ansichten dann, ohne sich eigene Gedanken zu machen. Wenn man bedenkt, wie viele Hunde und Katzen an Zahnstein und dessen Folgen leiden (etwa 85 Prozent) und wie viel Patientenpotenzial das in sich birgt, ist es zu verstehen, dass kein Tierarzt auf diese lukrative Einnahmequelle verzichten will oder kann. Zulasten der Tiere. Dass unzählige Hunde und Katze aufgrund falscher Fütterung täglich auf OP-Tischen liegen und in Vollnarkose Zahnstein entfernt bekommen müssen, ist nicht »normal« und sollte auch nicht einfach so hingenommen werden. Am besten: Sie agieren selbst.

Die Magendrehung – die wahren Ursachen

Viele Fertigfutterhersteller werben mit der »hohen Verdaulichkeit« ihres Produktes. Verdaulichkeit ist die Aufschließbarkeit von Nahrungsmitteln. Sie wird nach der Verweildauer im Magen, dem Grad der Aufschließung bei der Verdauung und dem Ausbleiben von Beschwerden beurteilt. Eine hohe Verdaulichkeit besitzen beispielsweise Milch, Eier und Hühnerfleisch. Je höher der Anteil an schwer verdaulichen Komponenten (Knochen, Knorpel, Sehnen) ist, desto geringer ist auch der Anteil an Nährstoffen, der die Darmwand zu passieren vermag.

Da Fertigfutter in der Regel aus Kostengründen zu wenig reines Fleisch enthält, wird die Verdaulichkeit erhöht, indem beispielsweise viel Kleber (pflanzliches Eiweiß) hinzugefügt wird. Das erhöht zwar die Verdaulichkeit, aber nicht die Qualität der Eiweiße.

Ein Hund benötigt neben Fleisch aber auch schwer verdauliche Komponenten. Der gesamte Magen-Darm-Trakt muss trainiert werden, das heißt, nur leicht verdauliche Kost zu füttern macht den Hund auf Dauer krank. Wird die Muskulatur des Magen-Darm-Kanals nicht beansprucht, verkümmert sie, und der Magen kann sich leichter drehen. Wie dramatisch ein solcher Verlauf sein kann, wissen viele Tierbesitzer aus eigener Erfahrung. Hundebesitzern, vor allem den Besitzern von großen Hunden (ab Schäferhundgröße), wird erzählt, dass sie ihren Hund nach dem Fressen nicht bewegen dürfen, um eine Magendrehung zu vermeiden. Eine weitere Ursache soll das Aufquellen der extrudierten Pellets im Magen sein. Warum bekommen aber frei lebende Fleischfresser wie Wildhunde, Hyänen und Wölfe keine Magendrehung? Kann es doch gerade in der freien Wildbahn passieren, dass direkt nach dem Verzehr großer Futtermengen eine Flucht und damit Bewegung notwendig sind.

Wie so oft wird vieles erzählt, gemutmaßt und geglaubt oder auch nicht geglaubt. Tierärzte übernehmen im Allgemeinen die Aussagen, die »kursieren«, und denken nicht weiter darüber nach. Die Ursachen für eine Magendrehung liegen aber ganz woanders. Auch der Verweis auf genetische Ursachen, der so oft in Anspruch genommen wird, um irgendwie einen »Schuldigen« zu finden, ist weit hergeholt. Die wirklichen Ursachen, die meistens »hausgemacht« sind, werden nicht hinterfragt, auch wenn sie noch so logisch sind.

Warum also bekommen Hunde Magendrehungen und Wildtiere nicht? Meist beginnt die Misere schon mit der falschen Fütterung im Welpenalter. Nur ein Magen-Darm-Trakt, der richtig gefordert wird, kann genügend Muskulatur ausbilden, dann kann eine Magendrehung gar nicht erst entstehen. Zu viel verdauliches Eiweiß in der Nahrung (Fertigfutter) und meist auch zu wenig Ballaststoffe machen den Magen träge. Auch ist Fertigfutter zu voluminös, der Wasseranteil zu hoch, alles wird zu schnell verdaut, belastbare Muskulatur kann sich nicht ausbilden. Chemische Antioxidantien und Zusatzstoffe im Fertigfutter wirken ebenfalls schädigend auf die Darmwand und damit auch auf die Muskulatur. Auch die Durchblutung der Magenwand wird vermindert und so die Beweglichkeit der Magenwand empfindlich gestört. Futter bleibt damit zu lange liegen und kann gären. Wildtiere bekommen kein »vorverdautes« Futter. Hier muss der Verdauungsapparat richtige Arbeit leisten.

Die Panik der Besitzer großer Hunde ist verständlich, denn die mit im Magen aufquellenden Fertigfutterkügelchen gefütterten Hunde sind wirklich gefährdet, eine Magendrehung zu bekommen. Hunde, die natürlich ernährt werden und eine kräftige Magenmuskulatur besitzen, kennen das Problem Magendrehung nicht, auch wenn sie sich nach der Fütterung bewegen. Die Werbung der Futtermittelindustrie mit der Aussage »hohe Verdaulichkeit« geht somit nach hinten los.

Wie können wir eine Magendrehung verhindern?

- viel Bewegung, auch schon im Welpenalter
- kein Fertigfutter, vor allem keine extrudierten Pellets, die zusätzlich im Magen noch aufquellen, Dosen nur mäßig. Viel rohes Fleisch, Knorpel, Knochen, Sehnen, dazu Wurzelgemüse, Wildkräuter, Obst, Samen et cetera

Apropos Werbung: Grundsätzlich kann man sagen: Je mehr Werbung für ein Futtermittel gemacht wird, desto schlechter ist dieses. Firmen, die auf Qualität achten, haben kein Geld für aufwendige Marketingstrategien, hier fließt alles in das Produkt. Hüten Sie sich also vor überall angepriesenen Futtermitteln, die es nicht nur in den Fachgeschäften, sondern vor allem auch beim Tierarzt zu kaufen gibt. Wie so oft und nicht nur beim Tierfutter werden gerade die schlechtesten sowie gesundheitsschädlichsten Produkte besonders hart beworben. Denken Sie beispielsweise an die Werbung der »gesunden« Milchschnitte für Kinder oder an jegliche Werbung für Fruchtsäfte oder Müslis, die sich vor allem durch einen enorm hohen Zuckergehalt auszeichnen.

Kann man einen Hund vegetarisch ernähren?

Kämen Sie auf die Idee, Ihrem Kaninchen ein Gulasch vorzusetzen? Wahrscheinlich nicht. Aber es gibt Leute, die denken, man könnte einen Hund, der den Verdauungstrakt eines Fleischfressers besitzt, vegetarisch ernähren. Ein Hund kann aber langfristig nicht seinen Energiebedarf aus pflanzlichem Eiweiß decken. Vegetarisch ernährte Hunde haben eine sehr schlecht ausgebildete Muskulatur. Auch die Organe leiden unter dem Mangel an tierischem Eiweiß. Also bitte NICHT ausprobieren!

Milchprodukte: gut oder schlecht?

Heutzutage leiden Millionen Menschen unter Allergien, die durch Milchprodukte verursacht werden. Warum bekommen aber nur manche Menschen, die regelmäßig Kuhmilch trinken, Allergien? EINE Antwort könnte sein, dass diese das Fett nicht aus der Milch entfernen. Lässt man die Milch unbehandelt, ist sie aufgrund ihrer natürlichen Inhaltsstoffe ausgewogen. Wird aber das Fett entfernt, kann das Milcheiweiß nicht vollständig verdaut werden. Reste des Eiweißes bleiben zurück, und das Immunsystem rebelliert. Allergische Reaktionen sind die Folge.

Eigentlich hat die Milch den Ruf, etwas Gutes zu sein. Leider ist über die Nachteile wenig bekannt. Sind in der Rohmilch noch alle Bestandteile »natürlicher« Milch enthalten, verlieren die pasteurisierte Milch und, noch schlimmer, die ultrahocherhitzte H-Milch völlig den Anspruch auf den Status als »Lebensmittel«. Pasteurisierung (80 Grad) zerstört sämtliche Vitamine und Vitalstoffe. H-Milch (ultrahocherhitzt bei 150 Grad) ist völlig »tot« und gehaltlos. Die Frage steht damit im Raum, ob es wirklich sinnvoll ist, im Interesse einer langen Haltbarkeit und der völligen Keimfreiheit ein solch wertloses Produkt wie die H-Milch herzustellen und zu konsumieren.

Im Unterschied zum Eiweiß im Fleisch wird das Milcheiweiß (Kasein) durch die ultrastarke Erhitzung zwar nicht so stark denaturiert, alle anderen Bestandteile dafür aber vollständig.

Vor circa 80 Jahren verlor die Rohmilch direkt vom Bauern völlig ihre Berechtigung und wurde als unsauber und minderwertig deklariert. Grund war damals der erschreckend hohe Tuberkulosebefall des Viehbestands, verursacht durch enge und schlechte Stallverhältnisse, also hauptsächlich durch hygienische Mängel, wie es bei Seuchenausbrüchen so oft der Fall ist. Es begann das Zeitalter der pasteurisierten Milch. Mit der Pasteurisierung wird die natürliche Enzymzusammenstellung der Milch vernichtet, die aber für die Verwertung der Nährstoffe lebensnotwendig ist. Neugeborene Kälber sterben innerhalb von sechs Monaten, wenn sie mit pasteurisierter Milch gefüttert werden. So kann man sich gut vorstellen, wie es in einem menschlichen Baby-Magen-Darm-Trakt zugeht, wenn es mit pasteurisierter oder sterilisierter Milch gefüttert wird. Koliken, Blähungen, Schleimabsonderungen und häufige Erkältungen sind die Folgen. Milch ist ein stark schleimbildendes Nahrungsmittel und bildet entlang der Darmwand eine Schleimschicht. Damit wird die Resorption anderer Nährstoffe eingeschränkt (Magnesium, Kalzium und Zink).

Die Geschichte von der kalziumreichen Milch, die für das Wachstum von Kindern sowie zur Vorbeuge der Altersosteoporose notwendig ist, stimmt so nicht. Durch hohen Milchkonsum kommt es zu einer Übersäuerung des Körpers. Um diese Übersäuerung abzupuffern, werden Mineralstoffe (Kalzium) aus den Organen und Knochen mobilisiert. So kommt es bei regelmäßigem Milchkonsum sogar eher zu einer Demineralisierung. Außerdem wird die größte Menge des in der Milch enthaltenen Kalziums an das Milchprotein Kasein gebunden, wodurch es schlechter von der Darmwand resorbiert werden kann. Wenn Milch zur Kalziumversorgung nach dem Abstillen der Säugetiere notwendig wäre, hätte die Natur dafür gesorgt, Säugetiere ihr gesamtes Leben lang mit Milch zu versorgen. Das hat sie aber nicht. Kühe beziehen ihr gesamtes Kalzium aus den Gräsern, die aufgenommen werden, Elefanten und andere Tiere mit schwerem Knochenbau leiden ebenfalls nicht an Osteoporose. Und die fressen bekanntlich auch nur Grünzeug. Vor allem in grünem Gemüse ist sehr viel Kalzium enthalten. Blattspinat enthält beispielsweise pro 100 Gramm 110 Milligramm Kalzium. Vollmilch mit 3,5 Prozent Fett enthält zwar pro 100 Gramm 120 Milligramm Kalzium, das aber aus oben genannten Gründen lange nicht so gut verwertet werden kann. Kalzium aus grünem Gemüse ist deswegen weitaus wertvoller als das aus Milchprodukten.

Milchaustauscher für Welpen: Erster Schritt zur Allergie

Auch für Hunde- und Katzenwelpen kann der Verzehr von Kuhmilchprodukten problematisch werden. Alle Milchersatzpräparate zur mutterlosen Aufzucht oder zur Zufütterung bei Milchmangel werden auf Kuhmilchbasis hergestellt. Beim menschlichen Baby können hier schon die Weichen für spätere Allergien gestellt werden. Bei Hunde- und Katzenwelpen ist das nicht anders.

Laktoseintoleranz – auch beim Tier

Ebenso wie viele Menschen können manche Hunde und Katzen nach dem Abstillen keine Laktase mehr bilden. Laktase ist ein für die Aufspaltung des Milchzuckers (Laktose) wichtiges Enzym (Laktoseintoleranz). Viele Beschwerden unbekannter Ursache stellen sich als Laktoseintoleranzen heraus. Auch beim Tier.

Kuhmilch kann also einmal durch Unverträglichkeit des Milcheiweißes, andererseits durch Laktoseintoleranz Probleme bereiten. Als Milchaustauschpulver für Hunde- und Katzenwelpen eignet sich Ziegenmilch am besten. Ziegenmilcheiweiß ist hypoallergen und kann somit keine Allergien auslösen.

Ich rate, prinzipiell KEINE Kuhmilchprodukte zu verfüttern. Ausnahmen gibt es natürlich auch hier. Es gibt Katzen und Hunde, die problemlos Kuhmilchprodukte fressen können. Solange keine Beschwerden auftreten, können diese auch bedenkenlos gefüttert werden, wobei gegorene Produkte (Joghurt, Hüttenkäse) vorzuziehen sind. Bei gesundheitlichen Beschwerden aber, in welcher Hinsicht auch immer, sollte der Verzehr von Kuhmilchprodukten vermieden werden. Auf fettreduzierte Produkte sollte gänzlich verzichtet werden. Auch auf Käse und Quark, die hauptsächlich aus Milcheiweiß bestehen. Zur Aufzucht sollte Ziegenmilch verwendet werden.

Bio für Hund und Katze: Wie wichtig ist Bioqualität?

Ein Vorteil der biologisch erzeugten Produkte gegenüber den konventionell hergestellten ist sicherlich der geringere Schadstoffgehalt. Im biologischen Landbau sind künstliche Chemikalien wie Herbizide, Fungizide sowie künstlicher Dünger nicht erlaubt. Zudem sind genveränderte Nahrungsmittel im biologischen Anbau nicht zugelassen. Neben der geringeren Belastung mit Schadstoffen besitzen Bioprodukte aber auch deutlich höhere Mengen an wichtigen Vitalstoffen.

Warum? Aufgrund des geringeren Einsatzes von ungezieferabtötenden Mitteln (Pestiziden) müssen sich Pflanzen gegen Schädlinge selbst zur Wehr setzen und produzieren die für unsere Gesundheit so wichtigen pflanzlichen Abwehrstoffe (sekundäre Pflanzenstoffe). Als Beispiele seien Polyphenole erwähnt, die die Gesamtlebensdauer erhöhen können, oder Salvestrole, die aufgrund ihres bitteren Geschmackes schon fast völlig weggezüchtet wurden, die aber eine nachgewiesene Antikrebswirkung besitzen.

Fleisch aus Massentierhaltung ist für Mensch und Tier problematisch. Vor allem die intensive Schweine- und Geflügelindustrie produziert vor allem mit Antibiotika belastetes Fleisch. Auch Stress belastet die Tiere enorm, was sich in der Fleischqualität niederschlägt. Wir Menschen können hier dagegenhalten, indem wir unseren Fleischkonsum einschränken, und weniger, aber besseres Fleisch in Bioqualität verzehren. Für den Hundebesitzer, der nicht einfach die Menge des Fleisches für seinen Hund reduzieren kann, ist die Verwendung von Bioqualität natürlich einfach nicht finanzierbar. In vielen ländlichen Gegenden kann man aber direkt vom Bauern oder auch von kleineren Metzgereien Schlachtabfälle bekommen, die nur wenig oder gar nichts kosten.

Bio ist auch nicht immer gleich Bio. Hier sollte auf das Qualitätssiegel geachtet werden. Denn nicht alle Nahrungsmittel, die die Bezeichnung »Bio« tragen, erfüllen die gleichen strengen Qualitätskriterien.

Diätfuttermittel: Wie Tierbesitzer für dumm verkauft werden

Mittlerweile gibt es in Tierfachgeschäften eine unüberschaubare Flut an unterschiedlichen Diätfuttermitteln für Hund und Katze, sowie ganz spezielle, die nur beim Tierarzt erhältlich sind. Für alle nur denkbaren Krankheiten, für die verschiedenen Altersstufen, für verschiedene Rassen und Größen und mittlerweile auch schon für kastrierte sowie nichtkastrierte Tiere. Es gibt spezielles Futter für Sporthunde, für Couch-Potatoes und für Hunde oder Katzen mit blonden Besitzerinnen…, nein, sorry, das gibt es natürlich noch nicht, fehlt aber noch!

All diesen Diätfuttermitteln ist gemeinsam, dass sie nicht nur sehr teuer sind, sondern mehr schaden als nützen. Die Annahme, wertlose, von allen lebensnotwendigen Vitalstoffen befreite, in der Chemieküche zusammengemixte wertlose Pampe könnte auch nur irgendeine positive Wirkung auf einen kranken Organismus haben, gehört wohl zu den größten Märchen, die uns Tierärzte weismachen wollen.

Das wohl deutlichste Beispiel stellen die Allergiefutter dar, die im Laufe der Zeit immer skurrilere Eigenschaften angenommen haben. Von »allergenic« über »hypoallergenic« bis zu »anergenic«: alle drei auf Dauer hoffnungslos erfolglos, wenn nicht zusätzlich Kortison gegeben wird. Die Spitze stellt sicherlich ein neues als »anergenic« deklariertes Allergiefutter dar, welches als Eiweißquelle nur mehr Federmehl enthält. Wertlos wie Teppichfransen, aber teurer als ein Steak. Die einzige Möglichkeit, sein Tier auf Dauer gesund zu erhalten beziehungsweise ein krankes Tier wieder gesund zu bekommen, ist, vor allem in der Anfangsphase einer Behandlung auf jegliche Fertigkost zu verzichten. Gesunde Hunde können sehr wohl ab und zu hochwertige Dosen oder kalt gepresstes Trockenfutter erhalten, bei den meisten chronischen Fällen ist aber eine lebenslange völlige Abstinenz von jeglichem Fertigfutter notwendig. Vor allem bei Hunden und Katzen mit jahrelang bestehenden Durchfällen darf es hier keinerlei Kompromiss geben. Hunde- und Katzenbesitzer sind nach langen Leidenswegen aber liebend gerne bereit, das Futter für ihr Tier selbst zuzubereiten, vor allem dann, wenn sich schon kurz nach erfolgter Umstellung die ersten Erfolge einstellen.

FAZIT

Diätfuttermittel bestehen aus Müll und gehören somit entsorgt. Wer das nicht glauben will, der lese die Deklaration auf der Verpackung.

KAPITEL 5

Die Sanierung beginnt an der Basis: Regulation des inneren Milieus

Alle Vorgänge im Organismus sind dynamisch, das heißt, sie sind laufend Auf- und Abbauvorgängen unterworfen. Das gesunde wie das kranke Organ baut sich im jeweiligen Rhythmus auf und ab. Abgestorbene Zellen werden verarbeitet und abtransportiert, neue werden aufgebaut. Beim Menschen erneuert sich die gesamte Leber in nur sechs Monaten, die gesamte Darmflora des Dünndarmes in 3 bis14 Tagen. Langsam regenerierende Gewebe wie Knochen oder Knorpel bauen sich in ein bis drei Jahren komplett neu auf.

Die Regenerationsfähigkeit jedes Organs kann beschleunigt oder verlangsamt werden. Beispielsweise kann die Regenerationstendenz von Darmzellen durch die Aufnahme von Ballaststoffen gesteigert werden. Gerade für den Hund ist die Aufnahme von genügend Ballaststoffen wichtig für einen funktionierenden Darm.

Organe bestehen aus einzelnen Zellen, die aber nicht einfach wie Backsteine aufeinanderliegen, sondern von der sogenannten Zwischenzellsubstanz umgeben sind. Jeder Austausch zwischen diesen Zellen untereinander oder zwischen Zellen und Gefäßen erfolgt durch diese Zwischenzellsubstanz. Sie ist der eigentliche Träger aller Informationen, und viele chronische Erkrankungen haben ihre Ursachen in einer Störung dieses Informationsflusses. Werden beispielweise zu viele gesättigte Fettsäuren aufgenommen, werden die Zellmembranen undurchlässiger, der Austausch von Informationen wird empfindlich gestört. Stoffwechselentgleisungen sind die

Folgen. Jede Zelle ist für sich genommen ein großes Wunderwerk. In nur einer einzigen Zelle finden jede Sekunde zwischen 30.000 und 100.000 chemische Reaktionen statt. Werden diese Vorgänge gestört und der Austausch zwischen den Zellen funktioniert nicht mehr richtig, kommt es zu Gesundheitsstörungen. Wenn man hier mit chemischen Substanzen eingreift, können große Schäden angerichtet werden.

Wichtig ist: Werden die Milieusituation und die Voraussetzungen zum Neuaufbau des Gewebes unterstützt, bildet sich neues Gewebe besser und kann widerstandsfähiger werden. Wir müssen also versuchen, ein geeignetes Milieu zu schaffen, damit die Zellen sich regenerieren können und das ganze Stoffwechselgeschehen seinen »normalen« Verlauf nehmen kann. Viele Patienten sind durch eine Störung des inneren Milieus auch weniger zugänglich für homöopathische oder andere feinstoffliche Therapien. Die heutige massive Belastung durch Schwermetalle und andere Umweltgifte, vor allem auch durch chemische Medikamente, verhindert die Wirkung vieler Heilmittel. Durch eine oft über mehrere Monate andauernde Milieutherapie kann die Ansprechbarkeit für diese beträchtlich verbessert werden. Deswegen beginne ich bei chronischen Erkrankungen immer erst mit einer Milieusanierung.

Wie kann das innere Milieu beeinflusst werden?

- **Entsäuerung:** Hier muss bei jedem Patienten individuell entschieden werden, ob eine Entsäuerung notwendig ist oder nicht. Darauf werde ich in den entsprechenden Kapiteln zu den einzelnen Erkrankungen näher eingehen.
- **Darmsanierung und Ernährungsumstellung:** Das ist wohl mit der wichtigste Punkt in der Grundsanierung. Ohne Ernährungsanpassung geht nichts. Ich bin da bei meinen Patienten auch sehr konsequent und habe auch schon Therapien abge-

lehnt oder abgebrochen, wenn sich die Besitzer geweigert haben, das gewohnte Fertigfutter abzusetzen.
Der Darm ist das größte Organ und beherbergt mehr Bakterien, als das ganze Tier sonst an gesamten Zellen im Organismus hat. Die Zusammensetzung dieser Bakterien hängt weitgehend davon ab, was gegessen wird. Wenn vom Muttertier nach der Geburt keine Bakterien an das Junge abgegeben werden, stirbt dieses nach kurzer Zeit.

Die »guten« Bakterien ermöglichen die Ausbildung unseres Immunsystems. Wenn wir uns vor Augen führen, dass Bakterien in Hunde- und Katzennahrung systematisch durch antibiotisch wirkende Substanzen sowie Konservierungsmittel abgetötet werden, ist es verständlich, dass das Immunsystem von Hund und Katze sich nicht richtig ausbilden kann. Die Folge sind chronisch degenerative Krankheiten. Bakterien sind nicht körperfremd und gefährlich, sondern Teile des Körpers. Sie entgiften, sind für die Vorverdauung vieler Stoffe zuständig und sind wichtig für das Immunsystem. Eine altbekannte Tatsache ist, dass Kinder, die auf dem Land aufwachsen und mit Dreck in Berührung kommen, viel seltener an Allergien erkranken als Stadtkinder, deren Mütter auf peinlichste Sauberkeit achten.

1. Der Darm ist das wichtigste Organ, wenn es um das Thema Gesundheit geht. Patientenbesitzer sehen mich oft ganz entgeistert an, wenn ich nach der Fütterung des Patienten frage und die notwendige Darmsanierung anspreche. Dann höre ich Sätze wie: »Nein, das brauchen wir nicht, wir sind doch nur wegen seiner Gelenke da« oder »Der Stuhl ist ganz normal, nur sein Herz …« Es erfordert hier einige Überzeugungsarbeit, die Zusammenhänge zwischen Darmfunktion und aufgetretener Erkrankung zu erklären. Zusammenhänge, die nach Meinung der meisten Ärzte nicht existieren. Ist der Kot normal geformt, so kann das Tier auch nichts am Darm haben. Leider ist das

nicht so. Dass beispielsweise Fertigfutter für chronische Erkrankungen verantwortlich ist, die nicht nur den Verdauungstrakt betreffen, habe ich in meinem ersten Buch *Hunde würden länger leben, wenn…* genau beschrieben. Der erste Schritt besteht demnach darin, eine fehlende Darmflora wieder aufzubauen. Die einfachste Methode besteht in der Gabe von Milchsäure- sowie Bifidobakterien, die flüssig oder als Pulver gegeben werden können. Zusätzlich werden Substanzen verabreicht, die Toxine absorbieren, sowie bestimmte Pflanzen, die die Funktion der Darmzellen unterstützen. Bei schweren, hartnäckigen Fällen muss diese Sanierung über mehrere Monate durchgezogen werden. Grundsätzlich gilt: Je länger eine Erkrankung vorliegt, desto länger dauert auch die Darmsanierung.

2. **Ernährungsumstellung:** Bei der Umstellung auf Barfen (biologisch artgerechte Rohfütterung) können folgende Fehler gemacht werden: 1. Die Umstellung erfolgt zu abrupt. Meist wird hier von extrudiertem, das heißt vorverdautem Fertigfutter sofort auf die Rohfleischfütterung übergegangen. Ich bekam nach Erscheinen meines ersten Buches sehr viele Anfragen verzweifelter Tierbesitzer, deren Hunde auf die Umstellung auf rohes Fleisch mit heftigen Durchfällen reagierten. Das ist ja auch logisch, fehlen in diesen Fällen die entsprechenden Bakterien, um rohes Fleisch verdauen zu können. Vielfach sind diese Durchfälle meist auf die Anfangsphase der Umstellung beschränkt und auch ein Zeichen, dass der Organismus entgiftet. 2. Bei der Umstellung wird das rohe Fleisch mit dem bis dato gefütterten Futter zusammengemischt. Das kann aber nicht funktionieren, da Rohfleisch und Fertigfutter verschiedene Verdauungszeiten haben und so der meist schon vorher geschädigte Darm noch weiter überfordert wird.
   Parallel zur Darmsanierung wird eine Entgiftung durchgeführt.

Wie entgiften wir? Ausleitungsverfahren

Wir haben bereits einiges über die vielfältigen Belastungen erfahren, der nicht nur wir selbst, sondern auch unsere Tiere ausgesetzt sind. Da die Lebenserwartung von Hunden und Katzen deutlich geringer ist als die des Menschen, kann man sich diese Belastung wie im Zeitraffer vorstellen. Krankheits- beziehungsweise Alterungsprozesse laufen im Hunde- und Katzenkörper demnach viel schneller ab.

Prinzipiell unterscheiden wir zwischen zwei Toxinformen. Die eine Form entsteht innerhalb des Körpers beim Stoffwechsel, die andere belastet den Organismus von außen als Umweltgift. Umweltgifte nachzuweisen oder überhaupt Umweltgifte als Verursacher von Krankheiten in Betracht zu ziehen gehört in der Schulmedizin leider nicht zum Standard. Deshalb werden Ausleitungsverfahren auch kaum angewandt. Eine Ausnahme stellt sicher die Amalgamentfernung aus den Zähnen beim Menschen dar. Mittlerweile weiß man sehr wohl, welche Auswirkungen Amalgam auf die Gesundheit haben kann. Man kann zwar mittels Analysen in Haaren, Blut, Urin und Speichel toxische Metalle wie Blei, Arsen, Thallium und Quecksilber nachweisen, doch diese Werte sind nur beschränkt aussagekräftig. Denn beispielsweise ist nicht das Quecksilber, das in den Haaren nachgewiesen werden kann, für die giftigen Wirkungen verantwortlich, sondern das Quecksilber, das in den Organen verbleibt. Bei gleicher Quecksilberbelastung kann das eine Individuum hohe Quecksilberwerte aufweisen und relativ gesund sein, das andere Individuum aber niedere Quecksilberwerte aufweisen und schwer krank sein. Es kommt also darauf an, wie gut der Körper in der Lage ist, diese Schwermetalle auszuscheiden. Bei Autopsien an Personen, bei denen ein Verdacht auf Schwermetallvergiftung vorlag, aber in Blut, Urin, Haaren und Speichel keine überhöhten Werte nachgewiesen werden konnten, wurden in den inneren Organen der Toten bis zu tausendfach höhere Werte gefunden. Das erklärt auch die Tatsache, dass manche Amalgamträger keinerlei Symptome zeigen, andere aber schwer krank sind. Auch bei Tieren ist das so. Manche Hunde und Katzen »vertragen« anscheinend bis zu zehn Impfungen jährlich gut, andere zeigen schon nach der ersten oder zweiten Impfung starke Reaktionen. «Schleichende« Vergiftungen sind auch nicht sehr medienwirksam. Hier und da kommt einmal ein Skandal ans Licht (Dioxin), aber irgendwie kümmert das keinen mehr so richtig. Anscheinend haben sich die Menschen schon damit abgefunden, langsam vergiftet zu werden. »Man kann ja nichts dagegen tun«, zeigt diese Resignation. Dabei hat die WHO (Weltgesundheitsorganisation) schon vor 30 Jahren festgestellt, dass 80 Prozent aller chronischen Erkrankungen mit Umweltgiften in Zusammenhang stehen. Der nachfolgende Fall eines Collies verdeutlicht, wie so eine Schwermetallintoxikation beim Hund aussehen kann: Collierüde Benni, 4 Jahre, kastriert, alle jährlichen Impfungen, alle drei Monate Milbemax zur Entwurmung, alle drei Monate gängiges Spot-on gegen Zecken und Flöhe.

Die Besitzerin erzählt, ihr aufgeweckter und putzmunterer Benni habe sich mit circa 4 Monaten, am Tag nach der zweiten Achtfach- plus Borrelioseimpfung, schon »komisch« verhalten. Sie habe dem aber nicht viel Bedeutung beigemessen. Nur war Benni nach mehreren Tagen immer noch nicht der Alte, sondern müde, teilnahmslos, er fraß zwar sein Futter, aber ziemlich lustlos. Besuche beim Tierarzt mit den üblichen Blutuntersuchungen brachten kein Ergebnis. Benni war einen Monat nach der Impfung immer noch müde. Nach mehreren, sich über viele Monate wiederholenden Untersuchungen wurde letztendlich eine Schilddrüsenunterfunktion festgestellt. Aber auch die Einnahme von Schilddrüsentabletten veränderte Bennis Zustand nicht. Der Rüde hatte zeitweise Krampfanfälle, Durchfälle sowie Erbrechen. Benni bekam dann trotz seines bedauernswerten Zustandes ein Jahr später nochmals eine Acht-

fach- sowie die Borrelioseimpfung, zusätzlich die oben genannten chemischen Prophylaxekeulen gegen Parasiten.
In der Praxis reagiert Benni weder auf den Zuspruch der Besitzer noch auf meinen, sondern geht langsam immer wieder die paar Meter zur Tür und zum Fenster hin und her, wie ein schon lange in einem Käfig eingesperrtes Tier. Er lässt sich durch nichts ablenken. Die Besitzerin berichtet mir, dass Benni nur durch die Gegenwart anderer Hunde aus seiner Trance gelockt werden könne. Diese würde er ohne Vorwarnung attackieren, wenn ihn seine Besitzerin nicht ständig an der Leine zurückhielte.
Nachdem ich mich sehr intensiv mit Impfnebenwirkungen beim Menschen beschäftigt habe, sind mir hier gewisse Parallelen aufgefallen. Die Verhaltensweise des Hundes erinnert mich an die eines autistischen Kindes. Auch diese reagieren wenig oder gar nicht auf ihre Umgebung. Untersuchungen in den USA haben gezeigt, dass jedes Hundertste gegen Masern geimpfte Kind in stärkerer oder schwächerer Form an dieser Erkrankung leidet. 1989 wurde dieser Impfstoff in den USA eingeführt und die Autismusrate stieg um das 10- bis 20-Fache an. Auch wenn es gewisse Kreise nicht wahrhaben wollen, sprechen diese Zahlen doch eine sehr deutliche Sprache. Auch die Tatsache, dass, nachdem 2004 dieser thiomersalhaltige Impfstoff vom Markt genommen wurde, die Anzahl der Neuerkrankungen drastisch zurückgegangen ist, stellt doch einen eindeutigen Beweis für die Schädlichkeit dieses Impfstoffes dar. Auch Benni hat mehrmals thiomersalhaltige Impfstoffe enthalten. Leider habe ich Benni nur ein einziges Mal gesehen. Die Besitzerin wollte ihn mir nur zeigen. Da sie selbst schwer krank war, wollte sie keine Behandlung mehr beginnen, dafür fehlte ihr einfach die Kraft. Schade!

Mittlerweile gibt es eine ganze Reihe verschiedener Ausleitungsverfahren. Welche die beste Methode ist, lässt sich schwer beurteilen. Die Entscheidung, welches Verfahren ich bei welchem Patienten anwende, hängt von einigen unterschiedlichen Faktoren ab. Vor allem spielen beim Haustier auch anfallende Kosten eine Rolle, die ja nicht nur durch die Ausleitung allein, sondern auch durch die den Entgiftungsvorgang begleitende Therapie zusätzlich zustande kommen. Zudem ist jeder Fall etwas anders gelagert. In seltenen Fällen wird anhand einer Vitalstoffanalyse eine individuell abgestimmte Entgiftung zusammengestellt, vor allem bei schon jahrelang andauernden Krankheitsbildern. In der Regel genügt eine »einfache Entgiftung« mit Spirulina, Chlorella, Ziegenkolostrum-Entgiftungssaft oder nur mit entgiftenden Kräutern.

Nachfolgend sind die gängigsten bekannten Ausleitungsverfahren beschrieben. Die Liste ist natürlich nicht vollständig. Hier sind auch Verfahren aufgeführt, die bisher meines Wissens ausschließlich beim Menschen durchgeführt werden. Gerade diese Methoden führen aber zu einer effektiven Entgiftung. Forschung beim Tier wäre hier dringend erforderlich.

Wir unterscheiden:

- Entgiftung mit Natursubstanzen
- Entgiftung mit körpereigenen Substanzen
- Entgiftung mit Ziegenkolostrumsaft
- Entgiftung mit Chelatbildnern wie DMPS, DMSA sowie Pro Glutathion

Die Entgiftung mit Natursubstanzen stützt sich in der Hauptsache auf die Einnahme von Chlorella, Spirulina, Afa-Alge, verschiedenen speziellen Kräutern (Korianderkraut), Omega-3-Fettsäuren aus Fisch- oder Algenöl, Propolis.

Die Chlorellaalge

Algen gehören zu den ältesten Lebensformen auf unserer Erde (2,5 Milliarden Jahre). Sie sind der Grundstein jeglichen Lebens und auch heute noch für mehr als 80 Prozent der gesamten Sauerstoffproduktion der Erde verantwortlich. Chlorella ist eine Süßwasseralge. Leider sind Algen in den letzten Jahren in Verruf geraten, da sie durch unsachgemäßen Anbau oder Verarbeitung Verunreinigungen durch Pestizide und Schwermetalle aufweisen können. Deswegen sollten nur Algen verwendet werden, die aus zertifiziertem biologischen Anbau stammen. Die meisten der weltweit erhältlichen Chlorellaalgen werden in künstlichen Zuchtbecken oder in geschlossenen Glasröhrensystemen gezüchtet. Hier muss natürlich ein Dünger zugesetzt werden. Selbst die in den USA als »Bio« zertifizierten Algen dürfen mit anorganischem Stickstoff gedüngt werden. Nach den strengen Biorichtlinien beispielsweise von Naturland darf kein künstlicher Dünger zugesetzt werden.

Es dürfen aber biologisch angebaute Substrate zur Düngung verwendet werden. Diese Algen (Spirulina und Chlorella) haben höhere Wirkstoffgehalte als konventionelle, also mit künstlichem Dünger angebaute. Die Chlorellaalge heißt deswegen Chlorellaalge, weil sie einen bis zu zehnfach höheren Anteil an Chlorophyll hat als andere Pflanzen und Algen. Chlorophyll ist bekannt dafür, Gerüche zu absorbieren. Chlorophyllspray oder -tabletten werden bei läufigen Hündinnen angewendet, um den Läufigkeitsgeruch zu überdecken. Chlorella wird schon sehr lange von Naturvölkern als Nahrungsmittel und Heilmittel verwendet. Aufgrund seines hohen Gehalts an Vitaminen, essenziellen Fettsäuren, Mineralstoffen, Phytonährstoffen, Enzymen, Antioxidantien kann die Chlorellaalge einen Großteil der notwendigen Nährstoffe abdecken. Bekannt ist, dass Chlorella durch ihre Zellmembran wie ein Schwamm Schwermetalle aufsaugen kann, vor allem toxische Schwermetalle wie Cadmium, Blei, Palladium, Quecksilber, Nickel, Gold und Platin. In kleinen Dosen mobilisiert sie die Schwermetalle aus dem Bindegewebe, in großen Dosen verhindert sie, dass diese Schwermetalle im Dickdarm rückresorbiert werden, und sorgt so dafür, dass diese den Körper mit dem Stuhl verlassen. Chlorella stimuliert die körpereigenen Selbstheilungsprozesse und regt den gesamten Stoffwechsel an.

Neben einem hohen Gehalt an Vitaminen, Mineralstoffen, Aminosäuren ist vor allem der Gehalt an Inositol, Methionin und Sporopollenin für die Entgiftung der Leber wichtig. Die wichtigste Substanz ist Sporopollenin. Sie befindet sich an den Zellwänden von Chlorella und kann Schwermetalle, Lösungsmittel, Insektizide sowie Pestizide binden.

Die wichtigste Eigenschaft von Chlorella aber ist die schnelle Reproduzierbarkeit. Chlorella kann sich selbst innerhalb von 20 Stunden vervierfachen. Ein japanischer Forscher entdeckte in den 1950er-Jahren den bis dahin unbekannten Chlorella-Wachstumsfaktor (CGF: Chlorella Growth Factor). Dieser Faktor (Nukleotid-Peptid-Komplex) hilft, die Reproduktionsrate von Zellen um ein Vielfaches zu erhöhen. Das betrifft aber nur gesunde Zellen, keine kranken wie bei Krebs. Chlorella kurbelt damit den Stoffwechsel an und beschleunigt die Ausleitung der Giftstoffe aus dem Körper. Chlorella enthält auch ein natürliches Antibiotikum (Chlorellin) und stärkt durch die Anregung der Interferonbildung das Immunsystem. Außerdem enthält Chlorella im Gegensatz zu Spirulina eine aktive Form des Vitamin B12 (Methylcobalamin), die sofort verwertet werden kann und nicht mehr umgewandelt werden muss.

Biologo Detox

Ein von Uwe Karstädt und Dr. Tim Ray entwickeltes neuartiges Entgiftungskonzept. Durch eine Technik, die man Mikroprozessierung nennt, wurde die Oberfläche von Chlorella um das 500-fache vergrößert. Dadurch steigt deren Fähigkeit zur Toxinbindung um das 50-fache.

½ Gramm mikrosierte Chlorella hat damit eine stärkere Wirkung als 25 Gramm eines herkömmlichen Chlorellaproduktes. Biologo

Detox enthält zusätzlich noch andere Substanzen (Vitalpilze, Korianderkraut, Curcuma, Mariendistel, eine probiotosche Essenz namens CytoFlor sowie einige Homöopathika und ein spezielles Wasser). Wer mehr darüber wissen will, sollte das hochinteressante Buch von Uwe Karstädt lesen.

Uwe Karstädt schreibt, dass Biologo Detox auch bei Tieren angewendet werden kann. Ich habe leider erst sehr wenige Erfahrungen damit gemacht. Es wäre aber sicher interessant, Biologo Detox bei Tieren vermehrt zu testen und eventuell auch eine Dissertation darüber zu vergeben. Bedarf wäre genug vorhanden.

Spirulina und Afa-Alge

Spirulina ist ebenfalls eine Alge, die natürlich in subtropischen und tropischen Gewässern vorkommt. Spirulina beinhaltet mehr als 100 synergistische Nährstoffe (Enzyme, Mineralien, Spurenelemente, Aminosäuren, Vitamine). Von den 46 essenziellen Nährstoffen, die nach dem heutigen Stand der Wissenschaft entscheidender Grundbedarf des Organismus sind, fehlen nur zwei: Cholin (eine Aminosäure) und Vitamin C.

Spirulina ist eine gelungene Kombination natürlicher Antioxidantien, komprimiert in einer einzigen Pflanze. Abgesehen von ihrer entgiftenden Wirkung (Absorption von Toxinen, Stoffwechselschlacken, Schwermetallen) hat Spirulina aufgrund der vielfältigen Inhaltstoffe auch positive Wirkung auf die Verdauung, das Immunsystem, die Leber sowie viele Stoffwechselprozesse.

Ich verwende Spirulina bei Hunden und Katzen vor allem zur Entgiftung sowie als Lieferant für Proteine, Vitamine, Mineralstoffe und Spurenelemente.

Die Afa-Alge wächst im Bergsee Klamath. Sie ist die nährstoffreichste Pflanze, die jemals entdeckt wurde. Sie enthält ebenso wie Chlorella viel Chlorophyll und circa 65 Prozent Aminosäuren, die dem Aminosäurenprofil des Menschen entsprechen. Sie enthält unter anderem dreimal so viel Vitamin B12 wie Rinderleber und eine hohe Konzentrationen von Betacarotin. 23 Mineralstoffe, Spurenelemente (unter anderem Selen und und organisch gebundenes Eisen) sowie hochungesättigte Fettsäuren (Linolensäure) sind ebenfalls enthalten. Die Afa-Alge leitet Schadstoffe aus dem Nervensystem aus.

Korianderkraut

Den Koriander nennt man auch chinesische Petersilie. Neue Tierstudien belegen, dass Korianderkraut (alkoholischer Auszug des grünen Korianderkrauts) die Fähigkeit besitzt, Quecksilber, Blei, Kadmium und Aluminium im Gehirn, in den Nerven und in den Knochen zu mobilisieren. Korianderkraut sollte immer zusammen mit Chlorella gegeben werden, weil Korianderkraut mehr Toxine mobilisiert, als abtransportiert werden können. Koriander öffnet sozusagen nur die Tür (Zellmembran) und leitet die Gifte ins Bindegewebe. Wenn dort noch Schwermetalle sind, verlagern sie sich durch die geöffneten Türen in die Nervenzellen. Nur wenn das Bindegewebe schwermetallfrei ist, kann eine Rückvergiftung vermieden werden. Deswegen muss Chlorella diese Schwermetalle im Bindegewebe binden und über die Leber ausleiten. Die weitere Neurotoxinausleitung ist wichtig, um die durch die Leber in den Darm abgegebenen Neurotoxine im Darm zu binden und über den Stuhl auszuscheiden. Auch das ist Aufgabe von Chlorella, die verhindert, dass diese Toxine im Darm rückresorbiert werden. Bei direkter Einnahme von Korianderkraut auf die Zunge kann es sehr heftige Ausleitungsreaktionen geben: Hustenreiz, Schwindel, Übelkeit sowie Neuralgien. Schonender ist es, Korianderkraut in die Haut einzureiben. Am besten ist es, schon vorher Algen einzunehmen. Wichtig ist auch eine vermehrte Flüssigkeitsaufnahme, um die Nieren bei der Ausscheidung zu unterstützen. Zur weiteren Nierenunterstützung können Brennnessel, Petersilie und Sellerie gegeben werden. Korianderkraut ist dazu noch ein natürliches Antibiotikum mit dem Wirkstoff Docecenal.

Auch Bärlauch und Knoblauch können aufgrund ihres Reichtums an schwefelaktiven Verbindungen entgiften.

In meiner Praxis verwende ich zur Entgiftung Chlorella und Spirulina sowie Ziegenkolostrum-Entgiftungssaft. Sollte mittels einer Vitalstoffanalyse ein Mangel an den schwefelhaltigen Aminosäuren Cystein und Methionin festgestellt werden, müssen diese zugeführt werden. Die Aminosäuren Cystein und Methionin sind im Organismus für die Entgiftung zuständig. Durch die entsprechende Gabe dieser schwefelhaltigen Aminosäuren kann die körpereigene Entgiftung beschleunigt werden.

Aufgrund der unglaublichen Vielfalt an Inhaltsstoffen eignet sich Ziegenkolostrum hervorragend zur Ausleitung von Impfschäden und anderen Umweltgiften. Es regt die Entgiftungsfunktion von Leber und Milz an, ist hypoallergen (es gibt keine Allergien dagegen) und füllt gleichzeitig leere Speicher mit Vitaminen, Mineralstoffen, Aminosäuren und Spurenelementen auf. Ich verwende Ziegenkolostrumsaft bei sehr vielen Patienten in der Anfangstherapie: zur Ausleitung, zur Stärkung des Immunsystems sowie um oben genannte Stoffe wie Vitamine, Mineralstoffe et cetera in natürlicher Form zuzuführen. Künstliche Vitamine in Form von Vitamintabletten oder anorganische Mineralstoffmischungen verwende ich grundsätzlich nicht. Vor allem allergische Patienten bekommen bei mir in der Anfangsphase der Behandlung, aber auch später immer wieder als Kur Ziegenkolostrum-Entgiftungssaft. Gerade hier steht neben der Unterstützung der Ausleitung von Giftstoffen die Stabilisierung des Immunsystems an erster Stelle.

Propolis

Studien haben gezeigt, dass Propolis über 70 bekannte positive Wirkungen aufweist. Es hat unter anderem neutralisierende Eigenschaften gegenüber Pflanzenschutzmitteln, Hormonen, Antibiotika und Konservierungsgiften.

Bei chronisch kranken Hunden und Katzen gebe ich immer parallel zur Ausleitung Leber und Nieren, eventuell auch das Lymphsystem stärkende Mittel. Das hilft enorm bei der Entgiftung und unterstützt die meistens schon vorgeschädigten Organe. Für die Leber eignen sich Mariendistel, Löwenzahn, Schafgarbe, Wermut- und Tausendgüldenkraut.

Grundsätzlich halte ich mich an ein bestimmtes Konzept, das sich vor allem auf die jeweiligen Symptome sowie auf die Schwere der Erkrankung stützt. In der Regel entgifte ich jeden chronisch kranken Patienten entweder mit Ziegenkolostrum-Entgiftungssaft (vor allem alle Allergiker) oder mit Spirulina und Chlorella. Komme ich damit bei einem Patienten nicht weiter, wird, wenn möglich, eine Dunkelfeldmikroskopie durchgeführt oder eine Vitalstoffanalyse gemacht. Natürlich wäre es von Vorteil, am besten beides schon in der Erstordination durchzuführen, nur gibt es doch einige Gründe dagegen. Viele Patienten erfahren alleine durch Darmsanierung, Futterumstellung und Entgiftung mit Ziegenkolostrum-Entgiftungssaft eine deutliche Besserung ihrer Beschwerden, sodass keine zusätzlichen Untersuchungen mehr nötig sind.

Entgiftung mit Ziegenkolostrumsaft

Ich setze den Ziegenkolostrum-Entgiftungssaft bei Allergikern zur allgemeinen Entgiftung ein. Der Entgiftungssaft enthält neben Ziegenkolostrum noch andere biologisch aktive Substanzen wie Met, Odermenning, Blütenpollen, Brennnessel, Wachteleier, Kürbiskernöl, Dinkelsamen, Brombeere, Roten Tee, Salz aus dem Toten Meer.

- Met enthält alle wichtigen Inhaltsstoffe des Honigs.
- Die in Wachteleiern enthaltenen Glycoproteine verhindern die übermäßige Produktion von IgE und damit die vermehrte Ausschüttung von Histaminen.
- Odermennigkraut war eine der berühmtesten Heilpflanzen des klassischen Altertums. Es enthält Gerbstoffe und Flavonoi-

de, die adstringierend, entzündungshemmend, keimhemmend, harntreibend und wundheilend wirken sowie die Leberfunktion positiv beeinflussen.

- Blütenpollen beinhalten neben ihrem Gehalt an Vitalstoffen wie Eiweiß, Aminosäuren, Ölen, Mineralstoffen und Spurenelementen, Vitaminen und ungesättigten Fettsäuren auch wertvolle Flavonoide, die als Radikalfänger gelten. Blütenpollen unterstützen alle lebenswichtigen Körperfunktionen.
- Brennnesseln unterstützen die Ausscheidungsfunktion der Niere.
- Kürbiskernöl enthält hohe Anteile an Vitaminen, Mineralstoffen und essenziellen Fettsäuren. Es stärkt die Abwehrkräfte und wirkt gegen schädliche freie Radikale, die zum Beispiel aus der Schwermetallbelastung entstehen.
- Schon seit Jahrtausenden kennt der Mensch Dinkelsamen als hochwertiges Nahrungsmittel zum Beispiel in Form von Keimlingen. Dinkel enthält unter anderem Rhodanid, eine bioaktive Substanz mit antibiotischen und vitalisierenden Eigenschaften.
- Die Brombeere ist reich an Flavonoiden, die immunstimulierend wirken. Brombeeren enthalten mehr Kalzium als alle anderen Beerensorten und sind reich an Kalium, Magnesium, Kupfer, Betacarotin und Vitamin C. Außerdem liefern sie Ballaststoffe, die für eine gute Verdauung unerlässlich sind.
- Roter Tee, auch Rotbuschtee oder Rooibos genannt, enthält große Mengen an Flavonoiden und Eisen.
- Natürliches Salz, und dazu zählt das Salz aus dem Toten Meer, besteht aus 84 chemischen Elementen, und zwar genau aus den gleichen, aus denen unser Körper zusammengesetzt ist. Die Salzkonzentration inner- und außerhalb der Zellen reguliert unseren Flüssigkeitshaushalt und ist ausschlaggebend für die Funktionstüchtigkeit und den Stoffwechsel jeder einzelnen Zelle.

Als Dosierung des Ziegenkolostrum-Entgiftungssaftes empfehle ich für kleine Hunde 1 Teelöffel, für große Hunde 1 Esslöffel täglich.

Die Substitution orthomolekularer Stoffe

»Orthomolekular« leitet sich aus dem Griechischen von orthos = richtig und aus dem Lateinischen von molekular = Baustein ab. Orthomolekulare Medizin versucht also, mit den richtigen Bausteinen zu heilen. Fehlende Stoffe sollen ersetzt werden. Im Laufe der Evolution hat sich der Mensch und auch unser Haustier von einer Reihe von Nährstoffen abhängig gemacht. Circa 45 Substanzen (bei Hund und Katze im Einzelnen andere als beim Menschen) müssen von außen zugeführt werden. Diese Stoffe sind im Wesentlichen Aminosäuren, Vitamine, Mineralstoffe, Spurenelemente, Enzyme, ungesättigte Fettsäuren sowie Antioxidantien.

Die orthomolekulare Medizin arbeitet nur mit körpereigenen Substanzen, die in natürlichen Nährstoffen und damit auch im Organismus von Mensch und Tier vorhanden sind. Es geht darum, einen durch unterschiedlichste Ursachen leer gewordenen Speicher wieder aufzufüllen. Wir kennen alle die Nahrungsergänzungsmittel, die nicht nur in Apotheken, im Internet, sondern mittlerweile schon im Supermarkt angeboten werden. Hier wird mit dem Gewissen des Verbrauchers gespielt. »Vielleicht sollte ich doch mal etwas für meine Gesundheit tun, so ein paar zusätzliche Vitamine können ja nicht schaden.« Gerade dann, wenn man mal wieder »über die Stränge geschlagen« hat, sich vielleicht mehr mit Fast Food als gesundem Essen versorgt hat, ist man für solche Angebote anfällig. Für den Hunde- beziehungsweise Katzenbesitzer gilt das Gleiche. Abgesehen davon, dass diese Nahrungsergänzungsmittel oft unterdosiert oder in ihrer Zusammensetzung falsch sind, wird hier nach dem Gießkannenprinzip vorgegangen. Im schlimmsten Fall schadet die Einnahme solcher Präparate dem Patienten sogar mehr, als sie nützen.

Wichtig ist bei der Unterstützung der Heilung, dass individuell auf den jeweiligen Patienten eingegangen wird. Das gilt auch für die orthomolekulare Medizin. Zuerst gilt es herauszufinden, was fehlt und ersetzt werden muss. Parallel dazu muss immer eine ganzheitliche Behandlung erfolgen, sonst nutzen die besten Substitutionen nichts. Das heißt im Klartext: Ohne Ernährungsumstellung beziehungsweise spezifische Ausschaltung krank machender Faktoren bringt die beste orthomolekulare Unterstützung nichts oder nur wenig.

Wie können wir Vitalstoffmängel feststellen?
Leider werden in fast allen Tierarztpraxen nur Blutuntersuchungen durchgeführt, die zwar die Auswirkung eines Vitalstoffmangels (zum Beispiel einen Leberschaden) zeigen, sonst aber meist keine brauchbaren Werte liefern. Wie oft stehen Leute in meiner Praxis mit unzähligen aufwendigen Blutbefunden, oft mehrere Male wiederholt, aber ohne aussagekräftiges Ergebnis.

Erst einmal gibt uns das klinische Bild wertvolle Hinweise auf eventuelle Mängel. Beispielsweise kann durch die alleinige Zufuhr von Omega-3-Fettsäuren ein stumpfes Haarkleid entscheidend gebessert werden. Die zielführendste Methode, Mängel nachzuweisen, ist die Vitalstoffanalyse (auf der Basis von Haut, Haaren, Nägeln, Sputum (Atemwegssekret) oder Urin). Diese Analyse kann einen erhöhtenVitalstoffverbrauch ermitteln und ermöglicht somit eine individuelle Therapie und Ergänzung. Aber auch hier sowie bei der ebenfalls möglichen Vitalstoffanalyse mittels Bioresonanz nutzt es nichts oder nur wenig, die zu viel verbrauchten Vitalstoffe einfach zu ersetzen, ohne die auslösenden Faktoren zu beseitigen.

Zu viel verbrauchte Stoffe ersetzen wir, soweit irgend möglich, mithilfe natürlicher Substanzen. Gerade Vitamine sind in ihrer Wirkung auf den Organismus vielfältiger, wenn sie in ihrer natürlichen Form zugeführt werden. Denken wir nur an das Vitamin C. In künstlicher Form ist es nicht in der Lage, Skorbut zu heilen, als Vitamin C im Zitronensaft schon.

Vitalstoffmängel werden verursacht durch:

- ständige körperliche und seelische Belastungen,
- Produktionstechniken, Konservierung und Lagerung von Lebensmitteln,
- Einnahme von Medikamenten.

Die Probleme entwickeln sich oft schleichend und werden vom Tierbesitzer erst wahrgenommen, wenn größere Veränderungen auftreten. Erste Anzeichen sind beispielsweise:

- Müdigkeit: Der Hund will sich nicht mehr so viel bewegen wie früher, wirkt abgeschlagen
- steigende Infektanfälligkeit: Hund/Katze haben beispielsweise immer wiederkehrende Mandelentzündungen
- unklare Schmerzzustände
- Auftreten von Nahrungsmittelunverträglichkeiten
- Allergien

Wenn dieses Vitalstoffdefizit jahrelang besteht und nichts dagegen unternommen wird, entwickeln sich die sogenannten Zivilisationskrankheiten. Das gilt für Mensch und Tier.

Welche orthomolekularen Stoffe sind besonders wichtig?

Man denkt bei für den Organismus wichtigen Stoffen immer erst an Vitamine, Mineralstoffe und Spurenelemente. Aminosäuren (Eiweißbausteine) werden leider recht wenig beachtet, dabei besteht unser Körper zu 80 Prozent aus Wasser, und alle Eiweiße sind wasserlöslich. Die größten Anteile des Säugetierorganismus sind Wasser und Eiweiß. Immunsystem, Enzyme, Hormone, alle Körperzellen, Bindegewebe, Organe und alle Muskeln bestehen größtenteils aus Aminosäuren, den kleinsten Bausteinen der Proteine. Muskeln benötigen täglich neues Protein, um sich neu zu bilden und Schäden zu reparieren. Eine gewisse Balance von Auf- und Abbau muss also erhalten bleiben. Bei einem länger anhaltenden Mangel an Eiweiß verwendet der Körper eigene Teile des Muskels, um daraus die benötigten Aminosäuren zu bilden und so die Bausteine für wichtige und lebensnotwendige Stoffwechselprozesse bereitzustellen. Der Körper frisst sich also langsam selbst auf. Bei alten Individuen erkennt man diesen Abbau sehr gut, der Anteil der Muskulatur verringert sich und der Fettanteil steigt. Proteinmangel kann sich aber auch in Hormonstörungen, ständigen Infektionen, Dysfunktionen der Organe sowie Veränderungen der Haut sowie brüchigen Nägeln und Haaren beziehungsweise bei Hund und Katze in Veränderungen des Haarkleides und der Krallen zeigen.

Die Substitution mit hoch dosierten Vitaminen (aber auch Spurenelementen und Mineralstoffen) wurde in den 1960er-Jahren von Linus Pauling, dem Begründer der orthomolekularen Medizin und zweifachen Nobelpreisträger, eingeführt. Seine Methode, essenzielle oder körpereigene Substanzen in hohen Dosen zur Behandlung von Krankheiten zu verwenden, wurde aber lange Zeit von »Fachkreisen« sowie der Pharmaindustrie nur belächelt und bekämpft. Mittlerweile steht auch die Schulmedizin diesen Behandlungsmethoden nicht mehr ganz so ablehnend gegenüber, es wird beispielsweise in der Humanmedizin bei Intensivpatienten mit Sepsis hoch dosiertes Selen verabreicht.

Aber: Die Bedeutung der Vitamine wird vielfach überschätzt!

Wichtige orthomolekulare Substanzen sind auch die Antioxidantien. Diese verhindern, dass die Zellen »rosten«. Gerade bei chronisch degenerativen Erkrankungen wie Krebs können Antioxidantien einen aktiven Zellschutz bewirken. Hohe Werte an Antioxidantien haben das Astaxanthin (Krillöl), aber auch viele andere Naturprodukte. Antioxidantien verwende ich vor allem bei Krebserkrankungen, aber auch bei Allergien, Arthrosen sowie bei allen Entzündungen.

KAPITEL 6

Vitamine und der vermeintliche Mangel daran

Seit Vitamine künstlich hergestellt werden können, ist der Konsum von Vitamintabletten weltweit stark angestiegen. Im Jahr 2006 haben die Amerikaner 2,3 Milliarden US-Dollar für Nahrungsergänzungsmittel und Vitamine ausgegeben. Mittlerweile wird fast jedes verarbeitete Lebensmittel mit künstlichen Vitaminen angereichert, nicht weil sie so gut sind, sondern weil es sich so besser verkaufen lässt.

Die Angst vor Vitaminmangel lässt viele zu mit Vitaminen angereicherten Lebensmitteln sowie zu Vitaminpräparaten greifen. Die Werbung suggeriert uns, dass wir uns um unsere Gesundheit keine Gedanken mehr machen müssen, werfen wir uns nur genügend dieser bunten Vitaminpillen ein. Diese magischen Nahrungsergänzungen werden zu einer Art Versicherung gegen schlechte Ernährung, wodurch wir uns nicht mehr schuldig fühlen müssen, wenn wir »schlechte Nahrung« zu uns nehmen. Dank der mit Vitaminen angereicherten Lebensmittel können wir weiter sündigen. Wissenschaftliche Forschungen (finanziert durch die Vitaminhersteller) weisen sogar darauf hin, dass hohe Dosen von Nahrungsergänzungen vorbeugend gegen Krankheiten wirken können. Das ist ein Irrtum.

Das gilt genauso für Hund und Katze. Auch hier sind im Fertigfutter viele künstliche Vitamine enthalten, die den Tierbesitzern vorgaukeln: Hier ist alles drin, was der Hund, was die Katze braucht. Niemand weiß genau, wie viel Vitamine der Mensch, das Tier letztendlich benötigt. Im Folgenden nenne ich einige der vielen Vitamine, die in Bezug auf das Haustier tatsächlich von Bedeutung sind. Die anderen Vitamine spielen für Ihren Hund und Ihre Katze insofern keine Rolle, als dass sie nicht an einem Mangel daran leiden können beziehungsweise auch keine Gefahr einer Überdosierung besteht.

Vitaminmangel wird selten durch einen Mangel an Vitaminen in der Nahrung ausgelöst: Meist sind Resorptionsstörungen im Darm oder verstopfte Kapillaren (kleinste Blutgefäße) verantwortlich dafür, dass das mit Vitaminen angereicherte Blut nicht mehr an seinen Bestimmungsort gelangen kann. Das kann mehrere Ursachen haben, von denen beim Menschen Überernährung mit proteinreichen Lebensmitteln die wahrscheinlichste ist. Diese Proteine verstopfen auf Dauer die kleinen Blutgefäße und verhindern somit den ungehinderten Blutfluss. Zusätzlich werden vor allem durch die Aufnahme von zu viel Transfettsäuren, wie sie in den meisten verarbeiteten und raffinierten Fetten, Ölen und frittierten Lebensmitteln vorkommen, die Zellwände verdickt und ein Austausch zwischen der Zelle innen und der Zwischenzellsubstanz wird verhindert. So wird es für die Vitamine (und natürlich viele andere Nährstoffe) schwierig, an ihren Bestimmungsort zu gelangen.

Weiterhin kann die Einnahme zusätzlicher Vitamine sogar schädlich sein, wenn der Organismus nicht in der Lage ist, sie zu verwerten. Dadurch bleibt er auf den überschüssigen Vitaminen sitzen und muss diese natürlich dann auch wieder abbauen. Da Vitamine Säuren sind, kann eine Überbelastung mit Vitaminen zu einer Hypervitaminose (Vitaminvergiftung) führen. Diese kann die Nieren schädigen und dadurch ähnliche Symptome hervorrufen, die ein Vitaminmangel aufweist.

Die Vitamintheorien basieren auf der Annahme, dass die Vitaminspeicher immer voll sein müssen. Diese These, die bisher aber nicht bewiesen werden konnte, beinhaltet die Vermutung, dass ein Organismus ständig volle Leistung erbringt. Das ist aber nicht der Fall, gibt es doch große Unterschiede, was die körperliche Belastung bei Mensch und Tier betrifft. Wir laufen nicht jeden Tag einen Marathon, und unsere Hunde und Katzen sind in der Regel auch keine Leistungssportler.

Vitamin A

Wenn Menschen und Tiere die Carotinoide in Pflanzen verzehren, werden diese Carotinoide im Darm durch Enzyme in aktives Vitamin A umgewandelt. Am besten kann das Betacarotin in aktives Vitamin A umgewandelt werden. Die Katze kann überhaupt kein Carotin in aktives Vitamin A umwandeln, sie ist auf die Zufuhr von Vitamin-A-haltigen Nahrungsmitteln angewiesen. Gespeichert wird Vitamin A in der Leber.

Da Vitamin A durch die Versorgung unserer Katzen mit Fleisch und Innereien (hauptsächlich Leber), Fisch sowie Eiern gesichert ist, möchte ich hier auf einen Mangel nicht weiter eingehen. Erwähnt sei aber eine Überversorgung, die sich bei mit ausschließlich roher Leber und/oder zusätzlichen Vitamin-A-Tropfen gefütterten Katzen als Knochenwucherungen, vor allem im Bereich der Hals- und Brustwirbel, äußert. Die Folgen dieser einseitigen Fütterung ausschließlich mit Leber bei der Katze werden oft als Argument gegen das Barfen der Katze verwendet.

Beim Hund ist bei einer artgerechten Ernährung mit Fleisch, Fisch, Innereien sowie gelbem und rotem Gemüse ebenfalls kein Mangel zu befürchten. Bei fast jedem Fertigfuttermittel wird künstliches Vitamin A zugesetzt. Verluste entstehen durch Verarbeitung, Lagerung sowie bei Verwendung minderwertiger Rohstoffe, die schon im Vorhinein wenig oder gar kein Vitamin A enthalten. In industriell gefertigten Futtermitteln für Hunde und Katzen sowie in »Multivitaminpräparaten«, wie sie gerne vom Tierarzt verordnet werden, liegt Betacarotin immer als synthetische Substanz vor. Zusätzlich enthalten diese Vitaminpräparate einen unnötig großen Anteil an Hilfsstoffen wie Zucker, Zuckeraustauschstoffen, Säuerungsmitteln Aromastoffen und anderem mehr.

Synthetisches Betacarotin enthält nur ein einziges Carotinoid, wogegen in natürlichen Carotinoidmischungen mehrere (es sind zurzeit über 500 verschiedene Carotinoide bekannt) Carotinoide sowie wirksame Vorstufen und sekundäre Pflanzenstoffe enthalten sind, die natürlich das Wirkungsspektrum um vieles größer werden lassen. Da Hunde toleranter gegenüber einer Vitamin-A-Vergiftung sind als Katzen, haben die Komitees Canine Nutrition Expert/Feline Nutrition Expert (CNE/FNE) die Empfehlungen zum Vitamin-A-Höchstbedarf für Hunde von 50 000 auf 250 000 I. E. pro Kilogramm Futter erhöht. Also um das Fünffache. Nach dem Motto: Viel hilft viel. Bei heranwachsenden Leistungshunden kann sich eine Überdosierung am Bewegungsapparat manifestieren. Die artgerechte Ausformung der Knochen wird gestört. Welpen zeigen zusätzlich noch Gewichtsverlust und starke Gelenkschmerzen. Bei trächtigen Hündinnen kann eine Vitamin-A-Überdosierung zu Entwicklungsstörungen der Welpen führen.

FAZIT

Bezüglich Vitamin A ist also eher eine Überversorgung festzustellen. Laut Lehrbuch kann es bei Hund und Katze bei Überdosierungen außer Skelettbildungsstörungen bei der Katze auch zu langsamem Wachstum, Hautverdickungen, verlängerter Blutgerinnungszeit sowie verringerten Funktionen von Leber und Nieren kommen.

Vitamin D

Bei Hund und Katze kann angeblich im Gegensatz zum Pflanzenfresser überhaupt keine Vitamin-D-Synthese über die Haut stattfinden. Damit sind Hund und Katze auf die Zufuhr von Vitamin D über die Nahrung angewiesen. Da aber Hunde und Katzen Fleischfresser sind und auch Innereien wie Leber fressen, ist hier ein Mangel in Wahrheit selten. Auch kann Vitamin D wie alle fettlöslichen Vitamine sehr gut in der Leber gespeichert werden. Bei einer artgerechten Ernährung kann ein Vitamin-D-Mangel ausgeschlossen werden.

Vitamin K

Beim Menschen und beim Tier können Vitamin-K-Mangelerscheinungen durch längere Gabe von Antibiotika auftreten, die aber nicht, wie oft beschrieben, aufgrund ihres Einflusses auf die Magen-Darm-Flora die Synthese von Vitamin K verhindern, sondern mit ihrem direkten Eingreifen in den zellulären Vitamin-K-Zyklus diesen schädigen. Anscheinend hat man festgestellt, dass Industriefutter für Hund und Katze zu wenig Vitamin K enthält, deswegen wird es zugesetzt. Statt der teuren Vitamine K1 und K2, die auch in der Natur vorkommen, wird Vitamin K3 verwendet, ein Laborprodukt, das um vieles billiger ist als die natürlichen Pendants. Vitamin K3 hat toxische Nebenwirkungen, führt bei Babys zu Dauerschäden und Todesfällen und ist deswegen für den Menschen verboten. Das dem Fertigfutter zugesetzte Vitamin K3 ist unnötig und schädlich.

Vitamin C

Die Gefahr, dass bei Hund und Katze bei Verabreichung von Vitamin C unter anderem die körpereigene Produktion eingestellt wird, ist groß. In manchen Vitaminpräparaten für Hunde und Katzen ist überflüssigerweise synthetisches Vitamin C enthalten. Gesunde Hunde und Katzen dürfen daher kein künstliches Vitamin C zusätzlich erhalten. Natürliches Vitamin C kann nicht überdosiert werden. Hagebuttenpulver sowie die Acerolakirschen enthalten viel natürliches Vitamin C.

Viele Krankheiten hängen mit der Oxidation unserer Körperzellen zusammen. Damit werden auch vermehrt Antioxidantien verbraucht und gebraucht. Da Vitamin C ein starkes Antioxidans ist, ist es sicher angebracht, die Vitamin-C-Versorgung zu hinterfragen.

Ob hoch dosiertes Vitamin C beim Menschen wirklich hilft, Herzinfarkt, Krebs und anderen Krankheiten vorzubeugen, ist in der Wissenschaft sehr umstritten.

Die Tatsache, dass wirkliche Vitaminmängel sehr selten sind, und wenn, dann in den meisten Fällen nicht durch zu wenig Vitamine, sondern durch verminderte Resorption infolge einer Verstopfung des Kapillarnetzwerkes bei Darmerkrankungen entstehen, spricht doch für die These, dass die Bedeutung der Vitamine für die Gesundheit von Mensch und Tier vielfach überschätzt wird.

Die B-Vitamine

Bei der Katze kennen wir das Thiaminmangelsyndrom. Das ist eine Erkrankung des Gehirns (Enzephalopathie), deren Ursachen darin liegen, dass entweder zu wenig Thiamin in der Nahrung ist oder die Katze Stoffe zu sich nimmt, die das Vitamin zerstören.

Das Thiaminmangelsyndrom tritt auf, wenn …

- die Katze ausschließlich mit rohem Fisch ernährt wird. Fischinnereien enthalten ein Enzym, die Thiaminase, das Thiamin abbaut.
- die Katze nur stark erhitztes Dosenfutter bekommt, welches zusätzlich noch den Konservierungsstoff Disulfit enthält, der Thiamin zerstört.
- die Katze zu wenig frisst und damit zu wenig Thiamin aufnimmt.
- die Katze ständige Verdauungsbeschwerden wie Durchfälle hat.

Die Symptome treten nicht sofort, sondern erst nach drei bis vier Wochen auf. Die Katze wirkt lethargisch und speichelt mehr als gewöhnlich. Betroffene Katzen haben Probleme beim Laufen, später stellen sich Herzprobleme wie Herzrasen und Herzrhythmusstörungen ein. Im Frühstadium ist die Krankheit durch die Gabe von Thiamin reversibel, das heißt, sie ist zu heilen. Mit zunehmenden neurologischen Symptomen wird die Prognose immer schlechter. Zum Schluss fällt die Katze ins Koma und stirbt.

In rohem Fleisch ist genügend Thiamin enthalten, sodass es zu keinem Mangel kommen kann. Anders verhält es sich bei industriell gefertigter Hunde- und Katzennahrung. Hier werden durch Erhitzen bis zu 90 Prozent des Thiamins zerstört und müssen synthetisch zugesetzt werden. Je höher auch der Kohlenhydratgehalt des Futters ist, desto mehr Vitamin B1 wird verbraucht. Folglich geht bei starker Erhitzung des Futters sowie hohem Kohlenhydratanteil, was ja beides bei Trockenfuttern der Fall ist, der natürliche Thiamingehalt des Futters gegen null.

Biotin, Vitamin H oder Vitamin B7

Biotin, auch als Vitamin H oder Vitamin B7 bezeichnet, ist wichtig für unsere Haut und für das Fell von Hund und Katze. Es ist für die Synthese von Keratin, der Grundsubstanz von Hautepithelien, Haaren, Nägeln, Fell und Krallen, verantwortlich.

Mittlerweile weiß man, dass ein Biotinmangel in Zusammenhang mit Schuppen, Juckreiz, Ekzemen und Haarausfall steht. Mangelerscheinungen sind, da Biotin in vielen Nahrungsmitteln vorkommt, aber selten. Biotin ist auch in rohen Eiern enthalten, genau wie Avidin, ein Antivitamin, das sich aber ausschließlich im Eiklar befindet. Dieser Stoff kann im Darmkanal des Hundes eine unlösliche Verbindung mit Biotin eingehen und dieses für den Organismus unverwertbar machen. Deswegen aber Hunden jegliches Eiklar, das sehr reich an Nährstoffen und anderen Vitaminen ist, vorzuenthalten, entbehrt jeder Grundlage. Biotin ist in vielen anderen Nahrungsmitteln wie Milchprodukten, Keimlingen und Innereien wie vor allem der Leber enthalten, sodass das Biotin im rohen Ei wenig Bedeutung für die Gesamtversorgung des Hundes hat. Natürlich sollte man auch nicht übertreiben und Hunden täglich mehrere rohe Eier geben. Zwei bis drei rohe ganze Eier in der Woche können unbedenklich gegeben werden.

Als Enzymbestandteil sorgt Biotin gemeinsam mit Vitamin K dafür, dass der Gerinnungsfaktor Prothrombin hergestellt wird, ohne den wir verbluten würden. Biotin hilft dabei, Nahrung in Energie umzuwandeln. Es ist auch wichtig für den Cholesterin- und Fettstoffwechsel. Gemeinsam mit Riboflavin (Vitamin B6) hilft Biotin, Haut, Haare, Nägel, Fell und Krallen gesund zu erhalten.

Folsäure

Folsäure, auch Vitamin B9 genannt, hat einen hohen Bekanntheitsgrad beim Menschen. Gerade in den letzten Jahren erlebt die Folsäure einen regelrechten Boom. Für Schwangere soll die Zufuhr synthetischer Folsäure zur Vermeidung von Fehl- und Frühgeburten sowie Missbildungen unumgänglich sein. Wirft man aber hier einen Blick hinter die Kulissen, so erscheinen viele Zahlen sehr spekulativ. Mit der Angst der Schwangeren wird ein großes Geschäft gemacht. Es gibt keinerlei Statistiken über die Fälle von Neuralrohrdefekten bei Neugeborenen. Folsäure (Folium = Blatt) wurde erstmals 1946 aus Spinatblättern isoliert. Folsäure kommt in allen grünen Gemüsen vor, außerdem in Avocados, Orangen, Roter Bete, Obst, Thunfisch, Lachs und Huhn.

Die Natur hat sehr wohl dafür gesorgt, dass gerade Schwangere und Stillende einen in dieser Zeit erhöhten Nährstoffbedarf kompensieren können. Der Organismus kann in dieser Zeit auf kompetente Speicherkapazitäten zurückgreifen, wenn ihm die zusätzlich benötigten Stoffe nicht ohnehin durch verändertes Essverhalten vermehrt zugeführt werden. Wir wären schon ausgestorben, wenn es da nicht ausreichende Regulationsmechanismen gäbe. Eine zusätzliche Einnahme von Folsäure bei gesunden Schwangeren mit ausgewogener Ernährung ist nicht notwendig und kann vor allem für das Kind schädlich sein.

Folsäure ist wichtig für die Zellerneuerung, sie wirkt bei der Zellteilung, Zellbildung und Zelldifferenzierung mit. Damit spielt sie eine Rolle bei der Herstellung der DNS und ist somit unentbehrlich bei Wachstums- und Entwicklungsprozessen.

Hund und Katze können Folsäure selbst bilden und sind nicht auf eine Zufuhr von außen angewiesen. Kommt es jedoch zu Dünndarmerkrankungen, kann der Folsäuregehalt im Blut beeinträchtigt werden. Ein Mangel äußert sich in höherer Anfälligkeit für Infektionen, schlechter Wundheilung und weniger Appetit. Gerade bei trächtigen Hündinnen, die einen vermehrten Bedarf an Folsäure haben, kann durch solch eine Erkrankung ein Folsäuremangel ausgelöst werden. Das ist aber sehr selten.

Es zeigt sich somit, dass es bei einem gesunden Individuum, dessen Ernährung aus frischen Lebensmitteln besteht, zu keinem Vitaminmangel kommen kann. Auch mit der heutigen Ernährung nicht, bei der sicherlich der Vitamingehalt der Nahrungsmittel durch zu lange Lagerung, frühzeitige Ernte et cetera nicht mehr dieselbe hohe Qualität hat wie früher. Deswegen sollte darauf geachtet werden, saisonales Obst und Gemüse aus der direkten Umgebung zu essen. Selbst wenn dies nicht immer möglich ist, enthalten frisches Obst und Gemüse immer noch genügend Vitamine, um Mangelerscheinungen zu vermeiden.

Das betrifft auch unsere Haustiere. Frischkost kann durch nichts ersetzt werden und verhindert Mangelerscheinungen. Auf Vitaminpillen sollte gänzlich verzichtet werden, denn wenn eine Vitaminzufuhr notwendig ist, sind Vitamine natürlichen Ursprungs vorzuziehen.

Eine natürliche Versorgung mit den wasserlöslichen Vitaminen der B-Gruppe kann durch die zusätzliche Gabe von Bierhefe sowie durch hoch dosierte Chlorella erreicht werden. Ausnahmen bilden schwere Erkrankungen, bei denen sehr wohl hoch dosiert Vitamine gegeben werden können. Aber auch hier kommt man in den meisten Fällen mit Vitaminen aus natürlichen Quellen aus.

Abgesehen davon, dass bei der Herstellung von Fertignahrung für Tier und Mensch so gut wie alle Vitamine zerstört werden, werden die meisten zugesetzten synthetischen Vitamine auch noch mittels gentechnisch veränderter Bakterien hergestellt. Auf Dauer gesehen, kann damit ein Individuum am Leben erhalten werden, gesund ist es aber sicher nicht.

Produkte aus der Natur sind künstlichen Vitaminen haushoch überlegen. In Naturprodukten sind neben dem Wirkstoff sämtliche Vorstufen, Pflanzenbegleitstoffe und Vitaminoide enthalten. Vitamin C im biologischen Verbund (als Naturprodukt) wird besser resorbiert und langsamer verbraucht als sein chemisches Pendant. Das Naturprodukt beinhaltet zudem Enzyme, die die Verträglichkeit verbessern, die Wirkdauer verlängern und wahrscheinlich auch die Resorption erhöhen.

Vorteile der Naturprodukte:

- höhere Bioverfügbarkeit (60 bis 90 Prozent)
- Verstärkung der Wirksamkeit durch Pflanzenbegleitstoffe
- keine Überdosierungen möglich, auch keine Wechselwirkungen
- keine allergischen Reaktionen

Warum werden wir in Lebensmitteln beziehungsweise Futtermitteln für unsere Tiere mit künstlichen Vitaminen aber geradezu überschwemmt? Jedem industriell hergestellten Futtermittel müssen, um diese als Alleinfuttermittel erklären zu können, künstliche Vitamine, vor allem Vitamin A, Vitamin D und Vitamin E, zugeführt werden. Es ist für den Gesetzgeber anscheinend wichtiger, gewisse Mindestmengen an Vitaminen in einem Produkt zu garantieren als die Tatsache, dass diese vom Organismus gar nicht oder nur unvollständig verwertet werden können. Hier sollte der Verbraucher nachdenken und diese mit künstlichen Vitaminen angereicherten Lebens- beziehungsweise Futtermittel einfach nicht mehr kaufen.

Linus Pauling, der Urvater der orthomolekularen Medizin, erklärte: »Wenn Vitamine aus der Fabrik besser wären als ihre Geschwister, die in der Pflanzenzelle heranreifen, dann würde die Natur Tabletten auf Bäumen und Sträuchern wachsen lassen.«

Mineralstoffe und Spurenelemente

Kalzium und Phosphor

Kalzium dient zum Aufbau des Skelettes. Circa 98 Prozent des Kalziums, das sind bei einem 75 Kilogramm schweren Menschen in etwa 1300 Gramm, bei einem Hund mit 10 Kilogramm etwa 120 Gramm, sind in den Knochen eingelagert. Bei Phosphor beträgt dieser Wert etwa 80 Prozent. Nur etwa 2 Prozent des Kalziums findet sich im Gewebe und ist dort mit für die Blutgerinnung, für die Erregbarkeit des Herzmuskels und der Nerven sowie für den Aufbau von Hormonen und für viele Enzymtätigkeiten mitverantwortlich. Phosphor ist Bestandteil von Zellmembranen, von Nukleinsäuren und vielen Eiweißen und hat eine zentrale Funktion im Energiestoffwechsel. Kalzium und Phosphor arbeiten zusammen. Das Verhältnis in der natürlichen Nahrung beträgt etwa 1 zu 1.

Die Versorgung mit Kalzium und Phosphor bei Hund und Katze ist ein umstrittenes Thema. Wenn es darum geht, Fertigfuttermittel durch selbstgemachtes Futter zu ersetzen, heißt es immer wieder, man könne bei der Selbstzubereitung die richtige Kalzium-

Phosphor-Versorgung nicht bewerkstelligen. Die von den meisten Tierärzten und Ernährungsexperten propagierte Auffassung, eine optimale Versorgung könne nur mit genau dosierten Kalziumzusätzen erreicht werden, entbehrt jedoch jeglicher Grundlage. Zum einen weisen die unterschiedlichen Fertigfuttermittel beträchtliche Unterschiede beim Kalzium- und Phosphorgehalt auf, zum anderen kann es bei aus ihrem Verbund gelösten Kalziumsubstanzen (Kalziumkarbonat) auch leicht zu einer Überdosierung kommen. Auch die isolierte Form (Kalziumcitrat), die zwar besser verwertet werden kann als Kalziumkarbonat, ist nicht zu empfehlen. Hier schlägt ein Zuviel oder Zuwenig an Kalzium sofort zu Buche. Mit einer Nahrung, die eine »natürliche« Versorgung mit Kalzium garantiert – und die natürlichste Versorgung der Hunde mit Kalzium ist nun mal die Knochenfütterung –, kann kein Schaden entstehen.

Der Bedarf eines wachsenden Welpen ist natürlich ein anderer als der eines ausgewachsenen Tieres. Bekommt ein Welpe aber regelmäßig gewolfte Knochen oder Eierschalenpulver, reguliert sein Organismus die Kalziumverwertung völlig selbstständig.

Die meisten Trockenfutter sind durch ihren viel zu hohen Getreideanteil sowie einen hohen Ballaststoffanteil phosphorlastig, das heißt, Kalzium muss zugesetzt werden. Deswegen weisen Fertigfutter einen höheren Kalzium- als Phosphoranteil auf. Wichtig für die Aufnahme von Kalzium ist auch das Vitamin D. Bei einer fettarmen Fütterung kann es zu einer Unterversorgung mit Kalzium kommen, da zu wenig fettlösliches Vitamin D aufgenommen werden kann.

Wenn Sie Ihren Hund oder Ihre Katze artgerecht mit frischem, naturnahem Futter ernähren, brauchen Sie sich um Prozent- sowie Verhältniszahlen keine Sorgen zu machen.

Mangelerscheinungen, Überdosierungen oder Unterversorgungen (eher selten) kommen ausschließlich bei Verwendung von Fertigfutter oder durch Ergänzungen mit Kalziumzusätzen zum Tragen. Bei Hunden genügt die Zufütterung von Knochen mindestens zweimal pro Woche. Welpen, die noch keine Knochen fressen können, bekommen regelmäßig Eierschalenpulver. Das gilt auch für alte Hunde, die aus verschiedenen Gründen keine Knochen mehr fressen können. Für 4 Kilogramm Fleisch genügt die Schale eines Eies. Ein halber Teelöffel Eierschalenpulver enthält circa 900 Milligramm Kalzium, das ist etwa die Tagesportion für einen circa 25 Kilogramm schweren Hund. Auch Grünzeug enthält viel Kalzium. Denken Sie an eine Kuh auf der Weide, die ja Milch mit einem hohen Kalziumanteil produziert. Das Kalzium stammt hier ausschließlich aus dem Grünfutter. Den »Barfern« wird immer Angst gemacht, es könnte zu viel oder zu wenig Kalzium im selbst hergestellten Futter sein und gerade große Hunde könnten Wachstumsstörungen und Knochenmissbildungen bekommen. Genau das Gegenteil ist aber der Fall. Mit der Aufnahme von natürlichem Futter reguliert der Organismus seinen Kalzium-Phosphor-Haushalt ganz von allein. Bei einer abwechslungsreichen Fütterung ist auch das für die Kalziumverwertung so wichtige Vitamin D reichlich vorhanden.

Wie sieht eine Überdosierung mit Kalzium aus?

Durch die Erhöhung des Kalziumspiegels im Blut, meist in Verbindung mit zu viel synthetischem Vitamin D, kommt es zu einer allgemeinen Forcierung des Kalziumstoffwechsels. Dadurch wird die Kalziumresorption im Darm gesteigert. Der normale Ab- beziehungsweise Umbau von Knochensubstanz wird gestört und das Skelett kann auf wechselnde Belastungen während des Wachstums nicht mehr richtig reagieren, es kommt zu Knocheneinbrüchen in den Gelenken.

Meist ist aber nicht ein Kalziumüberschuss, sondern ein zu energiereiches Futter verantwortlich für Wachstumsstörungen. Aufgrund der vermehrten Bildung des insulinähnlichen Wachstumsfaktors (IGF-I) sowie der Wirkung auf die Schilddrüsenhormone wächst das Knochengerüst nicht synchron. Es kann zu Ablösungen von Knorpelstückchen (OCD) oder zu anderen Knochen- und Knorpeldeformationen kommen. Milch- und Milchprodukte sind, wie bereits erläutert (siehe Kapitel 4: *Die Ernährung – Milchprodukte: gut oder schlecht?*), als Kalziumquelle für Hund und Katze ungeeignet.

Magnesium: der Entspannungsstoff

Magnesium kann man auch als Entspannungsmineralstoff bezeichnen, es sorgt für eine gute Stimmungslage und stabilisiert dabei noch den Blutdruck. Magnesium brauchen Mensch und Tier, damit das Herz im gleichmäßigen Rhythmus schlagen und die Bauchspeicheldrüse ordentlich arbeiten kann. Magnesium ist neben Kalzium, zu dem es ein physiologischer Gegenspieler ist, am Aufbau der Knochen und Zähne beteiligt. Es steuert aber auch die Muskel- und Nervenfunktion. Magnesium ist zudem bedeutsam im Energiestoffwechsel, bei einem Magnesiummangel sind alle Stoffwechselprozesse verlangsamt.

Besonders wichtig ist es, dass Kalzium und Magnesium in einem besonderen Mengenverhältnis zueinander stehen müssen, um ein inneres Gleichgewicht aufrechtzuerhalten. So geht mit einer Überversorgung mit Kalzium oder Phosphor auch stets ein Magnesiummangel einher. Mangelerscheinungen sind beim gesunden Tier und vernünftiger Ernährung kaum zu erwarten. Beim Menschen können Mangelerscheinungen aufgrund von Fehlernährung sehr wohl auftreten. Muskelkrämpfe, Unruhe, Zittern, Übelkeit, ein schwaches Herz und hoher Blutdruck sind die Symptome eines Mangels an Magnesium.

Der Magnesiumgehalt von Gemüsesorten, die eigentlich sehr magnesiumreich wären, ist nicht mehr so hoch wie früher. Auch geht der Magnesiumgehalt von gedüngten Böden zurück, und die Pflanzen haben nicht mehr die Zeit, genügend Magnesium aufzunehmen. Inwieweit dieser geringere Gehalt an Magnesium in hochgezüchteten Pflanzen wirklich zu einem Magnesiummangel der Menschen beiträgt, bedarf noch weiterer Forschungen.

Vergessen sollten wir auch nicht, dass sehr viele Medikamente Magnesiumräuber sind. Säureblocker, Antacida, Antibiotika, Blutdruckmedikamente, antivirale Mittel, Kortison, Immunsuppressiva, Kalziumergänzungsmittel: Alle diese Mittel entziehen dem Organismus Magnesium.

Kalium, Natrium und Chlorid: die Elektrolyte des Körpers

Kalium befindet sich in der Zelle und ist mitverantwortlich für den Wasserhaushalt sowie den Säure-Basen-Haushalt. Der Gegenspieler zu Kalium ist Natrium, das sich im extrazellulären Raum befindet. Beide Mineralien sollten im Gleichgewicht zueinander stehen. Natrium und Chlorid regeln zusammen mit Kalium den osmotischen Druck der Körperflüssigkeiten und damit die Gewebespannung. Kalium hat zudem einen wichtigen Einfluss auf die Herzmuskulatur.

Kaliummangel ist nur bei extrem einseitiger Ernährung zu befürchten. Zu viel Fleisch und Zucker und jede Art der Übersäuerung kann zu Kaliummangel führen. Bei Hund und Katze entsteht ein Mangel meist nach ständigem Erbrechen oder Durchfall. Auch bei Missbrauch von Abführmitteln oder Entwässerungstabletten kann ein Mangel entstehen. Erste Anzeichen sind Müdigkeit, Muskelschwäche, Wasseransammlungen (Ödeme) und Herzrhythmusstörungen. Hier kann durch Gabe von Salz oder Blut ein Mangel ausgeglichen werden. Bei Nierenfunktionsstörungen wird zu viel Kalium zurückgehalten. Zu viel Kalium schädigt aber das Herz.

Über die natürliche Nahrung kann nicht zu viel Kalium zugeführt werden. Eine Überversorgung wird durch die entsprechenden Ausscheidungsmechanismen kompensiert. Kalium ist in vielen Früchten, Gemüsen und Fleisch reichlich vorhanden.

Chlor oder Chlorid befindet sich bei Mensch und Tier in den Körperflüssigkeiten. Chlorid ist zusammen mit Wasserstoff als Salzsäure im Magensaft zu finden. Bei anhaltendem Erbrechen kann es zu einem Verlust an Magensaft kommen.

Eisen

Auf unserer Erde ist Eisen das am meisten verbreitete Schwermetall. Wie kein anderes Element beeinflusst es den Kreislauf der Natur und ist damit Vermittler von Lebensprozessen von Mikroorganismen, Pflanzen, Tieren und Menschen. Eisen ist unverzichtbar für die Blutbildung, für die Energieerzeugung in der Zelle, dient als Kofaktor für einige Enzyme und ist wichtig für das Immunsystem.

Ein Hund kann nur circa 10 Prozent des Eisens, das er mit der Nahrung aufnimmt, verwerten. Der Hund ist also ein schlechter Eisenverwerter. Trotzdem kommt beim Hund ein Eisenmangel nur sehr selten vor, meistens durch hohe Blutverluste. Erniedrigte Eisenwerte im Blut, die nicht aufgrund von Blutverlust entstanden sind, dürfen NICHT, wie es leider häufig gemacht wird, mit Eisentabletten behandelt werden. Bestehen chronische Infekte, wird das Eisen, das »gutes Futter« für Bakterien darstellt, aus dem Blut in die Organe umgelagert. Der Organismus schützt sich damit selbst, indem er den Bakterien die Nahrung entzieht. Hier Eisen wieder zuzuführen ist ein Fehler, es unterstützt sogar das bestehende Infektionsgeschehen noch zusätzlich.

Eisen ist vor allem in Innereien (Leber und Nieren) enthalten, aber auch in Hülsenfrüchten, Brokkoli und Eigelb.

Erkrankungen durch zu viel Eisen in der Nahrung treten bei Hund und Katze kaum auf. Brennnesseltee, Rote Rüben oder Schüßlersalze (Ferrum phosphoricum) können die Aufnahme von Eisen verbessern.

Zink

Asthmatiker und Allergiker haben häufig einen Zinkmangel, der meist zusätzlich zu einem Vitaminmangel und Mangel an ungesättigten Fettsäuren auftritt. Zink und die anderen Substanzen werden von Schwermetallen gebunden, dadurch kann vermehrt Histamin freigesetzt werden, welches die Schleimhautschwellungen bei Allergien bewirkt. Ich verwende bei Allergikern gerne eine Mischung aus Zink, Vitamin C, Vitamin B6 und Magnesium (Zinkkomplex).

Ohne Zink läuft im Stoffwechsel von Pflanzen und Tieren sowie dem Menschen nichts. Zink ist an über 300 Enzymen sowie am Stoffwechsel von Kohlenhydraten, Fetten und Proteinen beteiligt und somit das bedeutendste Spurenelement überhaupt. Knochen, Haut, Nägel und Haare enthalten hohe Zinkmengen. Auch in der Bauchspeicheldrüse, bei der Speicherung von Insulin, spielt Zink eine Rolle. Bei einer Unterfunktion der Bauchspeicheldrüse wird Zink schlechter verwertet, weshalb Hunde mit einer Bauchspeicheldrüseninsuffizienz typische Zinkmangelsymptome aufweisen.

Wachstumsstörungen bei jungen Hunden sowie Abmagerung, Immunschwächen, Veränderungen von Haut und Fell sind Zeichen einer Unterversorgung, auffällig sind dabei etwa Pigmentaufhellung, Haarverlust und borkig-rissige Haut. Es gibt einen genetisch bedingten Zinkmangel bei Bullterriern und Siberian Huskys (Zinkreaktive Dermatose).

Bei Katzen kann Zinkmangel zu einem vorzeitigen Ergrauen der Haare sowie zur Verhornung der Haut führen.

Durch die Einnahme von Kalziumpulvern kann Zinkmangel provoziert werden, was wiederum die Knochen schwächen kann. Zink konkurriert zudem mit der Aufnahme von Eisen und Kupfer. Bei langfristiger Einnahme von Zink kann es daher zu einer verminderten Aufnahme anderer Mineralien kommen. Bei einer natürlichen Fütterung ist weder beim Hund noch bei der Katze die Gefahr eines Zinkmangels gegeben.

Anders sieht es aus, wenn Medikamente verabreicht werden, die Zinkräuber sind. Werden beispielsweise Säureblocker gegeben, wird der Zinkvorrat angezapft. Da Zink auch für die Abwehr von Darminfektionen sowie für den Erhalt der Darmschleimhaut wichtig ist, kann somit eine Magen-Darm-Erkrankung durch Säureblocker noch verschlimmert werden. Bei Patienten, die über längere Zeit diese Magensäureblocker bekommen haben, ist demnach die Zufuhr von Zink unerlässlich.

Kupfer

Kupfer ist zwar nicht Bestandteil des Hämoglobins, aber an dessen Bildung beteiligt. Kupfer ist ein lebenswichtiges Spurenelement für Mensch, Tier und Pflanze. Ohne Kupfer ist keine Bildung von Melanin, dem Farbpigment von Haut und Haaren, möglich. Weiterhin ist Kupfer Bestandteil von Enzymen, die für den Stoffwechsel des Skeletts und des Bindegewebes sowie das Funktionieren des Immunsystems Bedeutung haben. Schon seit dem Mittelalter kennen wir aber auch Kupfervergiftungen. In Kupferschmieden wurden bei den Arbeitern Krämpfe, Koliken und schlechte Nährstoffverwertung festgestellt.

Bekannt bei chronischer Kupferüberbelastung sind heute Nervosität, Migräne, Schlafstörungen sowie entzündliche Prozesse. Sogar heutzutage existieren in einigen Haushalten immer noch Kupferwasserrohre, Weinstöcke werden mit Kupfervitriol gegen Mehltau gespritzt, Kupferregenrinnen und Kupferdächer tragen über das Regenwasser zur Kupferbelastung der Böden bei. Hierdurch entstehen »schleichende« Vergiftungserscheinungen, die oft lange nicht erkannt wurden.

Ein Mangel an Kupfer äußert sich ähnlich wie ein Eisenmangel in einer Anämie. Andere Anzeichen sind Depigmentierungen sowie ein Fehlwachstum des Skeletts bei jungen Hunden und Katzen. Das ist allerdings sehr selten. Hohe Mengen von Zink, Eisen, Molybdän, Sulfat oder Cadmium können die Resorption von Kupfer beeinträchtigen.

Bei Bedlington Terriern kommt eine erbliche Kupferspeicherkrankheit vor, bei der Kupfer in der Leber angereichert wird. Nicht genetisch bedingte Kupferspeicherkrankheiten gibt es aber mittlerweile auch schon beim West Highland White Terrier, Dobermann, Spaniel, beim Deutschen Schäferhund und anderen Rassen aufgrund einer Leberschädigung.

Kupfermängel entstehen beim Hund durch ausschließliche Fleischfütterung mit überhöhten Kalzium- und Phosphorgaben und äußern sich durch Grauwerden des Fells rund um Nase und Augen, durch Störungen der Knorpelbildung (O- und X-Beine) sowie durch Anämie.

Kupfermangel bei der Katze äußert sich in Ergrauen und Rötungen des Fells, Absterben von Feten, Aborten, Verschmelzungen von Zehen, Deformationen des Gesichtsschädels und Fehlentwicklungen des Gehirns. Auch hier ist meist nicht ein Kupfermangel in der Nahrung selbst, sondern ein Überschuss der Konkurrenzstoffe wie Zink und Kalzium die auslösende Ursache.

Jod

Jod ist ein wichtiges Spurenelement, das vor allem für die Bildung der Schilddrüsenhormone benötigt wird. Jodmangel kann bei Hund und Katze zu einer Vergrößerung der Schilddrüse sowie Haarverlust und Apathie führen. Zu viel Jod hat bei Hund und Katze die gleichen Auswirkungen wie zu wenig Jod. Natürliche Jodquellen sind Fisch und Algenprodukte. Stickstoffbelastete Nahrungsmittel (Dünger) sowie Nitrat im Trinkwasser behindern die Aufnahme von Jod.

Seit die WHO (Weltgesundheitsorganisation) Deutschland, Österreich und die Schweiz zum Jodmangelgebiet erklärt hat, wird jodiertes Speisesalz verwendet, zum Leidwesen vieler Menschen, die an einer Jodunverträglichkeit leiden und auf die Jodierung ihrer Nahrung mit Symptomen und Krankheiten wie Morbus Basedow, Morbus Hashimoto, Herzrhythmusstörungen, Bluthochdruck, Depressionen, Weichteilrheuma und vor allem mit Übererregbarkeit der Schilddrüse reagieren. Seit 1993 darf Jodsalz jedes Fertiglebensmittel würzen. Sogar das Viehsalz als Futterzusatz wird jodiert. Damit gibt es kaum ein Lebensmittel, das nicht mit jodiertem Salz in Berührung gekommen ist.

Jod gehört als Arzneimittel in die Apotheke und nicht diffus in Nahrungsmittel. Häufig noch zusammen mit Fluor, welches als thyreostatisch gilt, also den Einbau von Jod in die Schilddrüse verhindert. Im Einzelfall kann eine genau dosierte Jodgabe therapeutisch angezeigt sein, als Massentherapie ist sie aber absolut ungeeignet, da zusätzlich auch eine genaue Dosierung unmöglich ist.

In der Literatur wird zwar behauptet, Jodmangel sei bei Hund und Katze selten. Es kann aber sehr wohl bei einseitiger Verwendung von Einzelfuttermitteln mit hocherhitzten Fleischabfällen (durch die Erhitzung kommt es zu Jodverlusten) sowie hochgereinigten Getreideprodukten zu einer Unterversorgung mit Jod kommen. Dies führt genauso wie eine Überversorgung zur Fehlfunktion der Schilddrüse und ist sicherlich auch eine Ursache der so rapide ansteigenden Zahl von Schilddrüsenerkrankungen beim Hund und bei der Katze. Die Unterversorgung mit Jod führt zu allgemeinem Leistungsabfall, Lethargie und Alopezie (Haarausfall).

Eine optimale Versorgung mit Mineralstoffen und Spurenelementen bietet die Mineralstoffmischung »Basic« sowie »Gletscherschliff«-Präparate.

KAPITEL 7

Der Stoffwechsel von Fett und Kohlenhydraten

Fettarm macht auf Dauer krank!

Dass »fettarm« besser und gesünder ist, ist leider allgemein noch immer die Botschaft, vor allem der Lebensmittelindustrie. Fettarme sogenannte Light-Produkte verzeichnen einen unglaublichen Erfolg. Die Kampagnen der Medien und entsprechende Werbung gegen Fett stellen jahrtausendealte Ernährungsgewohnheiten völlig auf den Kopf. Diese Anti-Fett-Kampagne hat zudem auch dazu geführt, dass die Menschen immer dicker und damit auch immer kränker werden. Fettarme Produkte enthalten nämlich mehr Zucker, und der macht bekanntlich dick. Den großen Lebensmittelkonzernen ist das nur recht, denn Zucker ist billiger als Fett. Die bisher wertvollen Fette werden heute aus vielen Lebensmitteln entfernt. Abgesehen von der parallel einhergehenden vermehrten Aufnahme von Zucker, hat die fettarme Kost nicht nur negativen Einfluss auf die Psyche des Menschen, sondern wirkt sich auch auf den Stoffwechsel der Zellen aus. Denn die Zellmembranen, also diejenige Schicht, die die Zellen gegen das umliegende Gewebe abschirmt, besteht größtenteils aus Fett.

Aber Fett ist auch nicht gleich Fett. Manche Fette sind für unseren Organismus unersetzlich, andere aber schädlich. Was sind jetzt gute, was schlechte Fette?

Transfette sind schlechte Fette. Sie sind vor allem in industriell hergestellten Produkten zu finden. Bei der Erhitzung von Pflanzenölen mit hohem Gehalt an ungesättigten Fettsäuren, wie es bei der industriellen Verarbeitung geschieht, entstehen Transfettsäuren. Diese hocherhitzten Fette sollten aber in unserer Nahrung gänzlich vermieden werden. Sie sind zwar für die Lebensmittelindustrie sehr bequem, da die Lebensmittel durch diese Verarbeitung extrem lange haltbar gemacht werden können, für Mensch und Tier sind diese Transfette aber gesundheitsschädlich.

Grundsätzlich sollten alle Fette, die bei Raumtemperatur flüssig sind, nicht erhitzt werden (mit Ausnahme von Olivenöl).

Wir unterscheiden drei Formen von Fetten:

- Gesättigtes Fett: ist bei Zimmertemperatur fest (zum Beispiel Butter) und vornehmlich in tierischen Produkten wie Fleisch und Wurst enthalten.
- Einfach ungesättigtes Fett: Öle, die bei Zimmertemperatur flüssig sind, im Kühlschrank aber fester werden (wie etwa Olivenöl, Rapsöl, Mandelöl).
- Mehrfach ungesättigtes Fett: Öle, die auch im Kühlschrank flüssig bleiben (zum Beispiel Leinöl, Hanföl, Weizenkeimöl, Distelöl, Fischöl, Walnussöl, Borretschöl).

Bei den ungesättigten Fetten unterscheiden wir Omega-3- beziehungsweise Omega-6-Fettsäuren. Diese sind für den Menschen sowie für Hund und Katze essenziell, das heißt, sie müssen durch die Nahrung zugeführt werden.

Wichtig ist, auf das richtige Verhältnis von Omega-3- zu Omega-6-Fettsäuren zu achten. Aus verschiedenen Gründen ist der Gehalt an Omega-3-Fettsäuren in unserer heutigen Ernährung gegenüber dem Gehalt an Omega-6-Fettsäuren zu gering. Deswegen sollten wir darauf achten, mehr Omega-3-Fettsäuren zuzuführen als Omega-6-Fettsäuren. Das erreichen wir durch die Gabe von fetten Fischen oder Fischölen wie dem Lachsöl. Auch Krillöl eignet sich hervorragend. Es hat zudem aufgrund seines hohen Astaxanthingehaltes einen großen antioxidativen Effekt. Ich verwende es vor allem auch bei Tieren, die Lachsöl nicht fressen oder nicht vertragen. Krillöl wird vom Körper besser verstoffwechselt als Fischöl oder Pflanzenöl, weil es einen Stoffwechselschritt überspringt und damit schneller zu Verfügung steht. Krillöl kann im Gegensatz zum Fischöl auch bei Fettverdauungsstörungen verwendet werden.

Die meisten Pflanzenöle wie Rapsöl, Distelöl, Sonnenblumenöl oder Weizenkeimöl enthalten mehr Omega-6-Fettsäuren.Das optimale Verhältnis von Omega-3- zu Omega-6-Fettsäuren sollte 1:1 betragen. Distelöl hat aber beispielsweise ein Verhältnis von 1:150.

Alle essenziellen Fettsäuren sind gesundheitsschädlich, wenn sie nicht in ihrer natürlichen Form, sondern als Transfettsäuren vorliegen.

Fazit:

- Gesunde Hunde und Katzen erhalten Fischöle, abwechselnd mit Hanföl und Borretschöl.
- Schwarzkümmelöl und Nachtkerzenöl geben wir bei allergischen Erkrankungen besonders der Atemwege.
- Krillöl bei Fettverdauungsstörungen sowie allen chronischen Entzündungen (zum Beispiel der Gelenke).
- Auch viele Wildkräuter enthalten Omega-3-Fettsäuren. Sie sind somit eine wertvolle Ergänzung des täglichen Speiseplans.

Kohlenhydrate sind »Dickmacher«

»Mästen« kann man nicht mit Fett öder Ölen, sondern mit großen Mengen an fettarmem Getreide. Vor allem die aus Getreide gewonnenen Auszugsmehle und aus diesen Mehlen hergestellten Produkte (Brot, Kuchen, Kekse) lassen den Blutzuckerspiegel sofort nach der Aufnahme nach oben schnellen und bewirken eine Insulinausschüttung. Diese Produkte haben somit einen hohen glykämischen Index.

Auch Reis, Kartoffeln, Mais, Nudeln, alle Süßigkeiten, alle süßen Getränke, Alkohol, hochgezüchtete Früchte, Trockenfrüchte und Honig (alle Einfachzucker) fallen in diese Kategorie. Je schneller und höher der Blutzuckerspiegel steigt, desto schneller muss die Bauchspeicheldrüse antworten, um Insulin auszuschütten und den Blutzuckerspiegel zu senken. Das vermehrte Insulin im Blut führt zur Einlagerung von Fett in die Fettzellen und das macht dick.

Der Verzehr von Kohlenhydraten mit hohem glykämischen Index macht also dick. Diäten mit vielen Kohlenhydraten und wenig Fett haben somit genau den gegenteiligen Effekt, als uns manche Ernährungsberater erzählen wollen. Zusätzlich führen Blutzuckerspitzen zu Zucker-Eiweiß-Verbindungen, die Blutgefäße, Nervenzellen und Bindegewebe schädigen.

Es gibt essenzielle Aminosäuren und essenzielle Fettsäuren (müssen von außen zugeführt werden). Es gibt aber keinen essenziellen Zucker (Glukose). Kohlenhydrate in Form von Einfachzucker benötigen wir und auch unsere Hunde in der Ernährung also nicht. Damit klärt sich auch die strittige, immer wiederkehrende Frage, ob Hunde Getreide in ihrer Ernährung benötigen oder nicht.

Wenn Kohlenhydrate gefüttert werden, dann in Form von Nahrungsmitteln mit niedrigem glykämischen Index. Natürlich gibt es hier auch Ausnahmen. Hunde, die Leistungssport betreiben, die also körperlich sehr aktiv sind, können sehr wohl auch Kohlenhydrate mit hohem glykämischen Index bekommen, die werden bei diesen Hunden aber sofort verstoffwechselt und nicht gleich in Fett umgewandelt. Normal gehaltene Hunde sollten aber hauptsächlich Kohlenhydrate mit niedrigem glykämischen Index erhalten. Besonders geeignet hierfür sind die sogenannten Pseudogetreide Hirse, Amaranth, Buchweizen und Quinoa. Wenn man Reis oder Nudeln füttern will, sollten dies Vollkornreis und Vollkornnudeln sein. Gemüse sowie das meiste Obst haben ebenfalls einen niedrigen glykämischen Index.

FAZIT

Zu schnelles Wachstum bei Hunden wird nicht durch zu viel Eiweiß in der Nahrung, sondern ausschließlich durch zu viele Kohlenhydrate mit hohem glykämischen Index verursacht .

KAPITEL 8

Die Therapien – es geht auch ohne Beipackzettel

Antibiotika sind keine »Allheilmittel«: Natürliche Alternativen

Immer mehr Menschen hegen eine Abneigung gegen synthetische Medikamente und sind aufgeschlossen gegenüber Naturheilmitteln, die sich oft schon seit Jahrhunderten bewährt haben. Antibiotika sind Medikamente, die Bakterien, aber keine Viren abtöten können. Ihre Wirkung liegt entweder darin, dass sie das Bakterium an der Vermehrung hindern oder es abtöten. Da Bakterien Zellkerne besitzen, so wie die Körperzellen auch, kann es vorkommen, dass auch Körperzellen vernichtet werden. Dann entstehen Nebenwirkungen. Der Name »Antibiotikum« kommt aus dem Griechischen und bedeutet wörtlich übersetzt »gegen das Leben«.

Antibiotika können Leben retten, aber die maßlos übertriebene Verschreibungswut von Ärzten und Tierärzten hat dazu geführt, dass immer mehr Antibiotika nicht mehr wirken, da viele Bakterien mittlerweile resistent geworden sind.

Dass Antibiotika und auch antivirale Medikamente schwere Nebenwirkungen haben, scheint den meisten Medizinern nicht bewusst zu sein. Diese Nebenwirkungen können aber größere Schäden anrichten als die ursprüngliche Krankheit selbst.

Keine Frage, bei schweren Infektionen sowie nach Operationen müssen Antibiotika eingesetzt werden. Dafür sind sie da. Aber es besteht keine Notwendigkeit, bei jedem noch so geringfügigen Infekt gleich mit schweren Geschützen aufzufahren. Leider wird das aber in den meisten Praxen so gehandhabt.

Circa 500 000 Menschen in Deutschland ziehen sich in Krankenhäusern jährlich Infektionen mit den sogenannten Methicillin-resistenten Staphylokokken (MRSA) zu. 20.000 bis 30.000 Menschen sterben sogar daran. Auch vor unseren Tieren machen diese Keime nicht halt. Auf dem Foto »MRSA Schäferhund« auf Seite 3 im Bildteil dieses Buches sehen Sie eine Wunde in der Inguinalgegend eines kastrierten Schäferhundrüden, bei dem anhand einer bakteriologischen Untersuchung sowie eines Antibiogramms MRSA festgestellt wurden. Vorangegangen waren mehrere Behandlungen mit Antibiotika aufgrund von immer wiederkehrenden Durchfällen. Die Keime hatten sich in einer kleinen Wunde festgesetzt, die immer größer wurde und nicht mehr zuheilen wollte.

Die Anpassung der Bakterien an geänderte Lebensbedingungen geht schneller als die Entwicklung neuer Antibiotika. Das heißt im Klartext: Die Bakterien sind den Chemikern immer einen Schritt voraus.

Antibiotika gehören zu den meistverordneten Medikamenten. Die Deutschen schlucken 300 Tonnen Antibiotika im Jahr, das sind 363 Millionen Tagesdosen. Antibiotika gelten mittels cleverer Werbung als »Allheilmittel«, und manche menschlichen Patienten und Patientenbesitzer wollen eine Arztpraxis gar nicht mehr ohne ein »richtiges« Medikament verlassen. Solange die Fortbildung der Ärzte und Tierärzte aber weiterhin industriegesponsert ist wie bisher, wird sich auch an der Einstellung zu Antibiotika nicht viel ändern. In der heutigen medizinischen Ausbildung wird keinerlei Wert auf mögliche Alternativen zu Antibiotika gelegt.

Ich erinnere mich an eine Katzenbesitzerin, deren Katze an einem schon mehrere Monate andauernden Schnupfen litt. Ich behandelte sie so, wie ich solche Erkrankungen immer behandele, mit kolloidalem Silber sowie einem immunstärkenden Mittel. Einen Tag später rief mich die Tochter der Katzenbesitzerin an und fragte mich, warum ich denn der Katze nichts »Gescheites« gegeben hätte, der Schnupfen sei immer noch da.

Solche Patientenbesitzer versuche ich dann aufzuklären. Gelingt mir dies nicht, schicke ich sie zu meinen Kollegen in der Nachbarschaft, die gerne bereit sind, die Tiere mit Antibiotika vollzupumpen. Gott sei Dank kommen solche »Anliegen« nur sehr selten vor.

Die Schulmedizin setzt Antibiotika bei bakteriellen Infektionen oder bei Infektionen mit Protozoen ein. Gegen Viren und Pilze wirken Antibiotika nicht. Trotzdem werden sie unverständlicherweise bei grippalen Infekten, welche meist durch Viren ausgelöst werden, eingesetzt. Auch in unserem Beispiel, der Katze mit dem Katzenschnupfen, sind vor allem Viren beteiligt, gegen die Antibiotika machtlos sind. Ihr Einsatz ist hier auch aus schulmedizinischer Sicht falsch und sogar kontraindiziert.

Abgesehen von der Schädigung der Darmflora sowie möglicherweise auftretenden Allergien, Hautekzemen und Blutbildveränderungen haben Antibiotika auch neurotoxische sowie nierenschädigende Wirkungen.

Dass Antibiotika nicht nur negativ auf die Bakterienflora im Darm wirken, sondern auch durch Veränderung der mikrobiellen Besiedelung auf Haut und Schleimhäuten, die anfälliger für Pilzbefall werden, zeigt das folgende Beispiel.

Schäferhündin Mira bekam wegen einer Zirkumanaldrüsenentzündung mehrere Monate lang Antibiotika und Kortison. Darauf entzündete sich die Haut zwischen den Hinterbeinen großflächig, sodass nur mehr das rohe Fleisch zu sehen war. Die behandelnde Tierklinik sah den Zusammenhang zwischen den von ihnen verordneten Medikamenten und der Hautentzündung nicht und wollte den Hund aufgrund eines unheilbaren »Hautkrebses« einschläfern. Die Besitzerin ließ das aber nicht zu und recherchierte selbst. Sie ließ vom Tierarzt eine Probe entnehmen und auf Pilzbefall untersuchen. Es bestätigte sich der Pilzbefall und die Besitzerin von Mira handelte wiederum selbst, wusch die offenen Stellen mit einem Antipilzshampoo und gab auch ein Antipilzmittel in Tablettenform. Mit Erfolg. Von der Seite her begann die schreckliche Wunde langsam zuzuwachsen. Auf den Fotos »Mira 1« und »Mira 2« auf Seite 4 im Bildteil dieses Buches können Sie auf dem ersten Foto die schrecklich aussehenden Hautveränderungen aufgrund der monatelangen Antibiotika- und Kortisontherapie sehen. Auf dem zweiten Bild, zwei Monate später, nach erfolgreicher Pilzbehandlung sieht man, wie sich am Rand der Wunde neue Haut bildet.

Leider hatte ich dann nur noch ein einziges Mal Kontakt mit der Besitzerin von Mira, die einige hundert Kilometer von mir entfernt wohnt. Sie erzählte mir, dass der Heilungsprozess langsam, aber sicher fortschritt. Die Hündin war schon alt und musste bald darauf wegen eines anderen Leidens (*Cauda equina*) eingeschläfert werden.

Mir ist aufgefallen, dass die Anzahl der Pilzinfektionen in den letzten Jahren stark angestiegen ist. Viele Hunde haben bei Veränderungen der Haut oder der Ohren auch eine begleitende Pilzinfektion. Das liegt sicher nicht daran, dass die Pilze aggressiver geworden sind. Pilze haben sich seit Jahrmillionen nicht verändert, die Ursache liegt darin, dass sich die Bakterienflora der Haut so verändert hat, dass Pilzkeime einen optimalen Nährboden vorfinden. Das ist die logische Folge unkontrolliert eingesetzter Antibiotika. Pilze haben bei gesunden Individuen keine Chance, sich einzunisten. In der Natur wird beispielsweise eine Pflanze nur dann von einem Pilz befallen, wenn die Lebensbedingungen dieser Pflanze nicht stimmen (beispielsweise bei Übersäuerung des Bodens).

Nebenwirkungen von Antibiotika können unmittelbar nach der Eingabe auftreten, *müssen* aber nicht. Häufig werden nach einer Erstbehandlung noch keine negativen Begleiterscheinungen bemerkt, nach der zweiten oder spätestens nach mehreren Behandlungen aber zeigen sich die Nebenwirkungen sehr deutlich. Es existieren zwar »Leitlinien für den Gebrauch von Antibiotika«, herausgegeben von der Österreichischen Tierärztekammer, die aber meiner Erfahrung nach in der Kleintierpraxis nicht eingehalten werden. Gerade was die Gefahr der Resistenzbildung betrifft, werden bestimmte Antibiotika häufig viel zu lange (Depotantibiotika) und oft sogar in Kombination mit anderen Antibiotika eingesetzt, was die Resistenzbildung noch verstärken kann. Dazu kommt noch die viel zu häufige Verwendung sogenannter Breitbandantibiotika, die vergleichbar mit einer Gießkanne alle nur möglichen Keime abtöten oder in ihrem Wachstum hemmen sollen.

Sollten Sie für Ihr Haustier ein Antibiotikum bekommen, dann lesen Sie bitte zuerst den Beipackzettel, bevor Sie Ihrem Tier dieses Medikament geben. Wenn keine schwerwiegende Infektion vorliegt, sollte von einer Antibiotikagabe abgesehen werden. Bis zu 30 mögliche Nebenwirkungen kann ein einzelnes Antibiotikum haben, darunter Allergien und Magen-Darm-Beschwerden.

Der häufige Gebrauch von Antibiotika führt zum Gegenteil dessen, was eigentlich erreicht werden soll. Antibiotika vernichten nicht nur die Bakterien im Darm, sondern auch diejenigen auf den Schleimhäuten, setzen die Funktion der körpereigenen Abwehr herab und stören das natürliche Gleichgewicht zwischen »guten« und »bösen« Keimen, was letztendlich zu einer höheren Infektanfälligkeit führt. Der Einsatz von Antibiotika sollte sich damit ausschließlich auf Notfälle beschränken. Meine Meinung ist: Mindestens 90 Prozent der in Tierarztpraxen eingesetzten Antibiotika sind unnötig.

Wenn überhaupt Antibiotika eingesetzt werden müssen, ist es unerlässlich, vorher ein Antibiogramm anfertigen zu lassen, um eventuelle Resistenzen festzustellen. Damit kann gezielt das passende Antibiotikum gefunden werden.

Natürliche Antibiotika

Natürliche Antibiotika werden fast ausschließlich aus Pflanzen gewonnen, manchmal auch aus der Symbiose (Zusammenarbeit) zwischen Pflanzen und Insekten (wie etwa Propolis). Pflanzen können Stoffe bilden, um sich gegen Viren, Bakterien und Pilze zu schützen, die sie befallen und schädigen könnten. Sie besitzen damit ein eigenes Abwehrsystem. Das können wir uns zunutze machen.

Immer wieder wird versucht, verschiedene Wirkstoffe aus Pflanzen zu extrahieren und zu isolieren, um einen bestimmten Wirkstoff gegen eine bestimmte Krankheit zu erhalten. Das funktioniert aber oft nicht, denn Pflanzen enthalten eine Vielzahl von Wirkstoffen, die nur in ihrer Gesamtheit – als Pflanze – ihre volle Wirksamkeit entfalten können. Zusätzlich können diese Heilpflanzen auch zur Entgiftung beitragen sowie das Immunsystem stärken. Natürliche Antibiotika, gewonnen aus diesen Pflanzen, können keine »Wunder« bewirken. Ihre Wirkung erfolgt langsamer als die der synthetischen Antibiotika, den »schnellen Erfolg« gibt es hier nicht, dafür bleiben Nebenwirkungen aus, und vor allem: **Die Wirkung ist dauerhaft!**

Dadurch, dass die natürliche Darmflora und die Bakterienflora der Schleimhäute nicht angegriffen werden, werden Rückfälle vermieden. Voraussetzung für den effektiven Einsatz sind wie bei allen anderen ganzheitlichen Therapien auch die Sanierung des Milieus, die Anpassung der Ernährung sowie die Substitution fehlender orthomolekularer Stoffe.

Es gibt eine Menge Pflanzen mit natürlicher antibiotischer Wirkung.

Im Folgenden habe ich diejenigen natürlichen Antibiotika ausgewählt, die ich in meiner Praxis öfter oder gelegentlich verwende. Die Liste aller Pflanzen mit antibiotischer Heilwirkung ist um vieles umfangreicher.

- **Aloe-Vera-Saft:** innerlich zur Stärkung der Abwehrkraft, als Aloe-Vera-Gel für Wunden bei Pilzbefall und Abszessen.
- **Augentrost:** bei diversen Augenleiden als Tinktur, aber auch bei Husten, Schnupfen, Heiserkeit als Tropfen.
- **Blutwurz:** bei Darmentzündungen als Blutwurztee.
- **Breitwegerich:** bei Insektenstichen aller Art als Saft, als Tee bei Magen-Darm-Entzündungen sowie Katarrh der Atemwege.
- **Brennnessel:** als Tee zur Anregung des Stoffwechsels, Blutreinigung.
- **Grapefruitkernextrakt:** als Tropfen oder Tabletten: hat erstaunlich starke antibiotische, antivirale sowie antimykotische (pilztötende) Eigenschaften.
- **Knoblauch:** umstritten bei Hunden wegen seines Gehalts an Allicin, welches die roten Blutkörperchen zerstört. Allicin ist aber erst ab einer Menge von 5 bis 10 Gramm pro Kilogramm Körpergewicht gefährlich, da müsste man bei einem Hund mit 25 Kilogramm circa ein Viertelkilogramm Knoblauch füttern. Mit einer halben Zehe für einen kleinen Hund und einer ganzen Zehe für einen großen Hund täglich liegen Sie im sicheren Bereich. Ausgenommen Rassen wie Akita und Shiba Inu, die aufgrund einer genetisch bedingten Abnormalität der roten Blutkörperchen als besonders sensibel gelten. Also: Die Menge macht das Gift. Allicin, welches den intensiven Knoblauchgeruch bewirkt, wirkt ebenso wie die schwefelfreien Bestandteile des Knoblauchs wie Garlicin oder Scordinin keimhemmend. Oder als Bestandteil einer natürlichen Entwurmungskur, siehe dort.
- **Ringelblume:** als Tinktur oder als Salbe. Ich verwende verdünnte Ringelblumentinktur (1 Teil Tinktur, 10 Teile Wasser) ger-

ne bei eitrigen Präputialkatarrhen zum Spülen oder bei Wunden als Salbe.

- **Schwarzkümmel:** Mehr als 100 Inhaltsstoffe wurden im Schwarzkümmelsamen bisher gefunden. Als Öl: antibakteriell und antimykotisch, außerdem Lieferant wertvoller essenzieller Fettsäuren.
- **Teebaum:** als Öl unverdünnt auf Wunden.
- **Thymian:** als Tee bei Bronchitis, Husten (in meinem Hustentee zusammen mit Salbei, Spitzwegerich, Eukalyptus, Anis, Königskerzenblätter und Andornkraut enthalten).
- **Zistrose:** Cystustee, bei Candida (Pilzbefall) sowie bakteriell bedingten Halsentzündungen, Mandelentzündungen sowie Magen-Darm-Erkrankungen. Die antioxidative Kraft des Cystus ist wesentlich größer als die anderer Teesorten. Schon ein Schnapsglas mit Cystustee hat dieselbe antioxidative Wirkung wie eine Gesamttagesdosis an Vitamin C (beim Menschen).
- **Propolis:** Die Bienen sammeln Harze von Blattknospen und Rinden von verschiedenen Baumarten und vermischen diese mit ihren eigenen Sekreten. Diese Sekrete können medizinisch wirksame Substanzen aus diesem Harz herauslösen. So entsteht Propolis. Damit verschließen die Bienen ihre Stöcke und schützen diese vor Eindringlingen wie Viren, Bakterien und Pilzen. Propolis ist reich an Vitaminen, Mineralstoffen, Spurenelementen, Aminosäuren, ätherischen Ölen, Flavonen, Flavonoiden et cetera. Ich verwende Propolis als Pulver bei allen chronischen Entzündungen, vor allem bei Harnwegsentzündungen, Mandel- und Ohrenentzündungen, aber auch bei Magen-Darm-Entzündungen und immer wiederkehrenden Infekten der Atemwege. Propolis sollte man über mehrere Wochen lang eingeben. Bei Propolis bitte immer auf die Herkunft sowie auf die Konzentration achten, hier sind sehr viel stark verunreinigte sowie »verdünnte« Substanzen auf dem Markt. Propolis sollte mindestens 90 Prozent reines Propolis enthalten.

Kolloidales Silber

Zu den natürlichen Antibiotika nichtpflanzlicher Herkunft zählt das kolloidale Silber. Kolloidales Silber ist KEIN Silbersalz oder eine andere Silberverbindung, auch wenn das immer wieder behauptet wird. Genauer betrachtet, ist kolloidales Silber eine flüssige Dispersion elementaren Silbers. Eine Dispersion ist ein Gemenge zweier verschiedener Substanzen, die keine chemische Verbindung miteinander eingehen, in unserem Fall ganz feines elementares Silber und destilliertes Wasser. Gelangen nur winzige Spuren beispielsweise von Kochsalz in dieses destillierte Wasser, können möglicherweise gefährliche Silbersalze statt gesundheitsfördernden kolloidalen Silbers entstehen. Deshalb muss hier bei der Herstellung peinlich genau auf Sauberkeit geachtet werden.

Die keimtötende Wirkung des Silbers ist schon seit alters bekannt. Auch die moderne Chirurgie macht sich diese Wirkung beim Abklemmen von Hirngefäßen oder zum Verschließen von Schädeldecken zunutze. Hier werden Herzkatheder mit Silber beschichtet, um sie gegen Bakterienbefall zu schützen. Silberhaltige Wundauflagen und Wundpflaster sind ebenfalls in Verwendung.

Kolloidales Silber kann man sehr gut selbst herstellen, man benötigt dazu einen Silbergenerator sowie Aqua bidestillata, also zweifach destilliertes Wasser.

Ich verwende kolloidales Silber besonders gern bei Katzen, da es geschmacksneutral ist. Wer bei der Eingabe von Medikamenten eine nicht kooperative Katze sein Eigen nennt, weiß um die Schwierigkeit, einem solchen Tier irgendetwas unterzujubeln. Zerkratzte und blutig gebissene Hände lassen die Tierbesitzer verzweifeln und aufgeben. Mit kolloidalem Silber funktioniert das aber sehr gut. Kolloidales Silber ist geschmacksneutral und lässt sich einfach ins Futter mischen.

Wann kann kolloidales Silber verwendet werden?

Die Einsatzgebiete sind vielfältig:
Alle akuten und chronischen Infektionen wie chronischer Katzenschnupfen, chronische Entzündungen der Mundschleimhäute, chronische Durchfälle et cetera.
Auch Augen- und Ohrenentzündungen lassen sich gut mit kolloidalem Silber behandeln. Zur Verwendung als Nasentropfen ist kolloidales Silber ebenfalls gut geeignet.
Äußerlich kann das kolloidale Silber direkt auf Wunden oder Ekzeme geträufelt oder auch als Salbe eingerieben werden.

EM: Effektive Mikroorganismen

Der japanische Professor Teruo Higa aus Japan wollte einen Weg finden, das Wachstum und die Gesundheit von Pflanzen zu verbessern, um damit auf Chemikalien in der Landwirtschaft verzichten zu können. Er forschte seit 1968, und vor einigen Jahren gelang ihm der Durchbruch. Prof. Teruo Higa fand heraus, dass nur die Kombination von unterschiedlichen, aber genau aufeinander abgestimmten Bakterien in der Lage ist, die Wirkung zu erzielen, die er sich vorstellte. Diese Bakterien – er bezeichnete sie als effektive Mikroorganismen – beginnen, sobald sie Nahrung bekommen, nützliche Substanzen wie Vitamine, organische Säuren, Mineralien und Antioxidantien abzusondern. Im Boden verändern sie die Mikroflora, sodass »kranker« Boden in »gesunden« Boden umgewandelt wird. Diese gewünschten Prozesse im Boden vermehren den Humusgehalt und gewährleisten damit eine nachhaltige hohe Qualität von Nahrungsmitteln. Durch die zunehmende Umweltverschmutzung ist auf der Erde eine Situation entstanden, die die Vermehrung und Entwicklung degenerativer »schlechter« Mikroorganismen in den Böden fördert.

Prof. Higa suchte nach Ersatzstoffen für chemischen Dünger und hat aus etwa 2000 Arten von Bakterien diejenigen mit schädlicher Wirkung eliminiert. Es blieben etwa 80 Arten übrig, die er zusammen in einem Milieu kultivieren konnte, das stabil blieb, und mit dem er arbeiten konnte. Diese effektiven Mikroorganismen sind so zusammengesetzt, dass sie schädliche Oxidationsvorgänge im Boden verringern können.

Zur Herstellung eigener EM-Lösungen sowie die vielfältige Verwendung von EM im Gartenbau, im Haushalt, in der Landwirtschaft (Gülleverarbeitung), in der Fisch-und Bienenzucht et cetera verweise ich auf die entsprechende Fachliteratur.

Ich verwende EM-Lösung innerlich sehr gerne bei chronischen Allgemeininfekten (zusätzlich zur gesamten Sanierung bei Katzenschnupfen, Katzenleukose, FIV, FIP, Mandel-und Kehlkopfentzündungen et cetera), aber auch äußerlich bei Ekzemen sowie bei Ohrenentzündungen.

Bei chronischen Verdauungsstörungen können EM-Tropfen nicht nur bei Hund und Katze, sondern auch bei Hamster, Meerschweinchen und Kaninchen eingesetzt werden. Einige Tropfen EM1 (aktiviertes EM) täglich ins Futter genügen. Bei Ohrenentzündungen 2 bis 3 Tropfen mit etwas (circa 3 Milliliter) Wasser verdünnen und ins Ohr träufeln.

EM ist eine enorme Bereicherung jeder ganzheitlichen Praxis. Statt Desinfektionsmittel können auch in der Praxis zur Reinigung von Geräten, Mobiliar sowie Böden EM-Lösungen eingesetzt werden – ein relativ billiger, aber effektiver Ersatz für viele Desinfektions- und Putzmittel. EM ist nicht patentiert, jeder kann es kaufen und selbst herstellen. Somit steht hier, wie auch bei vielen anderen sehr wirkungsvollen Mitteln, kein großer Konzern im Hintergrund, der die Werbetrommel rührt. Ein Grund, warum die Verbreitung der EM-Lösung noch relativ langsam voranschreitet.

MMS: Miracle Mineral Supplement

MMS steht zwar etwas im Widerspruch zu einer ganzheitlichen Therapie, trotzdem möchte ich es erwähnen. Auch deshalb, weil ich es in meiner Praxis zwar selten, aber doch in einigen Fällen, einsetze. Was ist MMS?

MMS ist eine stabilisierte Sauerstofflösung aus 28 Prozent Natriumchlorit in destilliertem Wasser. Gibt man eine exakt vorgegebene Menge Zitronensäurelösung dazu und wartet genau drei Minuten, bildet sich Chlordioxid. Wenn es in dieser Form vom Organismus aufgenommen wird, oxidiert das Chlordioxid schädliche Substanzen wie Parasiten, Bakterien, Viren, Pilze innerhalb von Stunden. Zur gleichen Zeit stärkt es das Immunsystem um circa das Zehnfache.

Wie hoch diese antimikrobielle Wirkung ist, zeigen die Erfolge an Tausenden Malariapatienten, die innerhalb weniger Tage gesund wurden. Aber auch bei anderen Infektionen sowie bei Autoimmunerkrankungen kann MMS eingesetzt werden.

Allerdings gehen mit der Einnahme von MMS beträchtliche Probleme einher, die sich verringern lassen, wenn MMS mit anderen Naturheilverfahren kombiniert wird. Als alleiniges Mittel zur Standardbehandlung »normaler« Infektionen ist es aufgrund seiner zellschädigenden Wirkung abzulehnen. Es sollte nur in Kombination mit aktivem Zellschutz eingesetzt werden (NIE zeitgleich, sondern nacheinander). Die üblichen Verfahren mit Grundsanierung et cetera sollten selbstverständlich auch hier immer durchgeführt werden.

MMS wird mittlerweile schon in vielen Ländern, unter anderem in Australien und in den USA, als antimikrobielles Mittel in der Lebensmittelindustrie, zur Wasseraufbereitung sowie zur Sterilisation von Oberflächen und Instrumenten in Krankenhäusern eingesetzt. Die Schulmedizin ignoriert MMS aus Gründen, die hinlänglich bekannt sind. Es gibt keinen Patentschutz und somit ist es für die Pharmaindustrie uninteressant. Und Produkte, die nicht von der Pharmaindustrie angeboten werden, sind für die meisten Ärzte tabu. Außerdem ist MMS sehr kostengünstig.

Seit ich einmal sehr schlechte Erfahrungen mit MMS gemacht habe, bin ich bei der Verschreibung sehr vorsichtig geworden und behandele damit nur Patienten, die direkt in die Praxis kommen und mit denen ich gemeinsam die Zubereitung und Eingabe besprechen kann.

Meine schlechte Erfahrung beruht auf folgender Geschichte: Eine Hundebesitzerin hat in unserem Shop MMS-Tropfen bestellt und unter anderem auch eine Flasche kolloidales Silber, die die gleiche Größe hat. Obwohl auf der MMS-Flasche sehr deutlich, sogar mit Totenkopf-Bild, darauf hingewiesen wird, die Tropfen NICHT unverdünnt einzunehmen, hat sie die Flaschen verwechselt und ihrem Hund das MMS, ohne es vorher mit Zitronensaft aufzubereiten, eingegeben. Der Hund verstarb innerhalb von einem Tag an Magenverätzung. Seither habe ich im Shop das MMS nicht mehr zu verkaufen. Im Onlinehandel kann man es aber überall bekommen.

Trotz allem ist MMS, wenn es richtig eingesetzt wird, ein sehr gut wirksames Mittel, die Zukunft wird zeigen, inwieweit es in der Medizin mehr verwendet werden kann.

Ich verwende MMS selten und erst dann, wenn ich auf anderen Wegen nicht mehr weiterkomme, sowie auch nur bei solchen Patienten, die kräftemäßig in der Lage sind, die durch die Behandlung mit MMS frei werdenden Radikale zu neutralisieren sowie die beim Zerfall der Mikroorganismen entstehenden Toxine zu binden und auszuscheiden. Das Wichtigste bei der Verwendung von MMS ist demnach auch die unbedingt notwendige zellunterstützende Therapie.

Mykotherapie: Die Behandlung mit Vitalpilzen

Pilze sind ganz eigene Organismen. Sie gehören weder zu den Pflanzen noch zu den Tieren. Sie benötigen keine Fotosynthese wie die

Pflanzen, haben auch keine Hüllen aus Zellulose, besitzen aber ein Chitingerüst wie die Insekten. Pilze sind wie die Tiere darauf angewiesen, für ihre Energiegewinnung organisches Material aufzunehmen. Trotzdem gehören sie nicht ins Tierreich.

Pilze leben in der untersten biologischen Schicht und sind die Hauptverwerter von organischen Materialien. Ohne Pilze, die circa 25 Prozent der gesamten Biomasse ausmachen, wäre die Erde eine riesige Müllkippe.

Vitalpilze haben ihren Ursprung in der Traditionellen Chinesischen Medizin. In Asien wird die Mykotherapie, darunter versteht man die Therapie mit Vitalpilzen, schon seit Jahrtausenden genutzt. Aber auch in Europa ist das Wissen über die Heilkraft von Pilzen schon lange bekannt. Hildegard von Bingen erwähnte sie zuerst. In unserer heutigen Zivilisation ist dieses Wissen leider vielfach in Vergessenheit geraten. Heutzutage besinnt man sich wieder auf diese alten Erkenntnisse und Vitalpilze werden immer öfter in ganzheitlichen Praxen eingesetzt, sowohl bei Tieren als auch bei Menschen. Wirklich erforscht ist die Gesamtheit der Pilze aber bis heute noch nicht. Nur von rund 700 Pilzsorten (das ist nur ein Bruchteil der existierenden Pilze) sind pharmakologische Wirkungen nachgewiesen. Heute entpuppen sich Vitalpilze für die westliche Medizin als wahre Fundgrube für bioaktive Substanzen.

Warum besitzen Pilze so vielfältige Wirkungen für die Medizin?
Pilze benötigen, um überhaupt in ihrer natürlichen Umwelt überleben zu können, starke antibakterielle und antimykotische Inhaltsstoffe. Aus verschiedenen Pilzen lassen sich demnach die unterschiedlichsten Substanzen isolieren, die medizinisch genutzt werden können. Vitalpilze stärken und stabilisieren nachweislich das Immunsystem und gelten als zellerneuernd. Ich setze Vitalpilze sehr gerne in Kombination mit anderen ganzheitlichen Therapien ein, vor allem in Kombination mit anderen orthomolekula-

ren Substanzen. Zur Verwendung werden die Pilze getrocknet und gemahlen. Pilzpulver, das aus dem gesamten Pilz gewonnen wird, enthält das gesamte Spektrum an Inhaltsstoffen des Pilzes in unveränderter Zusammensetzung. Demgegenüber steht der Extrakt, bei dem die wichtigen Inhaltsstoffe im Durchschnitt 20-mal konzentrierter sind gegenüber dem Pilzpulver. Was eignet sich nun besser für die Anwendung in der Medizin, Extrakt oder Pulver?

Die moderne Mykotherapie verwendet hauptsächlich Extrakte, weil hier die wichtigen Inhaltsstoffe wie Triterpene sowie Polysaccharide konzentriert werden. Im Pulver bleiben dagegen zwar die gesamten Inhaltsstoffe, also auch Ballaststoffe, Vitamine, Spurenelemente, Aminosäuren und Mineralstoffe, erhalten, die medizinische Wirkung der Extrakte wird aber nicht erreicht. Man kann jedoch sehr gut Extrakte und Pulver kombinieren. Auch können verschiedene Pilzextrakte wegen der gegenseitig verstärkenden Wirkung der verschiedenen Pilze wirkungsvoll miteinander kombiniert werden.

Pilze haben die Fähigkeit, Verunreinigungen, Schadstoffe sowie Schwermetalle aufzunehmen und zu speichern. Deshalb ist es unerlässlich, sie mit hohem Qualitätsanspruch zu kultivieren. Leider sind auf dem nationalen und internationalen Markt die Qualitätskriterien unterschiedlich hoch. Gerade in Bezug auf mikrobielle Verunreinigungen, Pestizid- oder Schwermetallbelastungen der einzelnen Rohstoffe sind hier deutliche Unterschiede zu verzeichnen. Neben den medizinisch wirksamen Inhaltstoffen wie Polysacchariden und Triterpenen enthalten Pilze eine Vielzahl ernährungsphysiologisch wichtiger Substanzen wie B-Vitamine, Vitamin D, Phosphor, Kalzium, Selen, Chrom, Kupfer und Zink. Pilze sind purinarm, können demnach auch bei gichtkranken Menschen sowie Tieren – auch beim Dalmatiner – eingesetzt werden. Pilzpulver verwende ich zur allgemeinen Stärkung.

Die wichtigsten Vitalpilzextrakte, die ich in meiner Praxis verwende:

Agaricus blazei Murill (ABM, Sonnenpilz)
In Brasilien entdeckte man, dass die Bewohner des Städtchens Piedale extrem wenige Krebserkrankungen aufwiesen. Als man dieses Phänomen untersuchte, zeigte sich, dass die Bevölkerung regelmäßig diesen Pilz verzehrte, der aufgrund besonderer klimatischer Verhältnisse in dieser Region direkt auf offenem Feld wuchs.

Einsatzgebiet: begleitend zur Krebstherapie, bei Allergien und Autoimmunerkrankungen, gut in Kombination mit Reishi.

Coprinus (Coprinus comatus, Schopftintling)
Coprinus hat Einfluss auf die Regulation des Blutzuckerspiegels, bei Diabetikern verwende ich ihn immer in Kombination mit Maitake. Und zwar bei Diabetikern Typ 1 und Typ 2.

Auch bei Durchfall in Kombination mit Hericium, bei Pankreasentzündungen sowie als Begleittherapie bei Krebserkrankungen.

Cordiceps (Cordiceps sinensin, Chinesischer Raupenpilz)
Der Name »Raupenpilz« kommt von der Eigenart dieses Pilzes, seine Nahrung nicht, wie alle anderen Pilze, aus Holz oder Pflanzen zu beziehen, sondern aus Raupen. Im Winter befällt der Cordiceps die Raupen unter der Erde, tötet sie ab und treibt im Frühjahr nach der Schneeschmelze seine fingerförmigen Fruchtkörper aus dem Boden. Der Pilz hat seine Heimat in den Hochtälern des Himalaja, wo er aufgrund seines hohen Marktwertes eine Art Goldrausch ausgelöst hat. Jedes Jahr treffen sich über 30.000 Sammler, um Cordiceps zu suchen. Heute wird dieser Pilz auch gezüchtet (siehe das Foto »Cordiceps« auf Seite 5 im Bildteil). Ich verwende den Cordiceps vor allem als »Powerpilz« bei Rekonvaleszenten sowie zur allgemeinen Stärkung (darf nicht bei Pferden eingesetzt werden, fällt unter das Dopinggesetz!). Cordiceps fördert die Durchblutung.

Bei Borreliose zur Unterstützung. Auch sonst als natürliches Antibiotikum, als Leberschutz und zur Herzstärkung.

Hericium (Hericium erinaceus, Igelstachelbart, Affenkopfpilz)
Der Affenkopfpilz hat seinen Namen aufgrund seines zotteligen Aussehens, das an in China vorkommende Affen erinnert, bei denen man aufgrund der starken Behaarung den Kopf nicht mehr sieht (siehe Bildteil Foto »Hericium«).

Hericium ist sicher der von mir in der Praxis am meisten verwendete Pilz. So gut wie bei allen Erkrankungen des Magen-Darm-Traktes gebe ich Hericium begleitend dazu, in vielen Fällen auch über einen Zeitraum von mehreren Monaten. Hericium setze ich auch in Kombination mit Agaricus bei Allergien und Autoimmunerkrankungen ein. Hericium aktiviert außerdem das Nervengewebe, ich verwende ihn daher auch gerne bei Epilepsie.

Maitake (Grifola frondosa, Klapperschwamm)
Der Klapperschwamm wächst als »Laubporling« auch bei uns. Seinen Namen kann man vermutlich auf seine Wuchsform zurückführen.

In Kombination mit Coprinus hilft er bei Diabetes. Unterstützend bei Krebs, bei Störungen vor allem des Fettstoffwechsels.

Zur Stärkung des Immunsystems in Kombination mit Agaricus.

Polyporus (Polyporus umbellatus, Eichhase)
Dieser Pilz wächst hauptsächlich in Asien, aber auch in Mitteleuropa auf dem Boden von Eichen- und Buchenwäldern. Der Polyporus ist schon lange wegen seiner entwässernden und kaliumsparenden Wirkung bekannt. Daher ist der Polyporus bei Wassereinlagerungen sehr gut verwendbar. Gerade beim Hund, bei dem es bei Herzinsuffizienzen häufig zu Wasseransammlung in der Lunge kommt, ist Polyporus geeignet. Hier kann man schulmedizinisch verordnete »Entwässerungstabletten« einsparen. Am besten geht man dabei stufenweise vor: Verminderung der Entwässerungsmittel und parallele Gabe von Polyporus. In vielen Fällen können Entwässerungsmittel ganz beziehungsweise um die Hälfte ersetzt werden.

Polyporus regt außerdem den Lymphfluss an, ich verwende ihn zusätzlich zur »Entgiftung« bei Stärkung von Leber, Niere, Lymphe und allgemein, um den Stoffwechsel zu aktivieren, sowie unterstützend bei Allergien.

Reishi (Ganoderma lucidum, glänzender Lackporlin, Pilz der Unsterblichkeit)
Dieser Pilz ist weltweit verbreitet. Seit 4000 Jahren wird er heilkundlich angewandt, an seinem Namen – »Pilz der Unsterblichkeit« – wird seine Bedeutung sichtbar. Ein Foto finden Sie im Bildteil.

Der Reishi ist der am besten wissenschaftlich untersuchte Pilz. Vor allem seine Wirkung auf das Immunsystem, das ist die Hauptindikation, sowie seine Wirkung bei Krebserkrankungen (antioxidativ) und bei Herzerkrankungen wurde nachgewiesen.

Ich verwende den Reishi hauptsächlich bei Allergien, in Kombination mit Agaricus. Auch alle an Krebs erkrankten Tiere erhalten täglich mindestens 1 Kapsel Reishi zusätzlich zur begleitenden Behandlung.

Auch bei Hunden und Katzen mit Herzinsuffizienz sowie bei Lebererkrankungen zur Entgiftung kann dieser Pilz sehr gut eingesetzt werden.

Shiitake (Lentinula edodes, Pasaniapilz)
Shiitake-Pilze kommen aus Asien. Sie gehören neben den Champignons zu den am häufigsten verzehrten Pilzen weltweit. Mittlerweile wird der wohlschmeckende Pilz, der schon während der Ming-Dynastie (1368–1644) gegen Erkältungen und Kreislaufschwäche eingesetzt wurde, weltweit angeboten.

Ich verwende Shiitake bei Immunschwäche, bei Tumorpatienten, bei Fettstoffwechselstörungen sowie bei Schilddrüsenüber- beziehungsweise -unterfunktion.

Shiitake wirkt auch antibakteriell.

Die medizinische Wirksamkeit der Vitalpilze beruht auf ihren Inhaltsstoffen, der Triterpene sowie der Polysaccharide. Das Polysaccharid Lentinan stimuliert das Immunsystem durch IgA-Vermehrung, T-Zellbildung und Makrophagenaktivierung und induziert die Cytokine, dadurch ergibt sich eine ausgeprägte Antitumorwirkung. Lentinan wirkt auch gegen Bakterien und Viren. Den höchsten Polysaccharidgehalt aller Pilze hat der Agaricus, hier ist besonders das Beta-D-Glucan zu vermerken.

Den Triterpenen (zyklischen Kohlenwasserstoffen wie Ganodermiksäuren, Ganolucidsäuren, Lucidemiksäuren, die vor allem im Reishi reichlich vorhanden sind) wurden zahlreiche medizinische Wirkungen nachgewiesen.

MSM: Schmerzfrei ohne Nebenwirkungen

MSM (Methyl-Sulfonyl-Methan) ist eine der wichtigsten natürlichen Schwefelverbindungen und für den Stoffwechsel unverzichtbar. Ohne Schwefel kann der Körper keine lebensnotwendigen Eiweiße herstellen. Schwefel ist Bestandteil ganz bestimmter Aminosäuren, Methionin, Cystein und Taurin, die am Strukturaufbau von Binde-, Knorpel- und Muskelgewebe maßgeblich beteiligt sind. Methionin und Cystein werden auch als Schönheitsaminosäuren bezeichnet, da sie den geschmeidig machenden Schwefel in Haut, Haare und Bindegewebe transportieren. Man hat festgestellt, dass bei menschlichen Arthrosepatienten der Schwefelgehalt in den Gelenken stark vermindert ist.

DMSO (Dimethylsulfoxid), die Vorstufe von MSM, wurde bereits vor 130 Jahren von russischen Wissenschaftlern künstlich hergestellt. DMSO kommt natürlicherweise im Holzstoff von Bäumen sowie in zahlreichen Nahrungsmitteln vor. DMSO wird in der Humanmedizin schon häufig äußerlich als Schmerzmittel angewendet. Es fungiert hier sozusagen als Taxi, da es wie kein anderer

Stoff in der Lage ist, Substanzen, nicht nur den in den Molekülen selbst enthaltenen Schwefel, über die Haut tief in die Gewebe einzuschleusen. DMSO hemmt entzündungsfördernde Enzyme und unterbindet die Ansammlung von weißen Blutkörperchen im Entzündungsgebiet, wodurch die Entzündung gestoppt werden kann. Zusätzlich ist DMSO ein hochwirksamer Radikalenfänger, weil es die an entzündlichen Prozessen beteiligten gewebeschädigenden Teilchen vernichtet. DMSO wirkt völlig anders als synthetische Schmerzmittel und ist frei von Nebenwirkungen. Es unterbindet die Schmerzleitung vom Rückenmark zum Gehirn und verhindert damit auch die Ausbildung des Schmerzgedächtnisses.

DMSO wird nach der Aufnahme im Körper zu einem Teil in Dimethylsulfid, zu einem anderen Teil in MSM (Methylsulfonylmethan) überführt. Der Nachteil dieses Dimethylsulfids ist der unangenehme Fischgeruch, der bei der Verwendung von MSM weitgehend ausbleibt. Deswegen wird MSM bevorzugt. MSM ist ebenso wie die Muttersubstanz DMSO stark schmerzlindernd und entzündungshemmend.

MSM verhindert bei Arthrosepatienten die fortschreitende Knorpeldegeneration. Verstärkend wirken Vitamin C und Weihrauchextrakt.

Schwefel ist in der Lage, Schwermetalle wie Quecksilber und Cadmium zu binden. MSM kann diese körpereigene Entgiftung fördern, indem es die Bildung der schwefelhaltigen Aminosäuren Cystein und Methionin unterstützt. Diese beiden Aminosäuren sind an der Bildung des Enzyms Glutathion beteiligt, das als starkes Antioxidans wirkt und freie Radikale unschädlich macht.

MSM kann auch zur Unterstützung der Entgiftungsfunktion eingesetzt werden und hat sich bei Allergien bewährt, vor allem bei jahreszeitlich bedingtem Heuschnupfen.

Beim Tier setzte ich DMSO neuraltherapeutisch (Quaddel) direkt an das schmerzende Gelenk. Peroral verwende ich MSM in Kombination mit Chondroitinsulfat und Glucosaminen (in Mobility plus): dazu Hagebuttenpulver (Vitamin C) zur Verstärkung der Wirkung. Dieses Kombinationspräparat ergibt somit ein hervorragendes natürliches Mittel zur Schmerzbekämpfung.

Ziegenkolostrum: ein natürliches Powermittel

Kolostrum ist die erste Milch eines Säugetieres für sein Neugeborenes in den 24 bis 72 Stunden nach der Geburt. Kolostrum ist eines der ältesten und außergewöhnlichsten Nahrungsmittel, die die Natur zu bieten hat. Für das Neugeborene muss das Kolostrum Erstaunliches leisten. Ohne Kolostrum stirbt es oder ist in seinem weiteren Leben für Krankheiten und hier vor allem für Allergien viel anfälliger. Im Kolostrum finden sich alle notwendigen Abwehrstoffe, die ein Neugeborenes für einen gesunden Start ins Leben braucht: Immunglobuline wie IgA, IgG, IgM sowie IgD und IgE, die bei einer lang andauernden Immunität gegen Bakterien, Bakterientoxine sowie Viren helfen.

Neben Vitaminen, Spurenelementen, Mineralien und essenziellen Aminosäuren zählen zu den Wirkstoffen natürliche Immun- und Wachstumsfaktoren in einmaliger natürlicher Vielfalt und Konzentration, wie sie in keinem anderen Produkt vorkommen. Vor allem enthält Kolostrum neben anderen Wachstumsfaktoren die höchste Konzentration an dem Wachstumsfaktor IgF-1, die in der Natur zu finden ist. Wachstumsfaktoren nehmen positiven Einfluss auf den Zellstoffwechsel, sodass die Zellvermehrung gefördert wird. Zusätzlich können Wachstumsfaktoren die Heilung und Regeneration von beschädigtem Gewebe stimulieren. Zusätzlich enthält Kolostrum Glycoproteine, die die wichtigen Inhaltsstoffe vor Magensäure und Verdauungsenzymen schützen.

So gut wie alle Infektionen und degenerativen Erkrankungen wie Krebs, Gelenkerkrankungen, Autoimmunerkrankungen und Allergien, um nur ein paar wenige zu nennen, egal, ob beim Menschen, beim Hund oder bei der Katze, beruhen auf einer gestörten Funktion des Immunsystems. Untersuchungen haben gezeigt, dass Kolostrum Immunfaktoren (Immunglobuline, Laktoferrin, Zytokine und Interferon) enthält, die wichtig für die Funktion des Immunsystems sind.

Kolostrum ist auch reich an Schwefelverbindungen wie Glucosaminsulfat und MSM (Methylsulfonylmethan). Damit eignet es sich auch hervorragend zur Behandlung schmerzhafter Gelenkerkrankungen. Aufgrund dieser unglaublichen Vielfalt an Inhaltsstoffen eignet sich Ziegenkolostrum-Entgiftungssaft hervorragend zur Ausleitung von Impfschäden und anderen Umweltgiften. Es regt die Entgiftungsfunktion von Leber und Milz an, ist hypoallergen (es gibt keine Allergien dagegen) und füllt gleichzeitig leere Speicher mit Vitaminen, Mineralstoffen, Aminosäuren und Spurenelementen auf. Ich verwende Ziegenkolostrum-Entgiftungssaft bei sehr vielen Patienten in der Anfangstherapie. Zur Ausleitung, zur Stärkung des Immunsystems sowie um oben genannte Stoffe wie Vitamine, Mineralstoffe et cetera in natürlicher Form zuzuführen. Vor allem allergische Patienten bekommen in regelmäßigen Abständen immer wieder eine Kur mit Ziegenkolostrum-Entgiftungssaft. Gerade hier steht neben der Unterstützung der Ausleitung von Giftstoffen die Stabilisierung des Immunsystems an erster Stelle.

Warum Ziegenkolostrum und nicht Kolostrum eines anderen Tieres?

Ziegenkolostrum ist aufgrund seiner Zusammensetzung hypoallergen und kann deswegen auch bei allergischen Patienten eingesetzt werden.

Ich verwende:

Ziegenkolostrum für die Gelenke: Als Pulver hilft es bei allen schmerzhaften Erkrankungen des Bewegungsapparates.

Ziegenkolostrum-Immunkapsel: wird zur Stärkung und Aktivierung des Immunsystems und des Stoffwechsels bei Allergien, Autoimmunerkrankungen, Erschöpfungszuständen und auch bei

Krebserkrankungen eingesetzt. Die Zusammensetzung des Ziegenkolostrum-Entgiftungssaftes entnehmen Sie bitte dem Kapitel 5: *Sanierung beginnt an der Basis – Wie entgiften wir? Ausleitungsverfahren.*

Gegen fast alles ist ein Kraut gewachsen: Behandlung mit Kräutern

Zur Unterstützung vieler Heilungsprozesse können Kräuter wertvolle Dienste leisten. Zwar ist natürlich nicht gegen alles ein Kraut gewachsen, wie der Volksmund sagt, aber Pflanzen enthalten eine Vielzahl von wirksamen Substanzen. Ein Beispiel ist das Gingerol im Ingwer, welches eine stark antioxidative Wirkung hat. Gingerol verstärkt die Wirkung einiger Enzyme und erhöht den Glutathionspiegel, zudem hat Gingerol eine direkte Wirkung auf die Magenschleimhäute und verhindert Übelkeit und Erbrechen.

Man unterscheidet zwei Arten der Phytotherapie (Pflanzenheilkunde): die »moderne« Phytotherapie, die auf wissenschaftlichen und medizinischen Grundsätzen beruht, und die traditionelle, überlieferte Pflanzenheilkunde, die schon seit Bestehen der Menschheit angewendet wird. Die »moderne« Phytotherapie kommt der normalen pharmazeutischen Medizin am nächsten. Hier werden Extrakte verwendet, wogegen in der traditionellen Pflanzenheilkunde meist die gesamte Pflanze oder Teile davon (Wurzeln, Blüten, Blätter) genutzt werden. Die Verwendung der gesamten Pflanze hat natürlich den Vorteil, dass viel mehr, auch noch nicht wissenschaftlich nachgewiesene Inhaltsstoffe, die sich gegenseitig auch noch verstärken können, wirksam werden können.

Viele der heute in der Medizin gebräuchlichen Medikamente wurden früher aus Pflanzenextrakten entwickelt, bis diese irgendwann auch künstlich hergestellt werden konnten. Denken wir an das Herzmittel Digoxin, ursprünglich Fingerhutextrakt, oder die aus der Weidenrinde entwickelte Salizylsäure – jedem als Aspirin bekannt.

Die »moderne« Phytotherapie und die traditionelle Pflanzenheilkunde haben heute beide ihren festen Platz in der Medizin gefunden. In der Tiermedizin werden sie von vielen Tierärzten leider viel zu selten, von Tierheilpraktikern dagegen doch häufiger angewendet. Diese sind auch gezwungen, mit Produkten aus der Natur zu arbeiten, da ihnen die meisten chemischen Medikamente der Pharmaindustrie nicht zur Verfügung stehen. Die Arbeit mit phytotherapeutischen Produkten erfordert einiges Wissen und viel Engagement seitens des Therapeuten, weil die Therapie auf jeden Patienten individuell abgestimmt werden muss.

Die nachfolgende Aufstellung der Krankheiten und wirksamen Kräuter erhebt nicht den Anspruch auf Vollständigkeit. Sie enthält lediglich eine Zusammenstellung der Kräuter, die ich in meiner Praxis selbst verwende.

- **Abszesse** (zum Beispiel Analbeutelabszesse): eine gehackte Knoblauchzehe oder Zwiebel mit Rizinusöl verrühren, im Wasserbad erwärmen, bis der Knoblauch beziehungsweise die Zwiebel weich geworden ist. Dann ein Geschirrtuch in heißem Wasser tränken und ausdrücken, die warme Mischung daraufgeben und auf den Abszess drücken.
- **allgemeine Altersbeschwerden:** Kräutermix für ältere Hunde: Brennnessel, Schwarzkümmel, Rote Beete, Bierhefe, Weißdorn, Karotte, Gingko, Aronia, Sanddorn, Olivenblätter.
- **Analdrüsenentzündung:** Auszug aus Löwenzahnblättern und Blüten oder Leinsamenauszug äußerlich. Auch Hamamelissalbe.
- **Augenentzündungen:** Augen mit Augentrost (Euphrasia) spülen, innerlich: rohe geschabte Karotten, Sesamsamen, Johannisbrotmehl, Sellerieblätter, Petersilie, Dill.
- **Blasenerkrankungen:** Bärentraubenblatt, Auszug aus Queckenwurzel (Auflösung von Steinen), junge Birkenblätter (Auszug), Kapuzinerkresse, in die Fleischmahlzeit gehackte Petersilie und geraspelte Karotten.

  Basis-Uro-Mischung: in Kapseln (bei Nieren, Blasenleiden, Blasengrieß und Blasensteinen: Anisfrucht, Brennnesselblätter, Fenchel, Hauhechel, Kalmus, Kümmel, Pfefferminz, Wacholder).

- **chronische Blasenentzündung:** Basis-Uro-Mischung in Kapseln, Cranberry-Kapseln: Cranberries haben die Eigenschaft, einen Biofilm auf den Epithelien von Hohlorganen zu bilden, und verhindern somit das Anhaften von Bakterien. In den Cranberry-Kapseln ist auch Acerola (Vitamin C) enthalten.
- **Blähungen:** Basis-Dickdarm-Mischung als Pulver
- **Bronchitis**: wie Husten, zusätzlich Inhalieren mit Eukalyptusöl, Kampfer und Thymian, Fenchelöl und Anisöl.
- **Diabetes:** leicht gekochte Karotten sowie Topinambur (enthalten natürlich insulinartige Substanzen). Eichenrinde, Auszug aus Olivenblättern. Kombination aus Zimt und Chrom (Fertigpräparate), auch Bärlauch, Heidelbeere und Johannisbrot wirken antidiabetisch, bei Katzen wirkt die Katzenminze vorbeugend gegen Diabetes. Auch ein Auszug aus klein gehackter Olivenwurzel oder Olivenblättern sowie pulverisierte Eichenrinde hilft, den Blutzucker zu senken.
- **Durchfall:** Heidelbeeren, Blutwurztee, Johannisbrot (auch blutzuckersenkend).
  Basis-Dickdarm-Mischung als Pulver: Flohsamen, Rote Beete, Papain, Bromelain, Lactobacillus, Alpha-Amylase.
- **Ekzeme** (äußerlich): Auszug aus Holunder- und Brombeerblätter, Cystustee innerlich und äußerlich.
- **Entgiftung:** Artischocke, Brennnessel, Ginkgo, Mariendistel, Birkenblätter, Frauenmantel, Bärlauch, Knoblauch, Löwenzahn. Als Entgiftungstropfen A und B (B enthält zusätzlich Koriander): A und B sollten NIE zusammen gegeben werden. Immer erst 10 Tage Entgiftungstropfen A, parallel dazu Chlorella, dann fünf Tage NUR Chlorella (hoch dosiert), dann Entgiftungstropfen B, 10 Tage lang, wieder parallel dazu Chlorella, dann fünf Tage NUR Chlorella (hoch dosiert), eine Woche Pause. Dann wieder von vorn beginnen.

- **Gelenkerkrankungen:** Mischung aus Weidenrinde, Teufelskralle, Ingwer, Lapacho.
- **Haut und Fellveränderungen:** Kräutermischung aus Brennnessel, Schwarzkümmel, Sanddorn, Ginkgoblättern, Mariendistel, Queckenwurzel, Spirulina, Bierhefe, Algenkalk.
- **Herzinsuffizienz:** Kräutermischung aus Weißdorn, Mistel, Sanddorn, Holunder, Schwarzkümmel, Brennnessel, Echinacea, Rote Beete, Arnika.
- **Husten**: Teemischung aus Thymian, Salbei, Spitzwegerich, Eukalyptus, Anis, Königskerzenblättern, Andornkraut. Auch Brombeerblätter, Holunderblüten, Süßholzwuzel (Auszüge) sind gut gegen Husten.
- Chronische **Infektionen**: Zistrose, Echinacea, Holunder, Malve, Pfefferminze, Salbei.
  Immun-Kräutermischung: in Kapseln mit Neembaum, Ginkgo biloba, Paupereira, Selen, Zink.
- **Leberbeschwerden**: Basis-Leber-Mischung in Kapseln aus Angelikawurzel, Artischocke, Baldrian, Benediktinerkraut, Enzian, Fenchel, Kalmus, Kamille, Löwenzahn, Mariendistel, Odermenning, Pfefferminze, Schafgarbe.
- **Magenbeschwerden** (Gastritis)**:** Teemischung aus Kümmel, Fenchel, Thymian, Artischocke, Wermutkraut, Kamille. Leinsamenschleim bei Gastritis – zum Abdecken der Magenschleimhaut – sowie bei Übersäuerung, auch Auszug aus Petersilie ist gut bei Magen-Darm-Beschwerden, ebenso Salbei, Pfefferminze, Schafgarbe.
- **Magen-Darm-Beschwerden:** Teemischung aus Ringelblume, Fenchel, Hopfen, Thymian, Alant, Kalmuswurzel, Walnuss, Artischocke, Nelke. Auch Auszug aus Pfefferminz, Rosmarin und Thymian.
- **Milchmangel:** zur Steigerung der Milchbildung: Leinsamentee, Kalmuswurzel, Dillsamen, Eibischwurzel und Eibischblüten, Rindenmehl der Amerikanischen Rotulme, Fenchelsamen- und Fenchelblätter.

- **Nierenerkrankungen:** Auszug aus Petersilienblättern, Echinacea. Basis-Uro-Mischung in Kapseln, siehe Blase.
- **Ohrenentzündungen:** warmen Ringelblumenextrakt ins Ohr träufeln, reinigen mit Malven-oder Kamillentee.
- **Schilddrüse:** Petersilie, Löwenzahn und Algenpulver.
- **Schwangerschaft und Geburt:** Himbeerblätter unterstützen den Verlauf der Schwangerschaft und erleichtern den Geburtsvorgang.
- **Verstopfung:** Leinsamenschleim, Senneschoten (3 Schoten sieben Stunden mit 2 Esslöffel kaltem Wasser einweichen, dazu etwas pulverisierten Ingwer).
  Basis-Dickdarm-Mischung
- **Wurmbefall (auch Giardien):** Sud aus Ingwer, Petersilie und Knoblauch. Davon eine Woche lang täglich 1 bis 2 Esslöffel, eine Woche Pause, dann nochmals wiederholen. Vorher mindestens 1 Fasttag.
  Entwurmungskräutermix: vorbeugend: Erdrauch, Wermut, Walnuss, Nelken, Petersilie, Thymian. Zweimal jährlich kurmäßig 14 Tage lang jeden zweiten Tag. Hilfreich ist es, vorher 1 Tag fasten zu lassen, dann Rizinusöl eingeben (½ bis 2 Esslöffel) und dann mit der Kur beginnen. Auch die Kokosnuss in Pulverform wirkt wurmabweisend.
- **Warzen:** äußerlich mit Saft aus Löwenzahnstängeln oder -wurzeln, auch der Saft aus unreifen Feigen wirkt gegen Warzen.
- **Wunden,** äußerlich: Kohlblätter, Brunnenkresse, Eibisch.

Sanumtherapie

Allopathie, also die Schulmedizin, bedeutet »heilen mit **Anderem**«.

Homöopathie heißt »heilen mit **Ähnlichem**«.

Isopathie (Sanumtherapie) heißt »heilen mit **Gleichem**«.

Die Sanumtherapie ist eigentlich eine ganz einfache Therapie. Sie beruht auf den Erkenntnissen Prof. Enderleins (siehe Kapitel 3: *Diagnose – Die Blutuntersuchung im Dunkelfeld*).

Leider ist aufgrund meiner Praxisstruktur eine Untersuchung mittels Dunkelfeldmikroskop aus praktischen Gründen oft nicht möglich, hier muss ich mit der Sanumtherapie alleine auskommen. Gerade diese ganzheitliche Therapie ist darauf ausgerichtet, nicht nur einzelne Symptome zu behandeln, sondern das Gesamtmilieu des Patienten so zu verändern, dass eine Therapie auf fruchtbaren Boden fällt, das heißt, dass sie Wirkung zeigt. Sanumpräparate willkürlich einzeln eingesetzt werden niemals denselben Erfolg aufweisen wie ein Einsatz in Kombination mit einer Milieusanierung sowie weiterführenden Schritten.

Die Sanumtherapie besteht aus fünf Schritten:

1. Milieusanierung (dazu gehören eine Ernährungsumstellung, eine Darmsanierung sowie die Sanumpräparate Sanuvis, Citrokehl, Formasan)
2. Reiztherapie
3. Einsatz von Regulatoren
4. Ausleitung
5. Ergänzende Methoden oder Mittel

Die Reiztherapie

Die Reiztherapie ist ein ganz wichtiger Schritt, auf den nicht verzichtet werden kann. Der Beginn einer Behandlung mit einer Darmsanierung ist schon der Beginn einer Reiztherapie. Es kommt jetzt auf den Verlauf der Erkrankung an, ob noch weitere Präparate zur »Reizsetzung« verabreicht werden müssen. Die Reiztherapie versetzt den Körper erst einmal in die Lage, sich auf die folgenden Regulatoren überhaupt einzulassen. Ohne Reiztherapie ist die Behandlung chronischer Erkrankungen sinnlos.

Wir haben für die **Reiztherapie** folgende Mittel zur Verfügung:

- Utilin/Utilin H (Bacillus subtilis)
- Utilin S (Mycobacterium phlei)
- Recarcin (Bacillus firmus)
- Latensin (Bacillus cereus)
- Bovisan (Mycobacterium bovis)

Mit dieser Reiztherapie werden absichtlich bestimmte Reaktionen im Patienten ausgelöst. Das kann sich in der Verstärkung, der Verminderung oder dem Verschwinden vorhandener Symptome oder auch im Auftauchen neuer Symptome zeigen.

Wenn sich nach längerer Behandlung gar nichts rührt, muss nach eventuellen Blockaden gesucht werden. Diese sind oft Ursache von Behandlungsmisserfolgen. Auch Intoxikationen können jeden Therapieerfolg blockieren. Bei den meisten chronischen Erkrankungen, vor allem bei lange bestehenden Allergien, halte ich mich an dieses Schema. Bei der Besprechung der einzelnen Krankheiten sind die jeweils verwendeten Mittel detailliert aufgeführt.

Regulation

- **Mucokehl** (Mucor racemosus): für alles, was mit Blut- und Kreislaufsystem zu tun hat. Hauptaufgabe dieses Mittels ist es zu entstauen.
- **Nigersan** (Aspergillus niger): bei Gelenk- und Knochenerkrankungen, Drüsen, Urogenital- und Hautproblemen und bei Schimmelpilzen allgemein.
- **Sankombi**: eine Kombination aus Mukokehl und Nigersan
- **Notakehl** (Penicillium notatum): bei allen Entzündungen und bakteriellen Infektionen als Reizverstärker. (Auch wenn bei Sanumpräparaten auf der Packung Penicillium notatum angegeben ist, sind diese Mittel KEINE Antibiotika.)
- **Fortakehl** (Penicillium roquefortii): bei allen Magen-Darm-Problemen.

- **Quentakehl** (Penicillium glabrum): bei Virusinfektionen und allen Erkrankungen mit Nervenbeteiligung.
- **Pefrakehl** (Candida parapsilosis): bei allen Pilzinfektionen der Haut und des Darmes.
- **Albicansan**: bei Pilzinfektionen, speziell Candida.

Die Sanumhauptmittel sind sicherlich Mucokehl und Nigersan. Mucokehl wird vor allem bei Patiententypen mit körperlicher Fülle und Erkrankungen, die mit Stauungen zu tun haben, angewandt (Durchblutungsstörungen, Anämien, Herzerkrankungen, alle Wunden, Geschwüre et cetera).

Nigersan eher bei schlanken, feingliedrigen Typen (tuberkulinische Konstitution), bei Lungenerkrankungen, Bronchitis, Asthma, Arthrosen, Autoimmunerkrankungen, Erkrankungen des Urogenitaltraktes, der Gebärmutter, Bauchspeicheldrüsenentzündungen, Tumoren.

Im Folgenden ein Krankheitsfall eines Patienten, der unglaublich schnell und gut auf eine Sanumtherapie angesprochen hat. Schäferhündin Cora, 5 Jahre alt. Hüftoperation vor zwei Jahren mit Endoprothese (künstliche Hüfte). Operation verlief sehr gut, es bildete sich aber eine Fistel, die nicht unter Kontrolle zu bekommen war. Mehrmalige Antibiotikagaben mittels Injektionen, Tabletten sowie lokale Spülungen brachten keinen dauerhaften Erfolg. Ein Antibiogramm ergab eine Besiedelung mit Staphylokokken. Die ständig nässende Fistel war für die Besitzerin und den Hund äußerst unangenehm. Cora leckte ständig und musste Bodys tragen, um nicht die ganze Wohnung zu verschmutzen. Zusätzlich zur normalen Regulationstherapie bekam Cora täglich einen Tropfen Sanukehl staph. (siehe unten Sanukehle) in die Ohrinnenseite eingerieben, und zwar über mehrere Wochen. Innerhalb von drei Wochen war die Fistel geschlossen und kam bis dato – ein Jahr später – auch nicht wieder.

Was sind Haptene oder Sanukehle?

Neueren Forschungen zufolge weiß man, dass Antibiotika die meisten Bakterien nicht direkt vernichten, sondern nur deren Zellmembran. Dabei entstehen die sogenannten zellwandfreien Bakterien (Cell Wall Deficient, CWD-Bakterien), die für die Abwehrzellen des Körpers als solche nicht mehr erkennbar sind. Dadurch, dass das Immunsystem diese zellwandfreien Bakterien nicht mehr erkennt, kann es diese auch nicht zerstören. Durch wiederholte unsachgemäße Verwendung von Antibiotika kann ein akutes Problem in ein chronisches übergehen. Aber nicht nur Antibiotika, sondern auch Impfstoffe, die Umweltbelastungen mit Giftschadstoffen sowie Elektrosmog und mangelhafte Ernährung sowie Störungen des Zellstoffwechsels können zellwandfreie Bakterien entstehen lassen. Wenn dann das Milieu des Organismus pathologisch verändert ist, können sich diese zellwandfreien Bakterien vermehren.

Die Wirkung der Sanukehle oder Haptene ist nun folgende: Haptene sind in der Lage, zellwandfreie Bakterien aus früher durchgemachten Infektionen zu markieren und sie damit für die körpereigene Abwehr erkennbar zu machen. Haptene selbst sind keine vollständigen Antigene, das heißt, sie sind alleine nicht in der Lage, eine Immunantwort auszulösen. Erst durch die Bindung an ein körpereigenes Eiweiß können sie die gegen den spezifischen Keim gerichtete Immunantwort auslösen. Bleiben die zellwandfreien Bakterien weiter im Körper haften, kann die Krankheit auch ohne Erreger trotzdem bestehen bleiben.

Hier wird mit ganz spezifischen Mitteln gegen ganz spezifische Bakterien gearbeitet (Isotherapie). Dafür müssen die Bakterien natürlich bekannt sein. Gerade bei therapieresistenten Fällen sollte nach früheren Infekten gefragt werden, um hier vielleicht den entscheidenden Hinweis zu bekommen.

Der Einsatz von Haptenen setzt in jedem Fall die Regulationsfähigkeit des Organismus voraus. Sollte diese nicht gegeben sein, müssen erst »Sanierungsarbeiten« durchgeführt werden. Geschieht dies nicht, kann eine Haptenbehandlung eine zusätzliche Belastung für den Organismus bedeuten.

In erster Linie denken wir bei der Therapie chronischer Infektionen an die Borreliose, die dafür bekannt ist, dass sie trotz mehrmaliger Antibiotikabehandlung immer wieder neu aufflammen kann. Auch hier sind zellwandfreie Bakterien, die nicht mehr vom Immunsystem erkannt werden, die Ursache.

Homöopathie

Genauer auf homöopathische Grundsätze sowie Behandlungen verschiedener Erkrankungen einzugehen würde den Rahmen dieses Buchs sprengen. Zu diesem Thema gibt es auch schon ausreichend Literatur.

Die Homöopathie stellt einen kleinen, aber wichtigen Teil meiner Behandlungen dar. Auch beim Einsatz von Homöopathika, und da meine ich besonders die chronischen Fälle, muss erst einmal ein gesundes Milieu geschaffen werden, damit Homöopathika überhaupt greifen können. Die Homöopathie wurde in einer Zeit entdeckt (Samuel Hahnemann, 1755–1843), in der es weder Umweltbelastungen noch industriell verarbeitete Nahrungsmittel gab. Da war die Reaktionsfreudigkeit des Organismus von Mensch und Tier noch eine ganz andere. Heute ist diese Reaktionsbereitschaft durch die vielfältigen Einflüsse, denen wir ausgesetzt sind, leider oft so gestört, dass ohne eine Komplettsanierung keine oder nur wenig Reaktionsfähigkeit seitens des Patienten mehr vorhanden ist.

Das mag so mancher »eingefleischte« Homöopath bezweifeln. Dagegen kann ich auch nichts sagen, aber ich habe einfach folgende Erfahrung gemacht: Eine wirklich dauerhafte Heilung ist nur dann zu erzielen, wenn angefangen von der Ernährungsumstellung bis hin zur Vermeidung von Impfungen und Antibiotikagaben eine Komplettsanierung durchgeführt wird. Dann wirken auch Homöopathika besser.

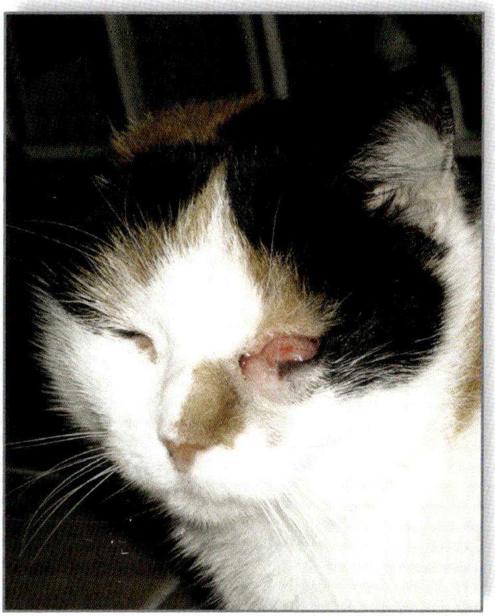

Susi

Fibrosarkom am Auge

Felix 1 **Felix 2**

Plattenepithel an der Ohrenspitze: vor und nach der Operation

Dunkelfeld

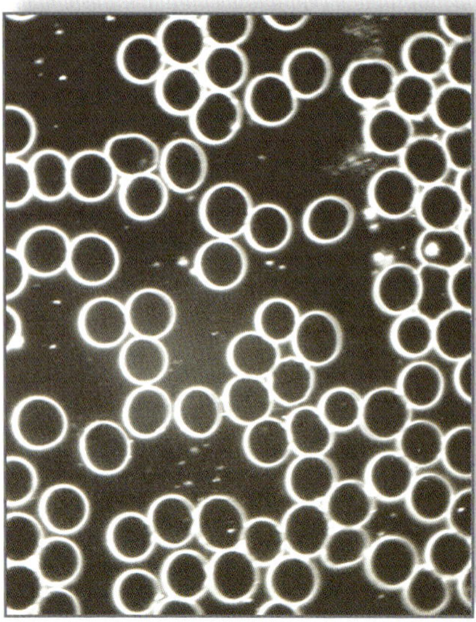

Normaler Zustand
Erythrozyten unverändert (Hund)

Geldrollenbildung
So sieht das Blut nach längerem Telefonieren mit dem Handy aus (Mensch)

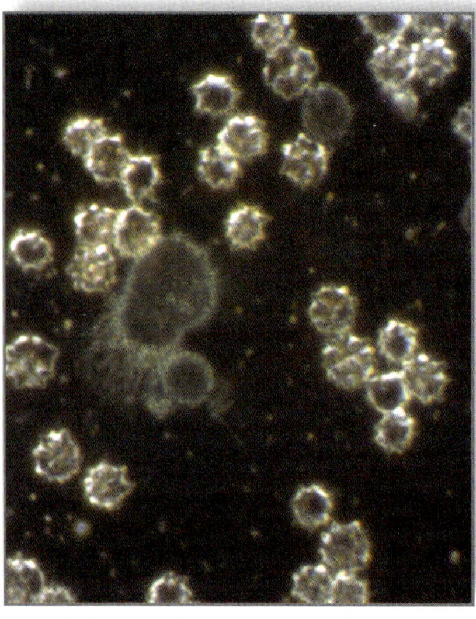

Schwere Regulationsstörung
Hund mit Infektion

Symplastenbildung
Zeichen für Intoxikation (Hund)

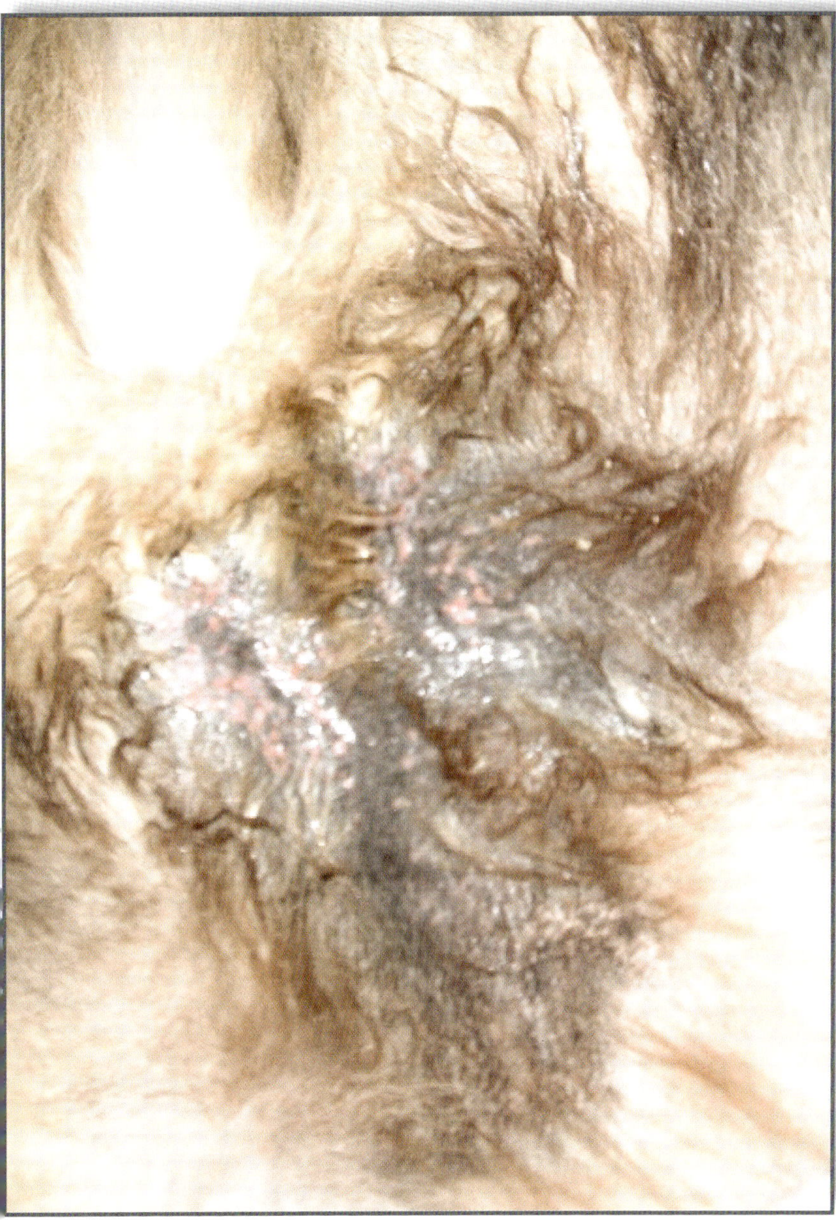

MRSA Schäferhund

Multiresistente Staphylokokken

Pilzbefall nach Antibiotikabehandlung

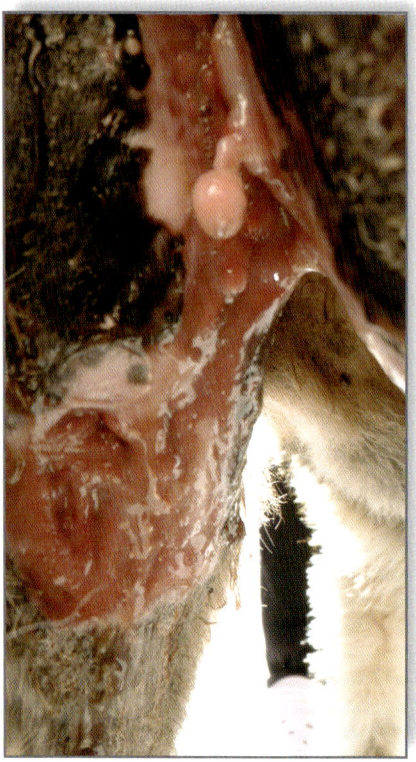

Mira 1

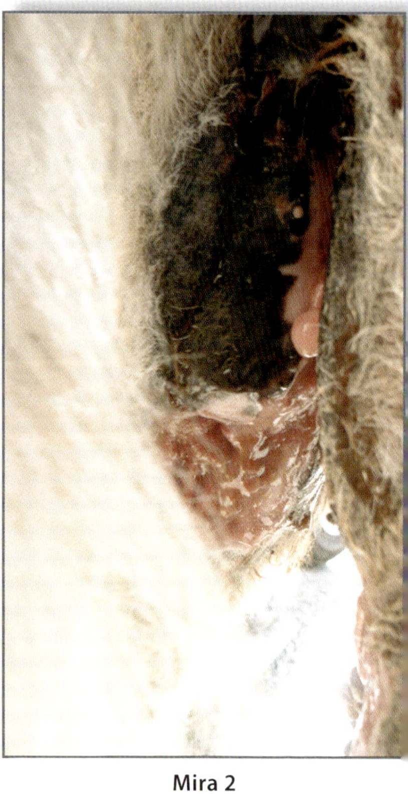

Mira 2

Vitalpilze

Cordiceps

Hericium

Reishi

Allergien: Hautveränderung nach monatelangem Juckreiz

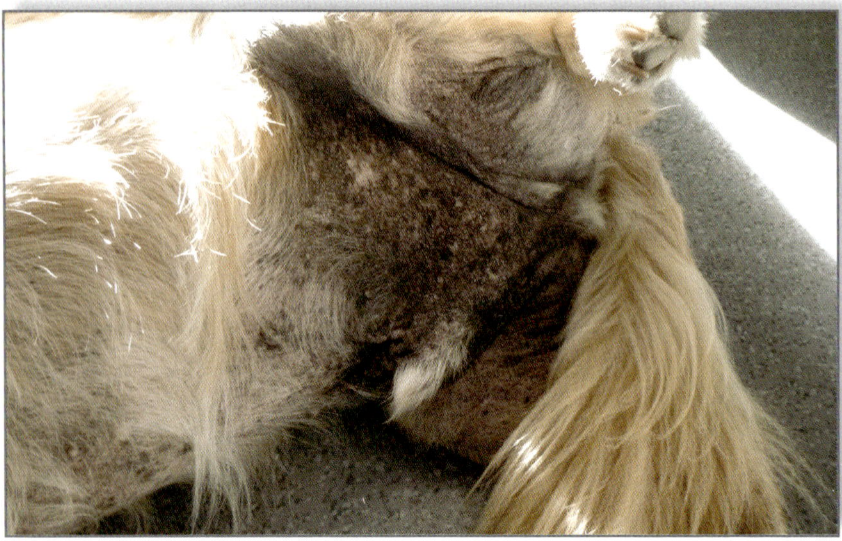

Sam 1

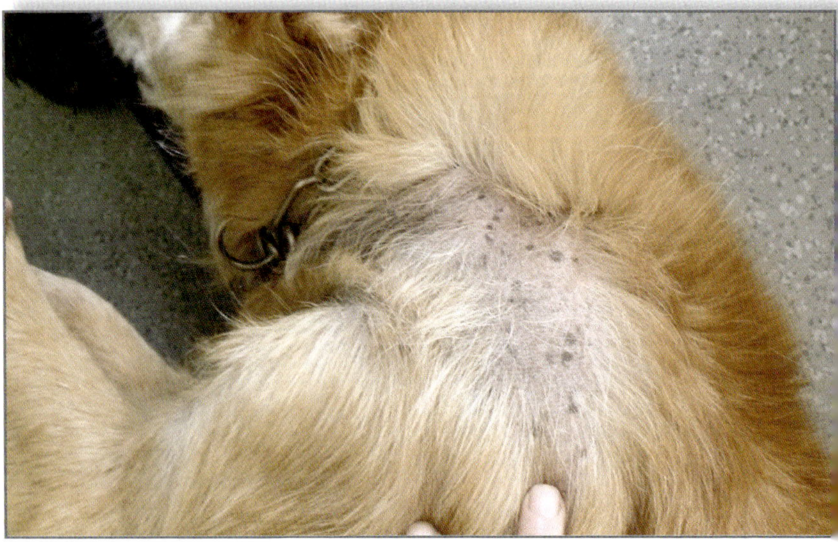

Sam 2

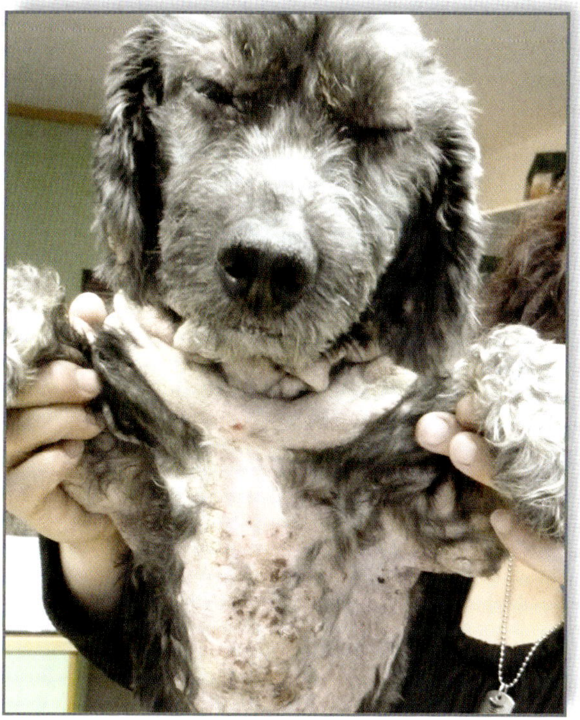

Benno
Futtermittelallergiker

Sammy 1

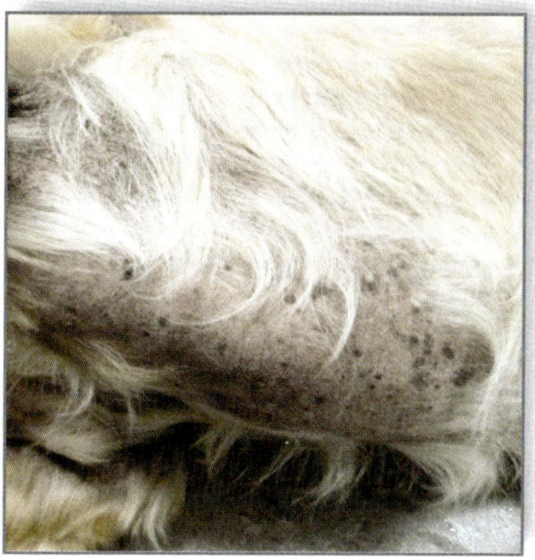

Sammy 2

Allergiker, „Elefantenhautbildung"

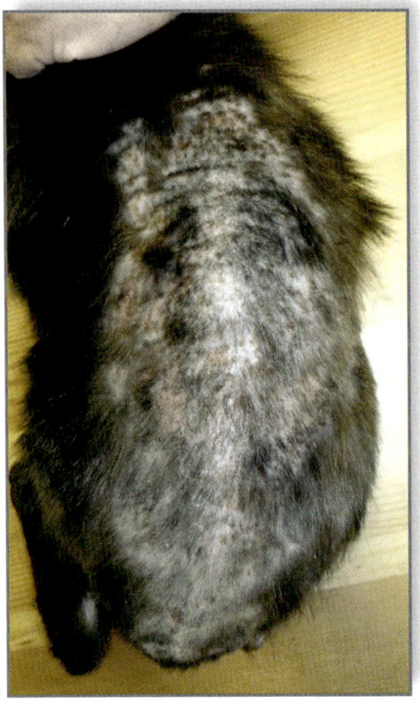

Jimmy 1

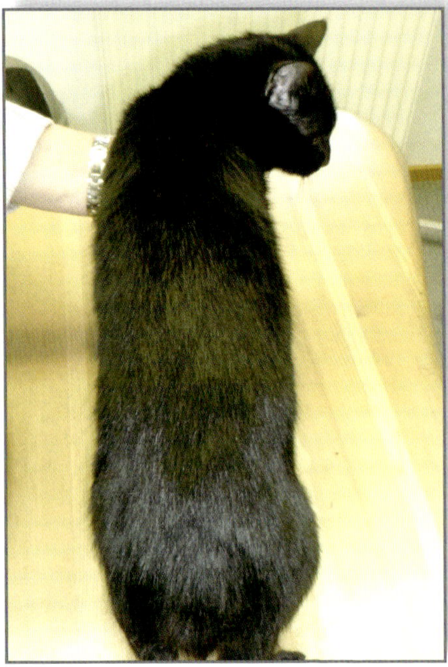

Jimmy 2

Futtermittelallergie

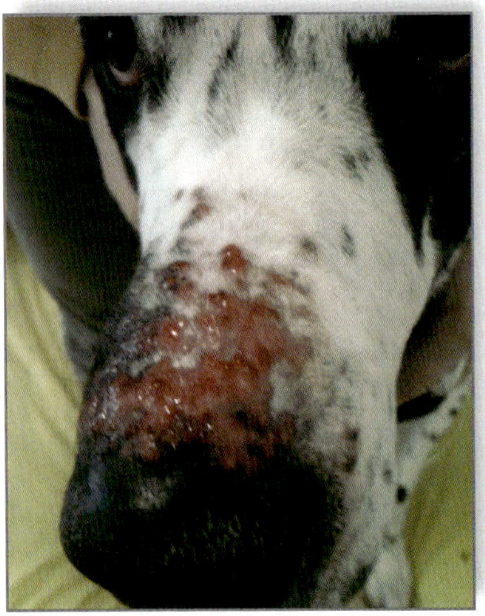

Castor 1

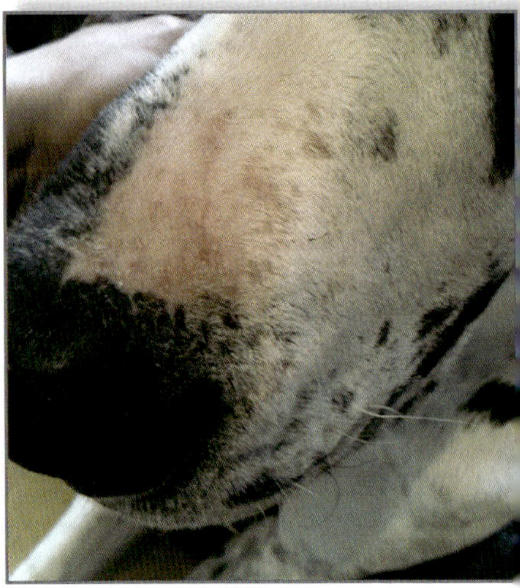

Castor 2

Autoimmunerkrankung

KAPITEL 9

Wenn Magen und Darm Alarm schlagen …

Liebe Frau Dr. Ziegler,
über Umwege bin ich an Ihr Buch gelangt und bin erschüttert. Fast jeder dieser Fälle erinnert mich an die Krankengeschichte meiner Weimaraner Hündin Phoebe, die wir Anfang Dezember mit 10 ½ Jahren einschläfern lassen mussten. Durchfall, Magenerkrankungen, Übelkeit, Erbrechen – immer wieder, immer öfter. Am Ende hilflose Tierärzte, die den armen Hund auf links gezogen haben, endoskopiert, Blut abgenommen, immer wieder Spritzen, Hunderte von Pillen, natürlich Hills Futter für empfindliche Mägen Es ist unheimlich, all das nachlesen zu können. Meine Mutter hat – instinktiv – unsere Familienhunde früher richtig ernährt, wenn auch das Fleisch gekocht. Pansen, Schlachtabfälle, viel Gemüse, Bruchreis, fertig. Die waren auch groß und wurden 15 beziehungsweise 16 Jahre alt und starben an Altersschwäche. Nun wollen wir ab April die Akte »neues Hündchen« öffnen. Doch wo kann ich mich weiter informieren? Ich danke Ihnen jetzt schon mal von Herzen, Ihr Buch hat mir wirklich die Augen geöffnet und wird nun von mir als Standardwerk verschenkt – an all die befreundeten Hundebesitzer, die permanent in Praxen sitzen, die aussehen wie Hollywood-Schönheitschirurgien und wo blitzende Geräte zwischen Futterständern glänzen.
Ihre L. R. aus Hamburg

Mein Rottweilerrüde Ben, 5 Jahre alt, lebte bisher von Aldi-Futter (feucht und trocken), hatte aber schon seit Langem immer mal Verdauungsprobleme, die sich in lauten und anhaltenden Darmgeräuschen zeigten. An solchen Tagen mied er auch das Futter. Im Mai hatte er anhaltenden Durchfall, und die Tierärztin vermutete Unverträglichkeit von rohem und gekochtem Fleisch. Einige Tage zuvor hatte ich ihm einen gut mit Fleisch besetzten Knochen gegeben, den er allerdings gleich vergrub, was mich wunderte, denn er mag natürlich Fleisch sehr gerne und frisst es ansonsten gleich. Canikur Kautabletten wirkten nicht so richtig. Mitte Juni dann eine Laboruntersuchung des Kotes, die keine positiven Befunde ergab, alles war in Ordnung. Der Durchfall hielt nach der Behandlung mit Metronidazol nach kurzzeitiger Besserung weiter an. Das angebotene Diät-Fertigfutter lehnte ich zunächst ab und kochte einige Wochen Schonfutter. Huhn, Reis, Kartoffeln, Möhren. Damit ging es circa 4 Wochen gut und dann kam der Durchfall wieder, teils dickflüssig mit anschließendem wässrigen heftigen Strahl. Ben nahm bis heute nun 6 Kilogramm ab, was man auch sieht und mir Sorgen macht. Ende Juni wieder Tierarztkonsultation wegen anhaltenden Durchfalls, Medikation: Canikur, Metronidazol und Trockenfutter »Fibre Response« von Royal canin und wieder kurzzeitige Besserung. Im Juli Blutabnahme mit dem Befund: erniedrigte Eiweißwerte. Neue Verordnung: Metronidazol zweimal 2 Tabletten und Prednisolon einmal täglich eine halbe Tablette. Nun bekam ich mit freundlicher Bestimmtheit die Weisung, Trocken-Diätfutter zu geben und angebratenes Fleisch dazuzugeben, und das schmeckte ihm besser. Wieder zunächst eine Woche festerer Kot, dann aber wieder breiiger und weiter dann nur noch dickflüssiger Kot. Gestern war ich nochmals bei der Tierärztin, denn Ben mag das Trockenfutter nicht fressen. Die Tierärztin ist ratlos, gibt eine schlechte Prognose (ich auch, wenn sich nichts ändert) und würde gerne nach dem Einschläfern, wenn es dann so weit ist, »hineinsehen«. Eine Alternative der Behandlung scheint unsere Tierärztin nicht zu haben. Ich fragte dann nach Stullmisan, eine Patientenbesitzerin gab mir hinter vorgehaltener Hand im Warteraum den Tipp, und erhielt es auch. Von gestern zu heute Morgen doch eine deutliche Besserung der Konsistenz des Kotes mit leichter Flüssigkeitsauflagerung. Und nun ist aber bei mir »Sense«. Ich habe seit gestern das Antibiotikum und das Prednisolon abgesetzt und gebe gekochtes Rindfleisch, allerdings in kleiner Menge mit etwas Brühe und einer Scheibe Brot und bange von Tag zu Tag. Ben ist aber freudig beim Spaziergang und wirkt auch nicht apathisch oder krank. Er sieht allerdings mager aus. Liebe Frau Dr. Ziegler, ich wäre Ihnen dankbar, wenn Bens Ernährung nun auf solide Füße gestellt werden könnte mit Ihrer Hilfe, denn mir ist klar, dass meine Rezeptur nur ein unzureichendes Intermezzo ist. Ben wiegt jetzt 38 Kilogramm, vorher 44 Kilogramm. Im Übrigen: Ich habe schon zwei Rottweiler verloren, ich musste sie einschläfern lassen. Beide sind ausschließlich mit »gutem Tierarztfutter« ernährt worden, einer mit Diätfutter 3 Jahre lang. Letzterer hatte an der gesamten Wirbelsäule starke Arthrose und war erst 6 ½ Jahre alt, überkötete an den Vorderläufen und brach endlich zusammen, als wir uns auf den Weg zum Tierarzt machten. Dass es der letzte Weg war, ahnte ich. Der Rottweiler danach (war auch ein Mitleidsakt) kam zu uns, als er 5 Monate alt war, bekam auch Tierarzt-Trockenfutter und hatte nach knapp eineinhalb Jahren einen großen Tumor an der Lendenwirbelsäule. Unsere Tierärztin, die beide Hunde eingeschläfert hatte, sieht, man glaubt es nicht, da keinen Zusammenhang – ich allerdings schon und wollte mich deshalb auch nicht wieder auf das Trockenfutter von Royal canin einlassen …

Das sind zwei von zahllosen sehr ähnlich lautenden Krankenberichten, die via E-Mail oder direkt in meiner Praxis landen. Dass es sehr viele magen-darm-kranke Tiere gibt, war mir schon lange bewusst, aber diese unglaubliche Menge hat meine Vorstellungen bei Weitem überschritten. Und täglich werden es mehr.

Die Ursachen sind fast alle »hausgemacht« und entstehen aufgrund einer Fehlbesiedelung des Darmes (Dysbiose) als Folge von Medikamentenmissbrauch und/oder nicht artgerechter Fütterung. Der Begriff »Darmflora« bezeichnet alle Mikroorganismen, die sich auf der Schleimhaut im Verdauungskanal befinden. Dazu zählen Bakterien und Pilze. Die Zahl dieser Mikroorganismen übersteigt die Zahl der Zellen, die den Gesamtorganismus aufbauen, um ein Vielfaches (bis zu zehnfach). Bis zu 1 Kilogramm Gesamtgewicht können diese Besiedler des Darmes beim Menschen haben. Wir leben also mit einer Vielzahl von Mikroorganismen in einem gut funktionierenden Miteinander. Dieses »Miteinander« kann aber empfindlich gestört werden, es können Fehlbesiedlungen, Unter- und Überbesiedelung entstehen. Fehlbesiedelungen können im Dick- oder im Dünndarm oder in beiden Därmen gleichzeitig auftreten. Es kann zu starker Gasbildung mit Krämpfen, Gluckern im Bauch und Durchfällen kommen.

Durch falsches Futter ausgelöste Durchfälle gehen vor allem auf nicht ausreichend zerlegte Futterbestandteile – fehlende Enzymaktivität (Eiweiße und Fette) im Dünndarm – zurück oder die Verdauungskapazität ist als Ganzes überfordert. Somit gelangen unverdaute Nahrungsbestandteile in den Dickdarm und verursachen dort Fehlgärungen. Dabei entstehen große Mengen an Ammoniak, Schwefelwasserstoffen, biogenen Aminen und Endotoxinen, die bei längerer Dauer zusätzlich zu den Verdauungsbeschwerden auch schwere Leberschäden verursachen können. Fehlgärungen äußern sich in faulig stinkenden Winden, die ein Nebeneinander mit so einem »Stinker« ganz schön unangenehm werden lassen. Chronische Durchfälle sind keine »Bagatellkrankheiten« und dürfen, gerade was ihre Auswirkung auf andere Organe betrifft, nicht unterschätzt werden.

Was sind die Ursachen für bakterielle Fehlbesiedelungen des Darmes bei Hund und Katze, die viele Tierbesitzer verzweifeln lässt?

- Kann ein Muttertier keine stabile Darmflora auf die Welpen übertragen, haben diese Tiere womöglich ihr Leben lang mit Magen-Darm-Problemen zu kämpfen. Es kann mehrere Generationen dauern, um wieder »Normalität« im Darm herzustellen. Dieser Punkt ist sicher einer der wichtigsten und häufigsten. Hier wird auch der Grundstein für viele Allergien gelegt.
- Schwäche der Bauchspeicheldrüse: Durch Überlastung (beispielsweise zu viel Getreide im Futter) kann die Bauchspeicheldrüse ihrer Aufgabe, Enzyme für die Verdauung bereitzustellen, nicht mehr oder nur noch unvollständig nachkommen. Durch diesen Enzymmangel kann das Futter nicht richtig aufgespalten werden, es kommt zu Verdauungsstörungen wie Blähungen und Durchfällen.
- Futtermittelunverträglichkeiten und Futtermittelallergien
- Glutensensibilität, Laktoseintoleranz
- Nährstoffdefizite (durch Fehlernährung)
- Parasiten
- Antibiotika
- nichtsteroidale Schmerzmittel (Rimadyl, Metacam …)
- Magensäureblocker (alle Antacida der neuen Generation)
- Abführmittel
- Chemische Zusatzstoffe in Futtermitteln wie Antioxidantien (BHA und BHT) sowie chemische Konservierungsstoffe hemmen ebenfalls das natürliche Wachstum der Darmbakterien.

Zusammengefasst lässt sich sagen, dass der Grundstein für chronische Durchfälle oft schon im Welpenalter gelegt wird. Schon die falsche Ernährung des Muttertiers kann die Welpen für deren gesamte Lebensdauer schädigen. Hundebesitzer berichten sehr häufig, dass ihr Hund schon seit Beginn der Haltung, also schon im Welpenalter mit 8 bis 10 Wochen, immer wieder mit Durchfällen gekämpft hat. Hunde- und Katzenwelpen sollten demnach schon ab dem Zeitpunkt der festen Nahrungsaufnahme an rohes Fleisch gewöhnt werden.

Prinzipiell unterscheidet sich der Magen-Darm-Trakt unseres Haushundes und unserer Hauskatze nicht von dem des Wolfes beziehungsweise der Wildkatze, obwohl bei neuen Genforschungen festgestellt worden ist, dass mit der Domestikation des Wolfes zum Haushund vor circa 12.000 Jahren eine genetische Anpassung an stärkehaltige Nahrungsmittel parallel ging. Vor allem drei Enzyme, die für das Spalten und Umwandeln von Stärke notwendig sind, sollen beim Hund in größeren Mengen und mit höherer Aktivität vorkommen als beim Wolf.

Aber auch wenn dies stimmt und der Hund über mehr stärkespaltende Enzyme verfügt als der Wolf, betrifft das eben nur einige Enzyme. Die Bedeutung einer gesunden, vielfältigen bakteriellen Besiedelung des Darmes durch Fütterung von rohem Fleisch wird damit keinesfalls gemindert. Werden im Welpenalter schon Fehler begangen und sogenannte Starterfutter gegeben, bedeutet das einen schlechten Start ins neue Hunde- beziehungsweise Katzenleben. Um eine schon früh entstandene Dysbiose des Darmtraktes therapeutisch wieder in den Griff zu bekommen, benötigt man doch einen längeren Zeitraum und manchmal bleibt ein lebenslanges Defizit zurück.

»Gute« und »böse« Bakterien

Die tägliche Nahrung beeinflusst die Zusammensetzung der Darmkeime wesentlich. Die »freundlichen« Bakterien, das sind Laktobazillen und Bifidobakterien (Probiotika), haben vielfältige Aufgaben wie beispielsweise die Produktion von verschiedenen B-Vitaminen, rechtsdrehender Milchsäure sowie Antikörpern. Antikörper schützen uns vor Infektionen. 70 Prozent des gesamten Immunsystems befinden sich im Darm. Laktobazillen fördern auch die Bildung von Laktase, die zum Abbau von Milchzucker notwendig ist. »Gute« Bakterien neutralisieren Giftstoffe und sorgen für die Bildung von Krebsschutzfaktoren. Eine intakte Darmflora ist auch für die Motilität des Darmes verantwortlich. Die Bedeutung einer »richtig« besiedelten Darmflora ist demnach enorm. Kommt es zu einem Überhandnehmen von »bösen« Bakterien (Klebsiellen, Pseudomonaden, Clostridien et cetera), beginnen die Darmprobleme. Beim Überwuchern zum Beispiel mit obligat pathogenen Clostridien entstehen während der Verdauung Fehlgärungen, die die Darmschleimhaut weiter reizen und durch Bildung giftiger Abbauprodukte auch die Leber schädigen.

Leider werden von Tierärzten, wie beim Beispiel von Ben, gleich in der Anfangsphase der Erkrankung Antibiotika eingesetzt, die zwar kurzfristig die Zahl der bösen Bakterien vermindern, aber auch die guten Bakterien zerstören. Vermehren sich die bösen Bakterien dann schneller als die guten, was meist der Fall ist, werden die Abstände, in denen Antibiotika eingesetzt werden »müssen«, immer kürzer. Der Teufelskreis beginnt. Ich habe Hunde gesehen, die über Monate und sogar Jahre unter Dauerantibiotikatherapie standen. Bei Absetzen des Medikaments war sofort der Durchfall wieder da. Und oft stärker als vorher.

In meinen über 30 Jahren als Tierärztin musste ich so gut wie keine akute oder chronische Durchfallerkrankung mit Antibiotikatabletten behandeln. Früher habe ich bei akuten, fieberhaften Durchfällen schon einmal ein Antibiotikum gespritzt, auch das mache ich heute nicht mehr. Meist benötigen wir auch bei akuten Fällen keine Antibiotika.

Bei chronischen Durchfallerkrankungen sind Antibiotika kontraindiziert.

Schulmedizinisch arbeitende Tierärzte führen oft bakteriologische Kotanalysen durch, die aber leider nur begrenzt aussagekräftig sind. 90 bis 95 Prozent der Darmbakterien sind anaerob, das heißt, sie benötigen keinen Sauerstoff, sondern werden durch diesen sogar abgetötet. Bei den herkömmlichen Kotuntersuchungen gelangen durch den Kontakt mit Sauerstoff schon bei der Entnahme sehr viele »tote« Bakterien zu dieser bakteriologischen Analyse und können somit nicht mehr nachgewiesen werden. Dasselbe gilt für Pilze, die den Organismus häufig tot verlassen und damit auf den üblichen Nährböden nicht mehr kultiviert werden können. Eine herkömmliche Stuhlanalyse gibt daher keine exakte Wiedergabe der Darmflora. Die Zukunft liegt hier sicher in genetischen Stuhlanalysen (beim Menschen wird das schon durchgeführt). Diese Stuhlanalysen können auch abgestorbene Bakterien und Pilze anhand ihres genetischen Codes identifizieren.

Die Border-Collie-Mix-Hündin Mara ist jetzt 2 Jahre alt. Vor ihrer Erkrankung hatte sie keinerlei Verdauungsprobleme. Im Winter fraß sie einen Eisbrocken, und ab diesem Zeitpunkt begann die Misere. Sie erbrach sich die ganze Nacht hindurch, zusätzlich hatte sie wässrigen Durchfall. Ihre Besitzerin wusste sich nicht mehr zu helfen und suchte die nächste Tierarztpraxis auf. Dort bekam Mara ein Medikament zur Magenberuhigung sowie ein Antibiotikum für 10 Tage. Das Erbrechen wurde besser, der Durchfall blieb. Sobald Maras Frauchen das Antiemetikum (Antibrechmittel) Cerenia absetzte, ging das Erbrechen wieder los. Erneuter Besuch beim Tierarzt, bei dem Mara Infusionen bekam, da sie schon zu viel Flüssigkeit verloren hatte, sowie »einige« Spritzen und nochmals ein Antibiotikum für weitere 10 Tage. Dazu ein Durchfalldiätfutter.
Mara magerte in den 10 Wochen ihrer Darmerkrankung dermaßen ab, dass sie nur mehr 12 Kilogramm statt 17 Kilogramm auf die Waage brachte.

Der erneute Besuch beim Tierarzt brachte Mara eine Magen-Darm-Spiegelung sowie eine Biopsie (Gewebeentnahme) der Darmschleimhaut ein. Ergebnis dieser Untersuchungen: Gastroentritis.
Nach einer bakteriologischen Kotuntersuchung wechselte man auf ein anderes Antibiotikum. Mara behielt fast nichts mehr bei sich. Erbrechen wechselte ab mit Durchfall. Maras Frauchen versuchte selbst zu kochen, ließ das Diätfuttermittel vom Tierarzt weg. Viel besser wurde es nicht.
Die Tierärzte gaben Maras Frauchen die Schuld, sie habe sich nicht an die Anweisungen der regelmäßigen Medikamenteneingabe gehalten. Das stimme nicht, beteuert sie, nur habe Mara zum Schluss sowieso überhaupt nichts mehr bei sich behalten. Mara war ein Bild des Jammers. Durch den bis dato fast 6 Wochen andauernden Durchfall war sie nicht nur stark abgemagert, sondern auch matt und lustlos mit stumpfem Fell.
Die Tierärzte rieten jetzt zum Einschläfern.
Maras Frauchen wollte aber nicht aufgeben und wir begannen die Therapie. Die folgenden Wochen gestalteten sich sehr mühsam für die Hundebesitzerin. Löffelchenweise flößte sie dem Hund Futter ein und päppelte ihn so langsam wieder auf. Ziel war es, Maras völlig zerstörte Darmschleimhaut wiederaufzubauen. Immer wieder gab es Rückschläge, aber Frau S. hielt tapfer durch.
Wir begannen mit ausschließlich gut durchgekochten Karotten (mindestens eine halbe Stunde in Hühnersuppe gekocht). Mehr gab es nicht, bis der Kot sich wieder einigermaßen geformt zeigte. Mara wurde mehrmals am Tag gefüttert. Zu jeder Mahlzeit gab es 1 Kapsel mit Darmbakterien sowie täglich 2 Kapseln mit pflanzlichen Enzymen, zusätzlich 1 Tablette Fortakehl beziehungsweise 1 Kapsel Rebas (Sanum) im täglichen Wechsel.
Zudem täglich einige Tropfen Lachsöl sowie eine Prise Salz.

Gegen das Erbrechen gaben wir mehrere Male täglich 1 bis 2 Esslöffel Leinsamenschleim (Ulmenrinde hilft ebenfalls).
Einmal täglich bekam Mara 1 Esslöffel Heilerde mit 1 Teelöffel Propolis und 1 Messerspitze Flohsamen.
Heilerde plus Propolis plus Flohsamen absorbieren Giftstoffe im Darm und sind wichtig als Ballaststoff.
Zusätzlich zweimal die Woche eine Injektion Vitamin B12 (Methylcobalamin). Ein Tierarzt in Frau S. Nähe erklärte sich bereit, diese Injektionen zu übernehmen.
Mara erholte sich langsam. Wir erweiterten den Speiseplan und gaben zu den gekochten Karotten etwas gewolftes rohes Hühnerfleisch. Dann ersetzten wir die Karotten teilweise durch Zucchini sowie Fenchel. Zwischendurch hatte Mara immer wieder kleinere Rückfälle, aber im Allgemeinen besserte sich ihr Zustand deutlich.
Jetzt gab es auf dem Speiseplan auch gekochte Hirse oder Buchweizen. Frau S. probierte immer wieder aus, was vertragen wurde und was nicht. Manchmal war dies sehr mühsam, da Mara bei gewissen Nahrungsmitteln immer wieder mit Durchfall- bzw. Brechattacken reagierte. Ein Geduldsspiel.
Mara war aber immer noch Haut und Knochen. Wir erhöhten den Kohlenhydratanteil auf etwa 50 Prozent der Gesamtration. Es gab jetzt 30 Prozent Hühnerfleisch, roh gewolft, 20 Prozent Gemüse und 50 Prozent Kohlenhydrate in Form von Buchweizen, Hirse oder Amaranth.
Ich hatte Mara dann mehrere Wochen nicht gesehen und mit Frau S. auch nicht mehr telefoniert. Die Hundebesitzerin war auch nur zweimal bei mir, da sie nördlich von München wohnt und die Entfernung doch sehr groß ist. Noch dazu war es Winter.
Als Mara dann einige Wochen später im Mai unangemeldet vor mir stand, habe ich sie erst gar nicht wiedererkannt.

Ende Dezember hatte Mara den Eisbrocken gefressen, war danach zehn Wochen lang in schulmedizinischer Behandlung. Erst im Mai war sie dann wieder die Alte. Zwar immer noch zu dünn, aber wieder lebhaft und vor allem: Die Verdauung funktionierte wieder.
Mara ist heute (eineinhalb Jahre später) noch etwas empfindlich, was gewisse Futterstoffe betrifft, hat auch noch hin und wieder Durchfall, aber Frau S. weiß genau, wie sie damit umgehen muss, und hat alles sehr gut im Griff.

Eigentlich wäre die Ursache bei Mara, der gefressene Schneebrocken, gar nicht so schlimm und ein ein- bis zweitägiges Fasten sowie die Gabe eines Magen-Darm-Tees wahrscheinlich ausreichend gewesen. Durchfall und Erbrechen sind ja normale Reaktionen des Magen-Darm-Traktes, um sich von Giftstoffen zu befreien. Mit Medikamenten diese Symptome zu unterdrücken stellte sich für Mara geradezu fatal heraus und die Entwicklung zur Chronizität war damit hausgemacht.

An nicht wenige Hunde kann ich mich sehr gut erinnern, die wie Mara aufgrund unstillbarer Durchfälle stark geschwächt und hochgradig abgemagert in meiner Praxis gestanden beziehungsweise gelegen haben. Teilweise konnten sie vor Schwäche überhaupt nicht mehr stehen, wie eine junge halbjährige Dogge, der ich selbst kaum mehr Überlebenschancen eingeräumt hatte.

Aber: Je jünger diese Patienten sind und je kürzer demnach auch die Dauer der Erkrankung ist, desto schneller bekommt man diese auch wieder in den Griff. Bestehen Beschwerden aber schon längere Zeit, manchmal bereits jahrelang, und haben diese Patienten schon mehrmals Antibiotika bekommen, dauert die Genesungsphase natürlich entsprechend länger.

Frau Martina H., die mit ihrer Katze mehrmals in meiner Praxis vorstellig war, hat mir folgenden Brief geschrieben (gekürzt):
Meine Katze Felicitas und ich!
Ich bin eine gute Katzenmutter. Wenn mich meine Tierärztin schriftlich an die jährlich fällige Impfung erinnert, bin ich richtig beleidigt, denn der 15. April als Impftag ist fest in meinem Inneren verankert (an diesem Tag wird natürlich auch immer ein großes Blutbild durchgeführt). Und als gute Katzenmama impfe ich natürlich alles, was es gibt. Natürlich bekam sie auch das »beste Futter« Royal canin Veterinary Line, das Tierärzte entwickelt haben sollen und das auch nur beim Tierarzt zu haben ist. Sobald meine Katze auch nur schief schaut, bin ich schon bei meiner Tierärztin. Irgendwie habe ich das Gefühl, dass ihre Praxis ohne mich gar nicht laufen würde. Vor allem, als das mit dem Darm im Mai 2012 begann. Beim ersten Durchfall war ich natürlich sofort wieder bei meiner Tierärztin, die meiner Felicitas eine Infusion gab. Der Durchfall verschwand aber nicht wirklich, der Kot wurde weicher und cremiger und dann wieder flüssig. Jetzt begannen mich die Wochenendtierärzte kennenzulernen. Durchfalltherapien, dazu Kortison und Antibiotika. Dazwischen wurde es kurz besser, um dann wieder in flüssigen Durchfall überzugehen. Monatelang pilgerte ich regelmäßig zu meiner Tierärztin und sprang am Wochenende ins Taxi zu den Notärzten. Felicitas jammerte auch immer schon vor Bauchweh, besonders bevor sie aufs Klo ging, mir tat das Herz weh. Schließlich hieß es, sie solle nur noch faserreiches Trockenfutter fressen (Royal canin »Fibre Response«). Mich schmerzte es, ihr nur noch das Trockenfutter vorsetzen zu können, wo sie doch am liebsten das Feuchtfutter frisst. Schließlich, mittlerweile war es August, waren wir am Endpunkt angelangt. Es war nur noch eine Frage der Zeit, wie lange Felicitas das noch durchhalten würde – ich hatte ein ungutes Gefühl, als es dann auf einmal hieß: Felicitas solle nur mehr rohes Fleisch fressen, dazu Darmbakterien, Vitalpilze und homöopathische Tabletten. Ich traute der Sache noch nicht ganz und gab

daneben doch noch die gesamte Portion Kortison weiter, und innerhalb von einem Monat hatte Felicitas zum ersten Mal wieder einen durchgehend festen Stuhl. Ich weinte fast vor Freude und konnte es kaum glauben. Von nun an ging es aufwärts und Felicitas bekommt jetzt (November 2012) auch kein Kortison mehr.

Als Frau Martina H. das erste Mal in meiner Praxis erschien und mir Felicitas vorstellte, rollte sich diese vor lauter Angst auf dem Behandlungstisch ein wie ein Igel, völlig verschreckt durch unzählige Injektionen und Infusionen. Eigentlich war es ein einfacher Fall, die Erkrankung währte zwar schon längere Zeit, der Beginn lag aber noch nicht so lange zurück (circa 4 Monate).

Frau Martina H. erweist sich als sehr kooperative Patientenbesitzerin, und auch Felicitas ließ sich von ihr alle Kapseln und Tabletten brav eingeben. Zudem stellte die Ernährungsumstellung auch kein Problem dar. Felicitas akzeptierte das rohe Fleisch sofort, was leider bei vielen Katzen nicht immer der Fall ist.

Die **Therapie** war folgende:

- Darmbakterien in jedes Fressen (Probiotic plus)
- 1 Kapsel Rebas und 1 Tablette Fortakehl täglich jeweils im Wechsel
- Entgiftung mit Ziegenkolostrum, täglich 1 Teelöffel
- Die Fütterung bestand erst aus gewolftem rohen Hühnerfleisch mit etwas geraspelten Karotten. Dazu einige Tropfen Hanföl (Lachsöl mochte sie nicht). Dann erweiterten wir den Speiseplan auf rohes Hackfleisch (Rind) mit etwas gekochter Hirse. Zusätzlich zweimal in der Woche 1 Prise Eierschalenpulver. Mittlerweile stehen auch Geflügelherzen auf dem Speiseplan, sodass wir keinen Taurinersatz (Grünlippmuschelpulver) benötigen. Jetzt verträgt Felicitas auch Innereien.

Hunde und Katzen mit lang anhaltenen und hartnäckigen Magen-Darm-Erkrankungen, meistens auch noch mit Veränderungen auf der Haut, stellen mittlerweile die Hauptklientel meiner Praxis.

Auffällig ist, dass fast alle Kollegen im Verlauf solch einer Erkrankung immer nur nach neuen Diagnoseverfahren suchen, um dem Erkrankungsbild einen Namen verpassen zu können, im Grunde aber wenig Mühe darauf verwenden, therapeutisch und vor allem dietätisch, was ja das Wichtigste wäre, aktiv zu werden. Außer der Verschreibung von Antibiotika, Antiemetika (Cerenia), Magensäureblockern sowie völlig ungeeigneten Diätfuttermitteln kommen bei »Nichterfolg« dieser Maßnahmen nur weitere diagnostische Untersuchungen wie Magen-Darm-Spiegelungen (Endoskopien) zur Anwendung. Meines Erachtens sind bestimmt mehr als 90 Prozent der bei chronischen Magen-Darm-Beschwerden durchgeführten Endoskopien völlig sinnlos und stellen reine Alibihandlungen dar. Manchmal kommt es mir so vor, als würden diese Untersuchungen nur durchgeführt, weil der behandelnde Tierarzt mit seinem Latein am Ende ist und nun einfach »irgendetwas« Weiterführendes tun muss, um vor dem Patientenbesitzer nicht völlig hilflos dazustehen.

Bevor Tiere mit chronischen Durchfällen für aufwendige Untersuchungen in Narkose gelegt werden müssen, was ja auch wiederum eine schwere Belastung darstellt, sollten alle anderen Möglichkeiten ausgeschöpft werden. Endoskopien sollten nur den wirklich dafür indizierten Fällen vorbehalten sein. Teure Endoskope müssen aber ausgelastet werden, damit sie rentabel sind.

Glutenunverträglichkeit

Menschen, Hunde und Katzen leiden immer häufiger an einer Glutenunverträglichkeit (Zöliakie). Gluten ist ein klebriges Protein, das in Weizen, Roggen, Grünkern, Dinkel und Hafer vorkommt. Aber auch Produkte, bei denen man es eigentlich gar nicht erwartet hätte, enthalten Gluten, wie Nudeln, Pommes frites, Speiseeis, Soßen und Suppenwürfel, Sojasoße, Bier, Hefeextrakt, Würste und sogar einige Medikamente. Da dieser Kleber für die Verarbeitung von Mehl sehr gute Eigenschaften hat, züchtet die moderne Weizenzucht seit etwa 50 Jahren Getreide mit sehr hohen Glutenanteilen. Gelangt unverdautes Gluten in den Dünndarm, kann es bei sensiblen Individuen zu allergischen Reaktionen und damit zu zahlreichen Beschwerden kommen. Vor allem chronische Durchfälle mit allen Folgeerkrankungen sind die häufigsten Erscheinungen.

Aber nicht nur Beschwerden des Magen-Darm-Traktes, sondern auch andere Erkrankungen können auf eine Glutenunverträglichkeit zurückzuführen sein. Heute sieht man die Zöliakie oder Sprue (beim erwachsenen Menschen) als eine multisystemische Erkrankung an, die alle Organe im Organismus betreffen kann, MIT und OHNE Darmbeschwerden.

Zöliakiepatienten (Mensch und Tier) können folgende Beschwerden entwickeln: Schilddrüsenunterfunktionen, Diabetes mellitus, Autoimmunhepatitis, Gelenkleiden (Arthritis, Arthrose), Hautentzündungen (Dermatitis herpetiformis) sowie Nervenleiden. Bei Hund und Katze stellen diese Phänomene leider noch nicht Inhalt von Studien dar. Gerade was Nervenleiden betrifft, könnten viele unerklärliche Beschwerden, und hier wäre vor allem an Epilepsie zu denken, vielleicht die Folge einer solchen Unverträglichkeit sein.

Bei Gluten handelt es sich um Eiweißbausteine im Getreide, auf die der Organismus allergisch reagieren kann. Und zwar reagieren möglicherweise nicht nur die Darmzotten des Dünndarms allergisch, sondern auch die Nervenzellen im Gehirn. Als Ursache der glutenbedingten neurologischen Symptome wie Epilepsie fanden Forscher eine Kreuzreaktivität der Gluten-Antikörper mit Nervenzellen im Kleinhirn (Purkinje-Zellen). Das heißt, dass Getreideeiweiße wie Gluten eine allergische Reaktion im Gehirn auslösen können. Beim Menschen bringt man auch viele unklare neurologische Symptome, Geisteskrankheiten und Demenz sowie Hyperaktivität bei Kindern in Zusammenhang mit Glutenintoleranz. Es sollte demnach bei unseren Haustieren nicht nur bei Verdauungsstörungen wie anhaltenden Durchfällen oder Blähungen, sondern auch bei Erkrankungen wie Allergien, Lahmheiten mit unklarer Ursache, Schilddrüsenunterfunktionen und Anfallsleiden an eine Glutenunverträglichkeit gedacht werden.

Leider steckt die Erforschung der Glutenintoleranz beim Tier noch in den Kinderschuhen. »Die Inzidenz von Glutenintoleranz bei Hund und Katze ist nicht bekannt. In jüngster Zeit wurde eindeutig demonstriert, dass eine analoge Erkrankung (zur Zöliakie des Menschen, Anm. der Verf.) beim Irish Setter vorkommt, und klinische Erfahrungen deuten darauf hin, dass auch andere Rassen betroffen sein können.«[3] Deswegen rate ich meinen Patientenbesitzern, prinzipiell glutenfrei zu füttern, vor allem wenn unklare Beschwerden vorhanden sind.

Laktoseintoleranz

Laktose (Milchzucker) wird im Darm von dem Enzym Laktase in die verwertbaren Zuckerarten D-Galaktose und D-Glukose aufgespalten. Beim Menschen sowie bei allen Säugetieren wird nach der Entwöhnungszeit die Aktivität der Laktase auf 5 bis 10 Prozent des Ausgangswertes bei der Geburt reduziert. Es ist in der Natur nicht vorgesehen, nach der Stillzeit weiterhin Milch zu trinken. Man nimmt an, dass mehr als ein Viertel der Bevölkerung Deutschlands an Laktoseintoleranz leidet, Beschwerden wie verstärkte Gasbildungen, breiiger Stuhl, Blähungen et cetera treten verzögert auf und werden oft nicht mit dem Konsum von Milchprodukten in Zusammenhang gebracht.

Hunde und Katzen reagieren bei Laktoseintoleranz meist mit Durchfällen und Blähungen. Bekommen beispielsweise Bauernkat-

---

3 Michael S. Hand: *Klinische Diätetik für Kleintiere,* 2003, S. 787.

zen von klein auf täglich ihr Schüsselchen Kuhmilch, produzieren sie weiterhin Laktase und vertragen Milchprodukte somit sehr gut. Das ist aber bei vielen Tieren nicht der Fall, deshalb sollten gerade bei darmempfindlichen und zu allergischen Reaktionen neigenden Tieren Milch und Milchprodukte gemieden werden. Zusätzlich sind Kuhmilchprodukte auch für Lebewesen ohne Laktoseintoleranz schleimbildend und sollten daher von Menschen und Tieren, die an schleimbildenden Krankheiten wie Bronchitits, Lungenleiden, Tonsillitiden oder Darmentzündungen leiden, ebenfalls vermieden werden.

Ich empfehle, wenn Milchprodukte gut vertragen und von den Tieren auch sehr gerne gefressen werden, diese in Form von Joghurt oder Hüttenkäse zuzuführen, da sie keine Laktose enthalten. Noch besser sind aber Milch und Milchprodukte von der Ziege.

Antibiotika: schuld an vielen chronischen Durchfällen

Nicht nur durch den übermäßigen therapeutischen Einsatz von Antibiotika durch Ärzte und Tierärzte, sondern generell durch Verwendung von Antibiotika in der Lebensmittelproduktion kommt es schleichend zu einer mikrobiologischen Veränderung der Darmflora bei Mensch und Tier. Bei der Massenproduktion von Geflügel stehen die Tiere zwei Drittel ihrer Lebenszeit unter dem Einsatz von Antibiotika.

Resistenzen sind die Folge, das heißt, es können sich im menschlichen Darm und in den Därmen von Hund und Katze Bakterien ansiedeln, die sich genetisch auf Antibiotika eingestellt haben. Deswegen müssen immer neue Antibiotika entwickelt werden. Die Bakterien tricksen sozusagen die Antibiotika stets aufs Neue aus. Je häufiger Antibiotika verwendet werden, desto widerstandsfähiger werden die Keime. Die Forscher auf diesem Gebiet sind sich mittlerweile im Klaren darüber, dass sie einen aussichtslosen Kampf führen. Jedes krank machende Bakterium hat mutierte Versionen entwickelt, die gegen mindestens ein Antibiotikum resistent sind.

Antibiotika und chemische Wurmkuren wirken auf die Darmflora wie ein Kahlschlag.

Beim Menschen kann eine einzelne Dosis eines Breitbandantibiotikums die natürliche Darmflora sowie das blutbildende Knochenmark für mehr als vier Jahre schädigen. Antibiotika zerstören nicht nur die Krankheitserreger im Darm, sondern auch die Bakterien, die bei der Verdauung unbedingt notwendig sowie für die Produktion bestimmter Vitamine (Vitamin B) zuständig sind. Leider wachsen die schädlichen Bakterien schneller wieder nach als die guten und dominieren somit letztendlich die Darmflora. Einer kurzzeitigen Besserung folgt eine Verschlimmerung der Beschwerden.

Antibiotika gehören zu den stärksten Immunsuppressiva, die es gibt. Durch die regelmäßige Einnahme wird das Immunsystem in dem Maße geschwächt und träge, dass es nicht mehr in der Lage ist, den Organismus vor chronischen Erkrankungen zu schützen.

Magensäureblocker machen krank

Nicht nur Antibiotika sind in der Lage, akute Krankheitsbilder chronisch werden zu lassen, sondern auch die ebenfalls viel zu häufig verschriebenen Magensäureblocker. Diese gehören mit zu den am meisten verkauften Medikamenten in der Humanmedizin und werden leider in der Tiermedizin auch immer häufiger eingesetzt. Die Magensäure hat aber mehrere Funktionen, erstens schädliche Bakterien abzutöten, zweitens eine gewisse Vorverdauung im Magen zu gewährleisten. Die Magensäure stellt eine physiologische Hürde für allergene Nahrungsmittel (meistens Eiweiße) dar. Der verstärkte Einsatz von säurebindenden Präparaten (Omeprazol, Ranitidin), sogenannten Säureblockern, ist eine von mehreren Ursachen für die Zunahme von Nahrungsmittelallergien beim Menschen. Schon eine geringe Beeinflussung der Magensäureproduktion kann die Eiweißverdauung im Magen empfindlich stören, wodurch unverdautes Eiweiß (Allergene) in den Dünndarm gelangen und dort zu Entzündungen führen kann. Dadurch können Nahrungsmittelallergien verstärkt oder provoziert werden. Das kann natürlich auch auf die Tiermedizin zutreffen. Vielleicht werden gar nicht so wenige Futtermittelallergien auch beim Tier durch den vermehrten Einsatz von Magensäureblockern ausgelöst. Auch bietet die Magensäure Schutz vor schädlichen Keimen. Wird diese Säurebarriere ausgeschaltet, können Infektionen mit Bakterien, Pilzen und Parasiten zunehmen. Beim Menschen hat man festgestellt, dass es bei längerer Einnahme von Magensäurehemmern auch zu Durchfällen kommen kann. Magensäureblocker verändern also auch die Zusammensetzung des Verdauungssaftes nachhaltig und sind bei Dauermedikation mit zahlreichen Nebenwirkungen verbunden. Jeder Einsatz sollte hier genauestens hinterfragt werden. Beim Tier ist er kontraindiziert. Es sollte erst einmal hinterfragt werden, warum es überhaupt zu einer Übersäuerung des Magens gekommen ist.

Warum bekommen unsere Haustiere denn überhaupt Magensäureblocker verschrieben? Beim Menschen kennen wir den Reflux, wenn überschüssige Magensäure in die Speiseröhre gelangt, wo sie ja eigentlich nichts zu suchen hat und großen Schaden anrichten kann. Beim Hund äußern sich Störungen der Magensäureverteilung, ich spreche bewusst nicht von verstärkter Magensäurebildung, in vermehrtem Schlecken, Schmatzen (vor allem in der Nacht), manchmal auch vermehrtem Speichelfluss. Den Hunden sieht man die »Übelkeit« richtig an. Manchmal genügt allein die Gabe eines Löffels Futter am Abend vor dem Schlafengehen, um die Symptome abzustellen oder zu mildern.

Grundsätzlich sollte bei einer »Magenübersäuerung« an erster Stelle die Ernährung hinterfragt werden. Durch »vorverdaute« Fertignahrung besitzen Hund und Katze nicht die aggressive Magen-Darm-Flora, die sie eigentlich haben sollten. Hier wird der

Grundstein für die immer größer werdende Zahl an sogenannten magen-darm-empfindlichen Tieren gelegt. Wird ein Hund oder eine Katze von klein auf mit rohem Fleisch gefüttert, ist die Magensäureproduktion stabil und ein ausreichendes Spektrum an Darmbakterien und Enzymen vorhanden, um alles richtig zu verdauen. Magen-Darm-Probleme sind dann kein Thema.

Durch das vorverdaute Futter wird außerdem die Magen-Darm-Motorik eingeschränkt. Werden die Magen-Darm-Muskeln nicht trainiert, verkümmern sie. Es kommt zur Muskelträgheit und damit zu einer zu langen Verweildauer des Futtermittelbreies im Magen-Darm-Trakt. Rohfütterung sowie genug Ballaststoffe im Futter unterstützen die Peristaltik und damit die Muskulatur. Ist die Darmflora intakt und die Darmmotilität in Ordnung, kann auch mal etwas Falsches gefressen werden, es kommt nicht gleich zu heftigen Reaktionen wie Erbrechen und/oder Durchfällen.

Bei Beschwerden wie Schmatzen, Aufstoßen, Speicheln sowie übermäßigem Grasfressen können Leinsamenschleim oder Ulmenrinde mehrmals täglich gegeben werden. Der Ballastoffanteil im Futter sollte erhöht werden (getrocknete Rinderfellstreifen, Flohsamen et cetera).
Chemische Magensäureblocker sind also unnötig und wie so oft reine Symptombehandlung ohne Ursachenermittlung. Auf Dauer eingenommen, können diese Medikamente schwere Schäden anrichten.

Helicobacter pylori – auch beim Tier?

In letzter Zeit werden vermehrt, vor allem bei chronischem Erbrechen, auch beim Tier Untersuchungen durchgeführt, um Helicobacter pylori nachzuweisen. Helicobacter pylori wird auch als Magenteufel bezeichnet. Etwa die Hälfte der Weltbevölkerung sowie die Hälfte der Hunde und Katzen weisen eine Besiedelung mit diesem

Bakterium auf, ohne daran zu erkranken. Früher hieß es, die Magensäure zerstöre alle Bakterien, bis Helicobacter pylori entdeckt wurde. Es hat die Fähigkeit, ein Enzym zu produzieren, das Harnstoff zu Ammoniak spaltet und so ein lokales basisches Milieu entstehen lässt, das das Überleben dieser Bakterien sichert. Bei Erkrankungen des Magens wird dieser Keim aber immer häufiger gesucht und auch nachgewiesen, was in der Schulmedizin zu der Annahme geführt hat, der Keim sei die Ursache von Magenerkrankungen, besonders von Magengeschwüren. Hier wird nach einem »Missetäter« gesucht, der aber in Wahrheit erst dann auftaucht, wenn die Magenwand schon geschädigt ist. Hat man einen Verursacher gefunden, kann dagegen etwas »unternommen« werden.

Es muss also erst eine Schädigung der Magenschleimhaut vorliegen, bevor Helicobacter pylori seine krank machende Wirkung entfalten kann. Ein Keim kann sich erst dann vermehren und Schaden anrichten, wenn das Milieu dafür vorhanden ist, in einem gesunden Milieu herrscht Gleichgewicht zwischen guten und schlechten Bakterien.

Empfohlen wird von der Schulmedizin bei Mensch und beim Tier eine Triple-Therapie (zwei verschiedene Antibiotika plus ein Magensäurehemmer). Da dieses Vorgehen nicht die Ursachen eliminiert und dazu noch mit komplexen Nebenwirkungen behaftet ist, sollte vorerst anderweitig versucht werden, einer Überbesiedlung mit Helicobacter pylori zu begegnen. Nicht nur, dass Helicobacter pylori zunehmend resistent gegenüber Antibiotika ist, die Bakterien können sich außerdem in den Zellen der Magenwände verstecken und werden dadurch von den Antibiotika nicht erreicht.

Vor, aber auch nach solch einer Behandlung sollten unbedingt hoch dosiert über mindestens drei Monate Milchsäure- und Bifidobakterien verabreicht werden, die Ursache (Ernährung) sollte abgeklärt werden und es sollte mit pflanzlichen Präparaten mit antibiotischem Wirkungsspektrum unterstützend eingegriffen werden.

Candida im Darm

»Candida im Darm, das macht doch nichts, das hat doch jeder.« Das ist die häufig gehörte schulmedizinische Aussage zu einer Candidabelastung des Darmes. Eine Candidainfektion ist aber nur bei gestörtem Immunsystem möglich, ausgelöst durch Antibiotika, Immunsuppressiva, Kortison, künstliche Hormone, vermehrten Zuckerkonsum und beim Menschen vor allem auch durch vermehrten Alkoholkonsum. Ziel der Therapie sollte nicht sein, den Pilz medikamentös zu eliminieren, das würde zu keinem dauerhaften Erfolg führen, sondern das Darmmilieu dahingehend zu verändern, dass dieser Pilz keine Lebensgrundlage mehr vorfindet.

Das bekannte Antimykotikum Nystatin wirkt zwar nachweislich gegen Candida und soll laut Hersteller die Darmwand nicht passieren können und damit unschädlich sein. Diese Behauptung ist aber zu hinterfragen, ist doch bei einem starken Pilzbefall die Darmschleimhaut meist entzündet (Leaky Gut). Durch diese »Löcher« kann Nystatin sehr wohl in die Blutbahn gelangen. Meist kommt es nach einer Nystatin-Therapie nach kurzer Zeit zu einem Rezidiv, das heißt, der Pilz kehrt zurück. Der Verzicht auf raffinierten Zucker und Weißmehl und daraus hergestellten Produkten sowie die Reduktion des Verzehrs von tierischem Eiweiß ergibt beim Menschen die Pilzdiät, beim Tier hauptsächlich der Verzicht auf alle Kohlenhydrate mit hohem glykämischen Index. Zusätzlich ist eine Darmsanierung mit Milchsäurebakterien und Laktobazillen angebracht, eventuell eine Reiztherapie mit Latensin, Utilin und Recarcin (Sanum).

Wichtig sind: Regulation mit Fortakehl und Albicansan und zusätzlich eine Ausleitung mit Chlorella und Spirulina.

Welche Mittel ich verwende, hängt natürlich auch von der Situation des Patienten ab. Da gibt es doch einige individuelle Unterschiede.

Meine Grundtherapie bei allen Magen-Darm-Leiden:

immer:

- **Fütterungsanpassung**: Rohfütterung
- **Eliminierung von Futtermitteln**, die eventuell Verursacher sein könnten (Ausschlussdiäten): Vermeidung von Getreide (Gluten), Überprüfung, ob ausreichend Ballaststoffe gegeben werden. Anfangs kein Obst, keine Milchprodukte
- **Gabe von Darmbakterien**, eventuell pflanzlichen Enzymen, **Entgiftung**
- **Gabe von Vitalpilzen** (Hericium)
- **Sanum** (Rebas, Fortakehl, Okoubasan)

kann gegeben werden:

- **Phytotherapeutisch**: Kamille, Pfefferminze, Fenchel, Tausendgüldenkraut, Eibisch, Quecke, Ingwer, Kalmuswurzel, Heidelbeerblätter, Eichenrinde, Majoran, Artischocke
- **Homöopathisch:** Bei Magenbeschwerden mit und ohne Erbrechen: Nux vomica D6, Nux moschata D6, Ipecacuanha D6
  bei Durchfällen: Podophyllum D6, Rheum palmatum D6, Colocynthis D4, Arsenicum album D12
  Hier gibt es unzählige Mittel, die zusätzlich eingesetzt werden können. Ich verweise hier aber auf spezielle homöopathische Standardwerke.

Kot und Dreck fressen – nicht sehr appetitlich

Da die meisten Futterzusammensetzungen nicht den Ansprüchen eines Fleischfressers entsprechen, versucht der Hund, sich diese (Cellulose, Bakterien, Enzyme) zu holen, in dem er »Unrat« frisst. Auch versucht der Hund durch das Fressen dieses Unrats eine Übersäuerung abzupuffern.

Kotfressen ist keine »Mangelerscheinung«, wie sie von Tierärzten meist hingestellt wird, sondern weist auf eine nicht intakte

Darmflora hin. Fressen Hunde Gras oder Kot von Wiederkäuern und Pferden, ist das in gewissem Rahmen normal, das Fressen von Kot von Katzen und Hunden aber nicht. Dieses Kotfressen kann aber auch an der Zusammensetzung des von den Tieren gefressenen Futters (mit Geschmacksstoffen) liegen. Geschmacksstoffe werden im Kot wieder ausgeschieden und damit wird dieser für andere Tiere attraktiv.

In der Regel bringt die Zugabe von Darmbakterien und Enzymen zum Futter bald den erwünschten Erfolg. Auch muss auf eine ausreichende Versorgung mit Ballaststoffen geachtet werden. Hierzu eignen sich hervorragend getrocknete Fellstreifen. Auf keinen Fall sollten Sie, wie oft geraten wird, Käse zu fressen geben.

Probleme mit der Analdrüse: lästig für Hund und Besitzer

Analdrüsenprobleme weisen, genau wie Kot-und Dreckfressen, auf eine nicht intakte Darmflora hin. Hier müssen ebenfalls eine Futterumstellung sowie eine Darmsanierung durchgeführt werden. »Schlittenfahren« ist in den allermeisten Fällen nicht, wie oft fälschlich behauptet wird, ein Zeichen für einen Wurmbefall, sondern ein Hinweis auf eine verstopfte Analdrüse, verursacht durch Verdauungsbeschwerden.

KAPITEL 10

Lebererkrankungen

Wenn der Stoffwechsel um Hilfe ruft

Auch viele Lebererkrankungen haben ernährungsbedingte Ursachen. Die Aufgaben der Leber im Stoffwechsel sind sehr vielfältig, folglich können auch die Symptome sehr unterschiedlich sein. Wir sollten die Leber aber nicht als isoliertes Organ betrachten, sondern als Teil des Gesamtorganismus. Ist zum Beispiel die Verdauung im Dünndarm gestört, kommen die dort nicht verdauten Nahrungsbestandteile in den Dickdarm, wo sie von Dickdarmbakterien zersetzt werden. Durch die Verlagerung der Zersetzung, die eigentlich im Dünndarm hätte stattfinden sollen, kommt es im Dickdarm zur Bildung giftigen Ammoniaks und anderer schädlicher Stoffe, was die Stoffwechselvorgänge in der Leber empfindlich stören kann. Die sogenannten Light-Produkte sind das beste Beispiel für eine falsche Futterzusammensetzung, die aufgrund des sehr hohen Gehaltes an pflanzlichen Faserstoffen diese Ammoniakbildung begünstigen. Aber auch alle anderen Trockenfertigfutter stellen aufgrund dieses hohen Getreidegehaltes UND minderwertiger Proteine eine massive Dauerbelastung für die Leber dar. Zusätzlich können sich in Trockenfutter sehr leicht Schimmelpilze festsetzen, die ebenfalls hochtoxisch für die Leber sind.

Liebe Frau Dr. Ziegler!
Unsere Hündin Gilla, eine 5 Jahre alte Goldie-Dame, hat leider nach der Kastration enorm zugelegt. Sie wog in ihren besten Zeiten über

40 Kilogramm. Jeder Versuch abzunehmen scheiterte. Vor allem auch, weil Gilla wie ein Staubsauger durch die Gegend läuft und alles aufsammelt und frisst. Verzweifelt befragten wir unseren Tierarzt, der uns oder vielmehr unserem Hund ein kalorienreduziertes Lightfutter verpasste. Gilla hatte damit nur noch mehr Hunger, und abnehmen tat sie auch nicht. Wir gaben das Futter aber weiter, jetzt seit bald einem Jahr. In dem einen Jahr hat Gilla jetzt zwar 1 bis 2 Kilogramm abgenommen (39 Kilogramm ihr jetziges Gewicht), eine routinemäßig durchgeführte vollständige Blutuntersuchung ergab aber eine Erhöhung fast aller Leberwerte sowie eine Herzklappeninsuffizienz. Auch ist unser Hund, eigentlich erst 5 Jahre alt, in der letzten Zeit massiv gealtert, sie ist nicht mehr so aktiv wie früher und mir kommt es immer so vor, als ob sie ständig müde sei. Das war sie vor einem Jahr, trotz höheren Gewichts, aber nicht. Der Tierarzt hat uns jetzt Herztabletten gegeben und ihr Spritzen für die Leber und auch noch Tabletten gegeben. Was sollen wir tun?

Alle Hunde und Katzen werden krank, wenn sie auf Dauer Lightprodukte bekommen. Vor allem Herzerkrankungen sind die Folge einer nicht optimalen Eiweißversorgung. Eine Leberstörung entsteht durch die giftigen Stoffe bei mangelnder Verdauungsleistung sowie durch eine Unterversorgung mit hochwertigem Eiweiß. Prinzipiell sind die Ursachen von Lebererkrankungen die gleichen wie bei den anderen Organen. Neben der falschen Zusammensetzung der Nahrung spielen Infektionen, Umweltgifte (Schwermetalle), pflanzliche Gifte und Pilze, Bakterientoxine, Zusatzstoffe in Fertigfutter, hier voran BHA, BHT und Ethoxyquin, eine Rolle. Ein bedeutender Verursacher von Lebererkrankungen sind sicherlich chemische Medikamente. Diese können massiv in den Leberstoffwechsel eingreifen und schweren Schaden anrichten. Während einer Kortisonbehandlung beispielsweise können die Leberwerte massiv ansteigen. Aber auch Überdosierungen von Schmerzmitteln,

Wurmmitteln (hier vor allem das so häufig verwendete Mebendazol), Antibiotika und Inhalationsanästhetika (Halotan) sowie Eisenpräparate sind gefährlich. Die leberschädigende Wirkung chemischer Medikamente wird vielfach unterschätzt beziehungsweise überhaupt nicht in Betracht gezogen. Wie oft habe ich erlebt, dass nur durch Absetzen ganz unterschiedlicher Medikamente die Leberwerte innerhalb kürzester Zeit wieder im Normalbereich lagen.

Eine Leberstörung zeigt sich in: Antriebslosigkeit, wechselndem Appetit, oft vermehrtem Durst, Erbrechen, eventuell Durchfällen, Blähungen, schmerzendem Bauch, Mundgeruch, belegter grauer Zunge, bei Gelbsucht Gelbfärbung der Kopfschleimhäute.

Unterscheiden müssen wir natürlich die akuten von den chronischen Leberstörungen. Akute Leberstörungen erfordern sofort intensives schulmedizinisches Einschreiten, wobei aber auch hier sehr wohl auf die Nebenwirkungen, Wechselwirkungen sowie die Menge und Häufigkeit der verabreichten Medikamente geachtet werden sollte.

Sind schon länger Leberstörungen vorhanden, können wir neben der Ernährungsumstellung – das ist die wichtigste Maßnahme, ohne die keine Therapie auf Dauer erfolgreich sein kann – bei Hund und Katze folgende Mittel einsetzen:

- Darmsanierung mit Darmbakterien über mindestens 6 Monate (hier kann man Präparate immer mal wechseln, um ein weites Bakterienspektrum zu erhalten)
- rechtsdrehende Milchsäure (eventuell mit Basenpulver): Damit lässt sich die Ammoniakbelastung senken (Sanumtherapie)
- Hoch dosiert DHA und EPA (ungesättigte Fettsäuren, im Krillöl enthalten, außerdem enthält Krillöl das hochwirksame Astaxanthin als Antioxidans)
- Ziegenkolostrum-Entgiftungssaftsaft,
- Zink
- Vitamin C (Hagebuttenpulver), Vitamin E und Selen
- Vitamin-B-Komplex (vor allem Methylcobalamin)
- Kurkuma

- Mucokehl (Sanum)
- SAM(S-Adenyl-Methionin) fördert die Energiearbeit der Leberzellen.
- Die Sanumtherapie richtet sich nach dem Ergebnis der Dunkelfeldmikroskopie, wenn diese durchgeführt werden kann.
- Phytotherapeutisch: Mariendistelextrakte als Kapseln oder Pulver, Artischockenpulver, Basis-Leber-Mix
- Homöopathisch können wir unterstützend geben: Carduus marianus D1 (Mariendistel), Lycopodium D30, Nux vomica D30, Flor de Piedra D4 und Chelidonium D4.

Die Ernährung der Katze bei Lebererkrankungen: zwei Drittel rohes Hühner- oder Kalbfleisch, ein Drittel Hirsebrei, dazu Kräutermischung (Majoran, Thymian, Kresse, Liebstöckel, auch Wildkräuter), etwas Grünlippmuschelpulver (Taurin), Eierschalenpulver, Krillöl.

Die Ernährung des Hundes bei Lebererkrankungen: halb rohes Fleisch (Hühnerfleisch, Kalbfleisch, Hammelfleisch), halb Gemüse, Hirse, Buchweizen gekocht, plus Kräuter wie bei der Katze, Eierschalenpulver, Krillöl. Bei ungenügendem Gallefluss oder bei einem Gallestau kommt es zu Störungen im Fettstoffwechsel, hier muss der Fettanteil in der Nahrung reduziert werden (bis 5 Prozent in der Trockensubstanz), und es müssen vermehrt fettlösliche Vitamine zugeführt werden (A, D, E und K).

Die so häufig in der Humanmedizin durchgeführte Entfernung der Gallenblase ist keinesfalls »ohne Folgen« für den Patienten, wie häufig behauptet wird. Solange die Gallenblase vorhanden ist, dient sie als Speicher für die Galle und kann, wenn fettreiche Nahrung gegessen wird, in Aktion treten und die für die Verdauung benötigte Galle stoßweise abgeben. Wenn die Gallenblase nicht mehr vorhanden ist, kommt es kontinuierlich zur Sekretion kleiner Mengen Galle in den Dünndarm, was bei Weitem nicht so effektiv ist, wenn etwas Fettes gegessen wird. Dadurch treten Verdauungsbeschwerden auf, weil eine optimale Fettverdauung nicht gewährleistet wird.

KAPITEL 11

Chronische Bauchspeicheldrüsenentzündung

Im *Vet Journal*, dem Magazin der österreichischen Tierärztekammer, schreibt Dr. vet. med. Jörg Steiner im November 2011, Jahrgang 1964:

»Erkrankungen der exokrinen Pankreas (Bauchspeicheldrüse), vor allem Pankreatitis (Bauchspeicheldrüsenentzündung), kommen bei Hund und Katze häufiger vor, als bisher angenommen wurde. Bei Hunden und Katzen, die aus unterschiedlichen Gründen starben oder euthanasiert wurden, lag die Rate akuter Pankreatitiden bei etwa 30 Prozent, chronische Pankreatitiden lagen bei Hunden und Katzen, die aus verschiedenen Gründen starben oder euthanasiert wurden, bei etwa 50 Prozent (Hund) beziehungsweise 60 Prozent (Katze).«

Da fragt man sich schon: Woher kommen diese hohen Erkrankungszahlen?

Die Symptome einer Bauchspeicheldrüsenentzündung sind im akuten Fall schmerzhaftes Erbrechen, wechselnde Durchfälle sowie fettig glänzender und voluminöser Kot. Die Menge des ausgeschiedenen Kotes ist manches Mal enorm groß. Vermehrter Durst und Bauchschmerzen treten auf, die Hunde gähnen oft sehr viel. Chronische Fälle gehen immer mit Durchfällen, Blähungen, Unruhe, Abmagerung, schlechtem Haarkleid, oft auch mit immer wiederkehrendem Wurmbefall einher. Meist zeigen die Blutwerte keine signifikanten Veränderungen, der Hund oder die Katze ist schulmedizinisch gesund und wird, um die auftretenden »unerklärlichen« Beschwerden in den Griff zu bekommen, mit Antibiotika oder Wurmkuren traktiert.

Im Folgenden ein (gekürzter) Fall eines typischen Verlaufs solch einer chronischen Bauchspeicheldrüsenentzündung.

Einen schönen Tag, Frau Dr. Ziegler!
Ich habe ein Riesenproblem. Mein Milan ist ein Hovawart-Retriever-Pyrenäen-Mix aus Spanien. Geboren 2005, kam er mit circa 12 Wochen recht munter und lebhaft bei uns an, dies änderte sich innerhalb von 2 bis 3 Tagen. Hier bekam Milan, weil er ein großer Hund werden sollte, Royal canin Giant, so wurden wir im Tierladen beraten. Er fror, hatte schlagartig eine triefende Nase, Durchfall, Erbrechen und war kaum ansprechbar. Somit gingen wir zu einer jungen Tierärztin im Nachbarort, gerade frisch von der Uni. Sie las den ausländischen Impfpass, sagte, alles sei okay, er bräuchte nur ein paar Vitamine und vor allem Antibiotika (das 3 Tage lang via Injektion). Er sei eben geschafft von der Fahrt und so weiter. (Milan war damals 48 Stunden in einem Transporter unterwegs.) Ihm ging es besser, bis zum nächsten Tag. Wir kochten ihm Haferbrei, Kamille und reicherten das Futter mit etwas Hühnerbrühe über den Tag verteilt an. Es wurde nicht besser. So gingen wir zu unserer alten Tierärztin, diese sah den Hund, machte die Praxis dicht und forderte die Impfpapiere. Sofort ließ sie alle Leute aus dem Wartezimmer raus und rief Quarantäne wegen Staupeverdacht aus. Sie sagte, er sei laut Impfpass nicht ordentlich geimpft worden. Daher holte sie dies gleich nach und gab ihm auch noch Vitamine. Mit eingeweichter Kost ging es weiter. Milan erholte sich. Doch der Durchfall blieb. Wir wechselten die Futtermarke. Es besserte sich und war dahingehend stabil. Dann: Wieder bekam er Durchfall. Wir wechselten wieder die Futtersorte. Milan ging es besser – für etwa 3 Monate. Dann

wieder und wieder Durchfall. Nachts alle 2 Stunden raus. Ich kochte ihm Hühnchen und Reis auf Anraten der Tierärztin. Da wurde es noch schlimmer, er wollte aus dem Garten gar nicht mehr rein, ab da entwickelte er das Wandern beim Kotabsetzen. Wir wechselten das Trockenfutter und den Tierarzt. 2006 mussten wir über Nacht mit Milan zum Tierarzt – hier wurde Prostatahyperplasie festgestellt. Milan wurde dahingehend kastriert, bekam 12-mal Synolux, 10-mal Rimadyl 50 Milligramm und eine Injektion.
Milan ging es schlecht, daher gingen wir abermals zum Tierarzt. Hier Punktion des Abdomen (Bauchpunktion), er bekam 7-mal Rimadyl 100 Milligramm.
Über den Sommer bekam Milan an Hals und Brust starken Ausschlag, wir gingen jeden Tag mit ihm baden, um zu kühlen, das half, außerdem sprühten wir ihn mit Kamille ein und tupften die wunden Stellen ab. Er bekam vom Tierarzt eine Kortisonspritze, es wurde besser für circa eine Woche. Nochmals bekam er eine Kortisonspritze und Antibiotika, wir wechselten auf Anraten des Tierarztes wieder das Futter. Im November 2006 kam der Ausschlag schlagartig wieder, und wir fuhren zum Tierarzt. Hier Feststellung von Pruritus (Juckreiz), eine Injektion und zusätzlich Baden mit Immustim-Shampoo. Verdacht des Tierarztes auf Gräser- und Pollenallergie. Wir könnten es testen und mit Eigenblut therapieren. Das lehnten wir ab. Im Dezember 2006 fing Milan urplötzlich an zu lahmen und kam nach dem Kotabsatz aus seiner Haltung nicht mehr hoch. Wir hatten Panik und fuhren zum Tierarzt – er bekam 2 Injektionen, einmal Schmerzmittel, einmal Antibiotika. Außerdem HD-Röntgen, hierbei wurde festgestellt, dass Milan eine Musterhüfte habe und bei ihm alles superkorrekt sei, alles würde aufs Maß stimmen. Er bekam 29 Arthrovet-Tabletten für zu Hause.
Das kommende Jahr 2007 verlief weiterhin problemlos, bis auf gelegentlichen Ausschlag, den wir selbst behandelten, und Durchfall, den wir mit etwas Schonkost auch in den Griff bekamen.

Dann, Anfang 2008, ging es heftig los. Milan bekam Durchfall, egal, was er zu fressen bekam, alles schoss hinten wieder raus. Heftig mit Fettstuhl, blutigem Stuhl, weißem bis hellgelbem Stuhl, schwarzem Stuhl. Wir waren ratlos. So fuhren wir mit Kotprobe zum Tierarzt. Der schickte diese ins Labor. Da wurden eine Dybiose der Dickdarmflora sowie ein verminderter Elastasewert (16 statt größer 40) festgestellt. Diagnose: exokrine Pankreasinsuffizienz.

Unser Tierarzt sagte, er vermute aufgrund Milans Lebensgeschichte, dass ihm im Welpenalter alle Bakterien und Enzyme aufgrund zu hoher Antibiotikadosen weggebombt wurden. Er empfehle, Enzyme zum Aufspalten der Nahrung hinzuzufüttern. Das heißt, wir nahmen an dem Tag Enzymtabletten mit sowie Baytril Flav. 150 Milligramm 7x (Antibiotikum). Milans Stuhlgang wurde besser, wir waren guter Hoffnung, denn es wurde uns ja gesagt, wenn er keine Enzyme bekäme, könne er die Nahrung nicht aufspalten und würde an Mangelerscheinungen leiden. Die Kosten waren jetzt schon ausreichend, ein Diätfutter wollten wir nicht mitnehmen.

2 Wochen später sind wir nochmals mit Milan zum Tierarzt, er war druckempfindlich im Bauchbereich und hatte Schmerzen. Er bekam Rimadyl und Amoxiclav (Antibiotikum).

Milan ging es weitgehend gut, nach 2 Monaten reduzierten wir selbstständig ohne Rücksprache mit dem Tierarzt die Dosis der Pankreasenzyme, da Milan ganz stark nach Urin beziehungsweise Dixiklo roch. Wir reduzierten die Dosis von 5 Tabletten auf 1, um auszutesten, wie viele er bräuchte. 1 war völlig ausreichend.

Im Dezember 2008 ließen wir die Tabletten ganz weg.

Ich orientierte mich weiter und las viele Bücher wie Ihres und schämte mich in Grund und Boden, was ich meinem Hund bisher angetan hatte. Sofort stellte ich die Ernährung um auf ein kalt gepresstes Trockenfutter, und wir fingen an, ihn mit Frischfleisch und Selbstgekochtem zu ernähren – was uns viel Spaß bereitete. So ging es Milan 2009, 2010 richtig prima, mit gelegentlichen Durchfällen, denn Reis, Fisch, zu viel Geflügel vertrug er nicht.

Im Oktober 2012 ließen wir Milan nochmals testen, auf Pankreaswerte. Der Tierarzt konnte nicht glauben und nicht verstehen, dass die Werte jetzt im Normalbereich lagen, als hätte er nie etwas gehabt. Leider ist es seit November so, dass Milan immer wieder Durchfall bekommt …
Viele Grüße, Diana R. & Milan

Ein Krankheitsbild wie das von Milan ist keine Ausnahme, sondern mittlerweile schon bald die Regel. 50 Prozent aller Hunde haben eine solche Pankreasentzündung oder haben sie einmal durchgemacht.

Die Ursachen sind bei Milan nachvollziehbar. Zuerst kam der Infekt als Welpe, der mit Antibiotika behandelt wurde. Was das tatsächlich war, kann man im Nachhinein nicht mehr sagen. Jedenfalls wurde es unterlassen, nach der Antibiotikagabe die Darmflora wiederaufzubauen. Der Verlauf ist typisch: erst immer wieder Darmprobleme, dann Hautausschläge, gefolgt von Lahmheiten, letztendlich eine Bauchspeicheldrüsenentzündung. Und immer wieder Antibiotika und Kortisongaben, die das Immunsystem strapazieren, sowie die wiederholte Gabe des Schmerzmittels Rimadyl, das die Schleimhäute des Magen-Darm-Traktes noch zusätzlich attackiert. Ist aber die Darmflora in Mitleidenschaft gezogen, kommt es zu Entzündungen der Darmzotten (Leaky Gut), zu große Nahrungsteilchen gelangen durch die Darmwand hindurch ins Blut. Allergische Reaktionen wie Hautausschläge sind die logische Folge. Auch die Lahmheiten entstehen letztendlich durch einen gestörten Stoffwechsel infolge einer aus den Fugen geratenen Verdauung.

Milan ist mittlerweile 7 Jahre alt und war die überwiegende Zeit krank. Frau Diana R. machte eigentlich instinktiv das Richtige, sie stellte die Ernährung um und die Gabe der Pankreasenzyme ein. Nur beging sie den Fehler, Milan (das habe ich aufgrund der Länge des Briefes weggelassen) Futtermittel wie Kleie, Haferflocken, Quark et cetera ins Futter zu geben, was bei einer solch massiven Störung aber völlig ungeeignet ist. Besonders Getreide belastet die Bauchspeicheldrüse enorm. Auch fütterte Frau Diana R. vier verschiedene Fleischsorten zusammen, was ebenfalls eine zu große Belastung für den Verdauungstrakt darstellt. Auch das hochallergene Milcheiweiß im Quark trägt zur Verschlimmerung der Symptome bei.

Behandlung:

- Wir beginnen mit hoch dosierter Gabe von Milchsäure- beziehungsweise Bifidobakterien für mindestens 6 Monate
- Rebas (Sanum) und Okoubasan (Sanum) zur Unterstützung der Verdauung, 1 Kapsel Utilin S pro Woche (als Reiztherapie)
- Ziegenkolostrum-Entgiftungssaft
- Mineralstoffe und Spurenelemente Vitamin B12 (Methylcobalamin!) als Injektion
- Hericium-Vitalpilz
- Krillölkapseln
- Hagebuttenpulver (Vitamin C)
- Enzyme nur wenn notwendig (pflanzliche aus Papaya und Ananas sind wirksamer als die üblichen tierischen Enzyme im oft verwendeten Almazyme oder ähnlichen Präparaten)
- Wenn Besserung, nach Rebas und Fortakehlgabe: Mukokehl und Nigersan
- Homöopathisch: Podophyllum D6, Haronga D6
- Dazu Tee aus Löwenzahnwurzel, Tausendguldenkraut, Wegwartwurzel

Fütterung:

Geraspelte Karotten plus rohes fettarmes Hühnerfleisch 50:50. Dann langsam die Karotten durch geraspelte Zucchini sowie gekochten Buchweizen oder Hirse ersetzen. Zusätzlich Kräutermischungen oder Tees.

Da bei einer Bauchspeicheldrüsenentzündung die Fettverdauung gestört ist, muss fettarm gefüttert werden. Keinesfalls sollte, auch nicht bei einer akuten Bauchspeicheldrüsenentzündung, die Nahrungsaufnahme eingestellt werden.

Falls Enzyme notwendig sind – Anzeichen dafür sind große voluminöse Stühle, Fettstühle, unverdaute Nahrungsbestandteile im Kot, aber auch manchmal ohne sichtbare Kotveränderungen Abmagerung trotz Aufnahme großer Futtermengen –, eher auf pflanzliche Enzyme zurückgreifen (Papaya, Ananas), die sehr viel effektiver wirken als die aus tierischen Quellen stammenden Pankreasenzyme, die in der Regel verabreicht werden. Aber auch pflanzliche Enzyme sollten nicht über längere Zeit gegeben werden, da die Bauchspeicheldrüse nicht mehr gefordert wird und die Tätigkeit der Enzymproduktion einstellt. Die Enzymgabe sollte langsam reduziert werden.

In natürlicher Nahrung (vor allem in rohem, geraspeltem Gemüse sowie in rohem Fleisch) sind im Gegensatz zu industriell gefertigten Futtermitteln genügend Enzyme vorhanden, sodass die Bauchspeicheldrüse nicht ständig auf Hochtouren laufen muss. Bei Fertigkost dagegen werden durch die Erhitzung die ursprünglich im Futter enthaltenen Enzyme vernichtet, die Bauchspeicheldrüse ständig überlastet. Das ist einer der Gründe für die häufigen Erkrankungen der Bauchspeicheldrüse, die irgendwann kollabiert und ihre Arbeit einstellt.

Gemieden werden sollten auch ALLE Milchprodukte auf Kuhmilchbasis. Ziegenmilchprodukte sind in Maßen erlaubt. Sollte bei einer akuten Bauchspeicheldrüsenentzündung ein Antibiotikum notwendig sein (in den seltensten Fällen), ist es unumgänglich, sofort nach dieser Gabe den Aufbau der geschädigten Darmflora wieder aufzubauen.

Diabetes

Die Zahl der Diabetiker steigt nicht nur beim Menschen, sondern auch bei unseren Haustieren. Die Hauptursache beim Menschen sind sicherlich Fettleibigkeit und zu wenig Bewegung. Den sogenannten Altersdiabetes (Typ 2) bekommen immer häufiger auch jüngere Patienten. Diabetes ist mittlerweile zur »Volkskrankheit« avanciert. In Deutschland gibt es 7 Millionen Diabetiker, und die Dunkelziffer der nicht erkannten Diabetiker ist groß. Die Folgen von Diabetes können gravierend sein: Herzinfarkt, Schlaganfall, Augenerkrankungen, Nierenversagen, Durchblutungsstörungen.

Diabetes ist zum Großteil eine hausgemachte Erkrankung. Obwohl es beim Menschen eine genetische Veranlagung gibt, erkranken viele Menschen mit der gleichen Veranlagung nicht. Es müssen demnach noch andere Ursachen vorliegen.

Diabetes Typ 1 ist die häufigste chronische Stoffwechselerkrankung bei Kindern und jungen Erwachsenen unter 30 Jahren. Diabetes Typ 1 kann sich über Jahre entwickeln, dann kann es aber sehr schnell gehen und der Patient entwickelt abnormen Durst, ständiges Wasserlassen und Gewichtsverlust. Diabetes Typ 1 ist gekennzeichnet durch einen Insulinmangel, der durch die Zerstörung insulinproduzierender Zellen der Bauchspeicheldrüse auftritt. Die Folge ist ein Anstieg des Blutzuckerspiegels (Hyperglykämie). Typ-1-Diabetiker benötigen daher Insulin, um ihren Blutzuckerspiegel zu regulieren. Beim Hund gibt es im Gegensatz zum Menschen und zur Katze fast ausschließlich den Diabetes Typ 1 (insulinabhängiger Diabetes).

Bei Diabetes Typ 1 besteht also ein absoluter Insulinmangel, das heißt, die Bauchspeicheldrüse produziert nicht mehr genügend Insulin, um den Blutzuckerspiegel zu senken. Wird der Diabetes nicht gleich erkannt, werden die Zellen nicht mehr mit Zucker versorgt. Der Organismus baut zur Energiegewinnung Fett ab. Das führt dazu, dass Ketonkörper in die Blutbahn eindringen und ein chemisches Ungleichgewicht verursachen (diabetische Ketoazidose). Bleibt dieser Zustand länger bestehen und der Diabetes wird nicht erkannt, kann das tödlich enden.

Wodurch kann aber solch ein absoluter Insulinmangel überhaupt entstehen? Die Ursachen sind laut Schulmedizin unklar. Auf jeden

Fall kommt es zur Zerstörung der Insulin produzierenden Zellen der Bauchspeicheldrüse. Aber warum? Mit unklaren Ursachen kann und will ich mich nicht zufriedengeben. Und einfach nur Insulin zu spritzen halte ich für zu wenig. Der Organismus ist doch eigentlich darauf programmiert, sich selbst am Leben zu erhalten, und nicht darauf, sich zu zerstören. Bei der Selbstzerstörung der Insulin produzierenden Zellen handelt es sich, wie bei vielen Autoimmunerkrankungen auch, sozusagen um ein Notprogramm, mit dem der Körper versucht, Schlimmeres zu verhindern. Das sollte man nicht einfach als gottgegeben hinnehmen und die Symptome einfach nur mit Medikamenten unterdrücken. Auch hier können manchmal sehr wohl Ursachen gefunden werden. Nicht erkannte Bauchspeicheldrüsenentzündungen können beispielsweise Diabetes Typ 1 auslösen. Man kann durch zuckersenkende natürliche Stoffe sowie gezielte Unterstützung der Zellregeneration (Antioxidantien) und des Immunsystems (Ziegenkolostrum) vielleicht keine Heilung, aber immerhin die Reduktion der Insulinmenge erreichen.

Die Ursachen der Entstehung des Diabetes Typ 2 sind weitgehend nachvollziehbar. Zu viele Kohlenhydrate mit hohem glykämischen Index bewirken einen Zuckeranstieg im Blut und damit eine verstärkte Insulinausschüttung. Beim Menschen bewirkt hoher Eiweißkonsum (viel Fleisch) ebenfalls eine erhöhte Insulinausschüttung.

Insulin hat wichtige Aufgaben im Stoffwechsel zu erfüllen. Es schleust den Blutzucker in die Zellen hinein, die aus diesem Zucker ihre Energie gewinnen. Insulin senkt den Blutzuckerspiegel, indem es die Muskel- und Leberzellen stimuliert, Glukose aus dem Blut aufzunehmen. Insulin bewirkt, dass überflüssiger Zucker als Fett in den Fettzellen gespeichert wird. Und Insulin verhindert auch, dass dieser Zucker aus den Speichern wieder freigesetzt wird. Insulin ist also ein Speicher- und Verschlusshormon. Es speichert das Fett und lässt es nicht mehr los. Insulin macht dick und sorgt dafür, dass man so bleibt. Diese Stoffwechselstrategie stammt noch aus der

Steinzeit und war dafür gedacht, Lebewesen vor Hungersnöten zu schützen. Das ist auch der Grund dafür, dass 67 Prozent der Männer und 52 Prozent der Frauen an Übergewicht leiden und als Folge davon für Krankheiten wie Diabetes anfälliger sind.

Wird jetzt ständig im Übermaß Insulin ausgeschüttet, werden die Zellen, die den Blutzucker aufnehmen sollen, auf lange Sicht resistent gegen das Insulin und können den Zucker nicht mehr aufnehmen. Damit steigt der Blutzucker und Diabetes Typ 2 entsteht. Nicht nur der gesteigerte Verzehr von Nahrungsmitteln mit hohem glykämischen Index bewirkt auf Dauer den Kollaps des gesamten Systems, sondern auch andere Faktoren wie schädliche Transfettsäuren. Sie verdicken und verkleben die Zellwände und hemmen den Glukosetransport, was wiederum den Anstieg des Blutzuckers zur Folge hat. Um den ansteigenden Blutzuckerspiegel zu senken, beginnt die Bauchspeicheldrüse mit einer vermehrten Produktion von Insulin gegenzusteuern, wodurch es im gesamten Körper zu Entzündungen kommen kann. Die Leber versucht, die überschüssige Glukose in Fett umzuwandeln, was zu Übergewicht führt. Um den restlichen Zucker zu beseitigen, läuft die Niere auf Hochtouren. Am Ende verfällt der Körper aufgrund des Mangels an Energie – die Zellen können keinen Zucker mehr aufnehmen – in einen Erschöpfungszustand. Müdigkeit und Depressionen sind die Folgen. Die Nebennieren reagieren und pumpen Stresshormone ins Blut. Cortisol ist solch ein Stresshormon, das als Notprogramm für eine Blutzuckererhöhung eingesetzt wird. Ein erhöhter Cortisolwert hat aber auf Dauer auch schwerwiegende Nebenwirkungen. Er steigert die Insulinresistenz der Zellen noch mehr und bewirkt dadurch wiederum eine Steigerung der Insulinproduktion in der Bauchspeicheldrüse. Ein Teufelskreis.

Katzen entwickeln wie der Mensch häufiger Diabetes Typ 2. Die ersten Anzeichen sind auch hier mehr Durst, die Katzen scheiden vermehrt Urin aus, wirken müde und zeigen oft eine typische Hinterhandschwäche. Dabei tritt die Katze mit der ganzen Fußsohle der Hinterhand auf, ähnlich wie ein Hase.

Beim Hund sind ebenfalls der Durst und die damit verbundene vermehrte Urinausscheidung die ersten Symptome, die auffallen. Eine Zunahme des Appetits und damit die Neigung zur Fettleibigkeit, nächtliche Unruhe und oft ein eigenartiges heiseres Bellen in der Nacht, begleitet von einem damit verbundenen Husten, treten auf. Zusätzlich eine Linsentrübung beider Augen, die zu rascher Erblindung führt.

Was können wir bei Diabetikerkatzen und Diabetikerhunden tun? Natürlich muss in der Anfangsphase der Erkrankung, wenn der Blutzuckerspiegel zu hoch ist, mit Insulininjektionen versucht werden, diesen zu senken. Danach ist es angebracht, gerade bei Diabetikern des Typs 2, durch Ernährungsumstellung und Gabe von natürlichen Mitteln zur Blutzuckersenkung sowie mit aktivem Zellschutz zumindest eine Reduzierung der Insulingabe zu erlangen.

Fütterung: Vermeidung von Nahrungsmitteln mit hohem glykämischen Index. Absolut ungeeignet und tabu sind Diabetes-Diätfuttermittel vom Tierarzt. Sie enthalten viel zu viele Kohlenhydrate, um nur annähernd senkend auf den Blutzucker Einfluss nehmen zu können. Verboten sind vor allem Nudeln, Kartoffeln, Reis und Leckerlis mit Zucker.

Hund: Die Fütterung sollte aus rohem Fleisch (50 Prozent der Gesamtration) mit viel frischem Gemüse, Kräutern und wenig Kohlenhydraten bestehen. Wurzelgemüse wie Karotten und Sellerie bitte nicht kochen, da dadurch der glykämische Index steigt. Kohlenhydrate: Amaranth, Hirse, Quinoa, Buchweizen.

Katze: mehrmalige kleinere Portionen pro Tag. Auch hier keine Kohlenhydrate mit hohem glykämischen Index. Hauptsächlich fettarmes Fleisch vom Huhn, Kalb, Fisch plus Gemüse (90 Prozent Fleisch oder Fisch). Etwas geraspelte Karotten, gekochte Hirse oder Buchweizen.

Bei Katzen ist der Faktor Übergewicht das größte Problem. Dieses Übergewicht entsteht ebenfalls durch zu kohlenhydratreiche Nahrung (Trockenfutter ist geradezu geschaffen dazu, bei Katzen Übergewicht zu provozieren). Kommt bei Wohnungskatzen noch zu wenig Bewegung dazu, werden die Weichen für Diabetes Typ 2 gestellt.

Hier sind der Verzicht auf Trockenfutter, eine Reduktion der Gesamtkalorienanzahl sowie, soweit möglich, die Förderung der Bewegung notwendig, um eine Erkrankung zu verhindern.

Katzen sind sehr wählerisch, jede Katze will ein anderes Menü. Hier heißt es ausprobieren.

Wie ein an Diabetes erkrankter Hund oder eine erkrankte Katze mit der jeweiligen Insulingabe versorgt werden muss, soll hier nicht Gegenstand sein. Dafür gibt es ausreichend Literatur. Wir wollen aber bei jeder Katze und jedem Hund, die oder der an Diabetes leidet, versuchen, vom Insulin wegzukommen oder wenigstens mit einer geringeren Dosis an Insulin auszukommen. Sich einfach mit der Mitteilung abzufinden: Ihr Hund oder Ihre Katze ist Diabetiker und muss lebenslang seine Insulinspritzen bekommen, ist sicherlich nicht der Weisheit letzter Schluss.

Diabetes kann auch durch Impfungen oder die Gabe anderer chemischer Medikamente ausgelöst werden!

Behandlung:

- Vitalpilze: Coprinus und Maitake
- Heidelbeerblättertee wirkt blutzuckersenkend, ebenso Ginkgobiloba-Extrakt, Holunderblüten, Brennnessel, Brunnenkresse
- Salbeitee wirkt direkt auf die sezernierenden Zonen der Bauchspeicheldrüse
- homöopathisch: Syzygium jambolanum D4, eventuell ein Pankreas-Organpräparat von Heel, Citrokehl (Sanum)
- aktiver Zellschutz durch die Gabe hochwertiger Öle und Antioxidantien
- viel Bewegung

KAPITEL 12

Blasen- und Nierenerkrankungen

Wenn das Wasserlassen zur Qual wird

Chronische Erkrankungen der unteren harnableitenden Organe (FLUTD: Feline Lower Urinary Tract Disease heißt der schulmedizinische Ausdruck dieser Erkrankung bei der Katze) sowie Erkrankungen der Niere sind bei Katzen immer häufiger auftretende Krankheitsbilder in den tierärztlichen Praxen. Circa 30 Prozent der Krankengeschichten von Katzen, die ich per E-Mail bekomme, betreffen solche Beschwerden. Die Wissenschaft ist sich noch nicht ganz sicher, wie sich diese Krankheit bei Katzen entwickelt. Es wird davon ausgegangen, dass zuerst eine Blasenentzündung vorliegt, die aus einem Zusammenspiel von Nervenimpulsen und einer Schädigung der GAG-Schicht (GAG-Schicht: Glycos-Amin-Glykane) entsteht, welche die Wände der Blase und der harnableitenden Wege auskleidet. Werden durch verschiedene Impulse wie Stress, stark konzentrierten Urin oder Steine die Nerven stimuliert, werden über das Gehirn Neurotransmitter freigesetzt, die in der Blase Entzündung und Schmerz auslösen. Die GAG-Schicht wird geschädigt, es lösen sich Proteinteilchen von der Blasenwand, die wiederum zur Obstruktion beitragen können. Diese Blasenentzündung wird als idiopathisch (Feline Idiopathische Cystitis) bezeichnet, das heißt, man kennt die Ursachen nicht.

Was war zuerst da? Das Huhn oder das Ei? Zuerst entstehen die Kristallbildungen, welche die Blasenwand schädigen und so zu dem weiteren Krankheitsverlauf beitragen. Und diese Kristallbildung ist sicherlich die Hauptursache der so häufig auftretenden Blasenentzündungen, die sich dann natürlich durch Stress und die damit verbundenen oben erwähnten Veränderungen der Blasenwandauskleidung noch verstärken können. Schulmedizinisch werden hier in Ermangelung anderer Therapiemöglichkeiten immer Antibiotika verschrieben, obwohl diese Entzündungen meist nicht bakteriellen Ursprungs sind. Das ist auch der Grund, warum die meisten dieser Blasenentzündungen nicht einmal kurzfristig auf Antibiotika ansprechen. Wir erreichen hier nur, dass die Schleimhäute in ihrer bakteriellen Zusammensetzung gestört werden und damit sogar anfälliger für Infektionen werden. Die Verabreichung von Antibiotika, gerade im Anfangsstadium dieser Erkrankung, ist demnach nicht sehr sinnvoll.

Diese Blasenentzündungen sind ein Beispiel dafür, wie in der Schulmedizin nach auslösenden Keimen gesucht wird und andere mögliche Ursachen erst gar nicht in Betracht gezogen werden. Es muss ein »Schuldiger« gefunden werden. Auch Viren hatte man schon in Verdacht … Vielleicht findet irgendein Forscher ein Genbruchstück eines Virus und entwickelt einen Impfstoff dagegen. Ein sicher sehr lukratives Geschäft, es gibt ja auch eine sehr hohe Anzahl dieser Blasenerkrankungen bei Katzen.

Der folgende Fall des Katers Oskar zeigt, wie schwer es aber sein kann, Katzen mit solchen Erkrankungen zu behandeln. Ich habe hier ganz bewusst einen »schwierigen Fall« gewählt, der aber keinesfalls selten vorkommt.

Perserkater Oskar, 13 Jahre, kastriert, kämpft schon seit seinem ersten Lebensjahr mit immer wiederkehrenden Struvitsteinbildungen und damit verbundenen Blasenentzündungen. Perserkatzen sind sicherlich genetisch bedingt besonders anfällig für diese Erkrankung. Ich kenne Oskar seit Beginn seiner Beschwerden. Circa einmal jährlich bekommt er einen Schub. Oskars Frauchen kennt die ersten Anzeichen und weiß mittlerweile, wie sie zu reagieren hat. Damit kann sie auch immer das Schlimmste, einen Harnröhrenverschluss, verhindern. Oskar zeigt seine Beschwerden sofort an, indem er häufiger sein Katzenklo aufsucht, längere Zeit als üblich darauf sitzen bleibt und beim Urinieren Schmerzlaute von sich gibt. Seit 12 Jahren wiederholt sich das in regelmäßigen Abständen.

Wir haben fütterungstechnisch alles probiert. Oskar verweigert jedes Frischfutter. Ohne Trockenfutter verhungert er lieber. Sein Frauchen hat so ziemlich alles versucht, um ihn umzugewöhnen. Letztendlich hat sie kapituliert und weicht ihm sein Trockenfutter etwas ein, damit er wenigstens genug Flüssigkeit aufnimmt. Kurmäßig bekommt er regelmäßig sein Blasenpulver sowie seine homöopathischen Globuli. Sobald wieder Beschwerden auftreten: Sanumtherapie und Cranberrykapseln.

Oskar lässt sich Gott sei Dank auch alles brav eingeben, dadurch haben wir die Krankheit ganz gut im Griff. Trotzdem ist es außerordentlich unbefriedigend, wenn sein Frauchen mit Oskar mit immer wieder dem gleichen Problem einmal jährlich in meiner Praxis steht.

Auffällig bei Oskar ist das Akutwerden seiner Beschwerden, wenn er Stress hat. Aufgrund der beruflichen Situation seines Frauchens (Außendienst, viel unterwegs) leidet er sehr unter der längeren Abwesenheit seiner Bezugsperson. Fast immer zur gleichen Zeit im oder gegen Ende des Frühjahrs (Frauchen ist im Frühjahr besonders viel unterwegs) kommt es zum Rückfall. Auch Stress kann also, wie oben schon erwähnt, dazu beitragen, dieses Krankheitsbild immer wieder auszulösen. Wir haben versucht, mit homöopathischen Mitteln und mit Bachblüten diesen psychischen Stress bei Oskar zu lindern, einen durchschlagenden Erfolg konnten wir leider nicht verzeichnen.

> Oskar gehört zu den Katzenpatienten, die sich konsequent jeder Futterumstellung widersetzen, auf die Therapien nur zeitweise ansprechen und einfach nicht völlig gesund werden wollen. Die akute Situation bekommen wir aber immer wieder in den Griff (ohne Antibiotika). Das hält dann auch meist ein Jahr lang an, bis im nächsten Jahr sein Frauchen wieder auf Achse geht. Dann beginnt alles wieder von vorn.
> Bisher haben wir eine Schädigung der Nieren verhindern können, Oskar wird dahingehend regelmäßig überprüft. Oft folgt auf eine immer wiederkehrende Blasenerkrankung eine Beteiligung der Nieren, weswegen die Katzen dann meist infolge eines Nierenversagens eingeschläfert werden müssen.

Trockenfutter ist natürlich das ungeeignetste Futter, gerade für so einen anfälligen Kater. Ohne das Trockenfutter hätten wir die Rückfälle vielleicht vermeiden können. Katzen trinken meist zu wenig, es kommt zur Konzentrierung des Harnes in der Blase und damit zu pH-Verschiebungen. Grieß-und Steinbildungen werden gefördert.

Der pH-Wert im Urin einer gesunden Katze sollte nüchtern zwischen 6,2 und 6,8 liegen. Liegt er darüber, kann es zu Struvitsteinen (Ammonium, Magnesium und Phosphat) kommen, liegt er darunter, können Oxalatsteine (Kalziumoxalat) auftreten. Bei Struvitsteinen ist der Urin zu alkalisch und muss angesäuert werden, bei Oxalatsteinen ist er zu sauer und muss neutralisiert werden.

Das dürfen Sie bei Blasensteinen nicht geben (gilt für Hund und Katze):

- kein Spirulina, keine Bierhefe (Magnesium erhöht die Bereitschaft für Oxalatsteine)
- keine Kleie: kann ebenfalls zu einer erhöhten Oxalsäurekonzentration im Urin führen
- kein Fertigfutter, soweit möglich (Trockenfutter ist ganz schlecht), kein Getreide

- ansäuernde Pasten nur im Notfall, auf keinen Fall dauerhaft
- keine künstlichen Kalziumprodukte, vor allem kein Kalziumkarbonat
- Futtermittel: Oxalathaltig sind Rote Beete, Spinat, Mangold, Nüsse, Weizenkleie

Wie können wir vorhandenen Blasengrieß beziehungsweise Blasensteine behandeln?

- Sanumtherapie: Citrokehl als Ampulle (besser) oder als Tabletten, abwechseln mit Ampulle Ubichinon, eine Woche lang im täglichen Wechsel, Sankombi.
- Cranberrykapseln, Basis-Uro-Mischung: (siehe Kapitel 8: *Die Therapien – Gegen fast alles ist ein Kraut gewachsen*) in Kapseln.
- Natürliche Antibiotika: kolloidales Silber, EM-Lösung Homöopathisch: Rubia tinctorum D1, Berberis D4 und Cantharis D6 (alle drei zusammen wirken als homöopathischer Katheter)

So können Sie die Auflösung des Blasengrießes/der Steine unterstützen:
Die Auflösung von Steinen ist bei Struvitsteinen sehr gut, bei Oxalatsteinen nur bedingt möglich. Größere Steine müssen hier meist operativ entfernt werden. Wichtig ist die Aufnahme von viel Flüssigkeit.

- zur Auflösung von Struvitsteinen eignen sich chinesische Kräuter
- Schüßlersalze Nr. 2 und Nr. 9
- Labkrauttee, Stiefmütterchenkrauttee, Kanadischer Hanf, Brennnesseltee zur Unterstützung des Stoffwechsels

Kristallbildungen und Blasensteine sind Ausdruck einer generellen Stoffwechselüberlastung und damit ein hausgemachtes Problem. Viele durch diese Stoffwechselstörungen bedingte Kristallbildungen werden von Schulmedizinern als primäre Blasenentzündungen mit Antibiotika sowie Diätfuttermittel behandelt. Das Diätfuttermittel kann zwar die Bildung von Blasengrieß kurzfristig einschränken, aber auf Dauer nur selten verhindern. Gerade bei harnansäuernden Diätfuttern kommt es wie bei allen gängigen Diätfuttermitteln aufgrund der minderwertigen Inhaltsstoffe zur enormen weiteren Belastung des Stoffwechsels (Leber, Niere). Diätfuttermittel sind deshalb auch hier strikt abzulehnen. Manche Tierärzte empfehlen, harnansäuernde Futtermittel nur als »Kur« zu geben. Das spricht eigentlich für sich.

Die Ansäuerung des Harnes können wir einfacher und billiger und – für die Katze und auch den Hund – gesünder erreichen. Dafür ist kein teures, nur weitere Probleme verursachendes Diätfutter notwendig.

Tierärzte spritzen in immer kürzer werdenden Abständen Antibiotika, meist werden zusätzlich noch harnansäuernde Mittel wie Methioninpasten verabreicht. Der Urin kann dann aber leicht wieder zu sauer werden. Ein Teufelskreis. Im Folgenden eine E-Mail einer Katzenbesitzerin, deren Kater die gesamte »übliche Prozedur« mitmachen musste.

Meinem Kater Obelix geht es den Umständen entsprechend sehr gut. Er bekommt jetzt seit anderthalb Jahren ein Diätfutter gegen Harnsteine, einmal im Monat für 10 Tage Antibiotika, täglich 1 kleine Dosis Kortison. Er hat seitdem keine Beschwerden mehr und kommt mit seinem künstlichen Blasenausgang (Penisamputation), den er seit einem Jahr hat, gut zurecht. Nach mehreren Operationen mussten wir das durchführen lassen. Die wöchentlich durchgeführte Harnuntersuchung hat bisher nur wenig oder gar keine Kristallbildungen ergeben.

Ich finde, das ist ein zu hoher Preis. Und es geht auch anders.

Schulmedizinisch behandelte Kater enden dann oft so: Letztendlich muss nach mehrmaliger Katheterisieren der Blase doch operiert werden. Es haben sich so große Steine gebildet, die von alleine nicht mehr durch die enge Harnröhre hindurchrutschen können. Meist muss sogar mehrmals operiert werden. Spätestens nach der dritten Operation haben sich in der Blasenwand Narben gebildet, die eine weitere Operation unmöglich machen. Letztendlich muss der Penis plus Penisknochen amputiert werden, damit der grießhaltige Urin die enge Harnröhre nicht mehr passieren muss und direkt nach draußen gelangen kann. So wie bei Obelix.

Penisamputationen, die wir nun wirklich vermeiden wollen, gehen nicht immer komplikationslos über die Bühne. Es können Inkontinenz, Zuwachsen der Öffnung sowie vermehrte Infektionen auftreten, die die erneute Grießbildung beschleunigen. Das alles wollen wir unseren Katern und natürlich auch unseren Hunden, bei denen das aber bei Weitem nicht so häufig vorkommt, ersparen.

Die Fütterung der blasenkranken Katze

Wenn sich schwer auf Rohfleisch umzustellende Katzen doch erbarmen, rohes Fleisch zu fressen, haben wir schon gewonnen. Fleisch säuert den Harn auf natürliche Weise an, und der pH-Wert bleibt im physiologischen Bereich. Natriumreiches Mineralwasser anbieten, wenn das nicht getrunken wird, versuchen, etwas einzugeben. Dazu circa 10 Prozent der Ration Ballaststoffe (geraspelte Karotten et cetera) und etwas Eierschalenpulver.

Oxalatsteinbildung: Hierbei ist der Harn zu sauer. Wir füttern ebenfalls rohes Fleisch und geben bis zur Normalisierung des pH-Wertes basische Lebensmittel (oxalsäurefreies Gemüse) zu etwa der Hälfte der Gesamtration. Zusätzlich allgemeine Entsäuerung des Gesamtorganismus mittels Sanumtherapie. Alles andere wie bei der Struvitsteinbildung.

Blasensteine beim Hund

Beim Hund kennen wir Struvit-, Oxalat-, Zystin-, Kalziumphosphat-, Ammoniumurat sowie die ganz seltenen Silikatsteine. Auf die Entstehung der einzelnen Steinarten möchte ich hier nicht näher eingehen. Wichtig ist, dass nicht nur das Symptom »Blasensteine« behandelt wird, sondern die Neubildung verhindert wird. Dazu sollte neben Basissanierung, Entgiftung, Entsäuerung versucht werden, den Gesamtstoffwechsel umzustellen. Wie bei der Katze können auch hier zusätzlich die oben genannten Maßnahmen durchgeführt werden.

Vorbeugen ist das Wichtigste. Wenn Sie vom ersten Tage an Ihre Katze oder Ihren Hund natürlich füttern und das Tier von allen industriell verarbeiteten Futtermitteln fernhalten, können Sie die Entstehung solcher Erkrankungen verhindern.

Leider funktioniert das bei gewissen Rassen mit genetisch bedingten Stoffwechselstörungen nicht oder nur teilweise. Harnsäuresteine kommen insbesondere beim Dalmatiner, aber auch bei Bulldoggen und weiteren Rassen vor. Hier muss purinarm (vor allem keine Innereien) gefüttert werden. Auch müssen sowohl die Fütterung als auch die begleitende Therapie an diese Stoffwechselbesonderheit angepasst werden.

Nierenerkrankungen

Viele Katzen sterben an Nierenversagen, da die Nieren eine Schwachstelle im Organismus der Katze sind. Früher, damit meine ich vor circa 20, 30 Jahren, litten Katzen zwar auch an Nierenbeschwerden, aber erst in viel höherem Alter als heute. Mittlerweile tritt diese Erkrankung bei immer jüngeren Katzen auf, manchmal schon im Alter von 3 bis 4 Jahren oder sogar noch früher. Dass dieses Phänomen mit dem Fehlmanagement in der Ernährung und der Haltung in Verbindung zu bringen ist, ist für die meisten Tierärzte nicht von Bedeutung. Anstatt Ursachen aufzudecken, wird mithilfe untauglicher Mittel (Diätfutter, Antibiotika, Blutdrucksenker, Flüssigkeitsinfusionen) versucht, die Krankheit zu behandeln. Vor allem das »Nierendiätfutter« für Katzen stellt eigentlich eine Frechheit dar, wenn man sich die Inhaltsstoffe dieses Futters ansieht: **Fleisch und tierische Nebenerzeugnisse (Schwein, 4 Prozent Huhn).** Normalerweise protestieren nicht nur Tierbesitzer, sondern auch Tierärzte, wenn von Schweinefleisch in der Fütterung von Hund und Katze geredet wird. Jeder lehnt die Verwendung von Schweinefleisch kategorisch ab, im Diätfutter aber wird es anscheinend problemlos geduldet. Die für Hund und Katze so gefährlichen Aujeskyviren werden durch Kochen zwar vernichtet, es herrscht aber generell eine allgemeine Abneigung gegenüber der Fütterung von Schweinefleisch. Dass dieses Diätfutter trotzdem so gut verkauft wird, zeigt, dass anscheinend weder Patientenbesitzer noch Tierärzte die Deklaration lesen. In diesem Futter ist auch **Getreide enthalten,** das für nierenkranke Katzen völlig ungeeignet ist, zudem steht nicht dabei, wie viel und welche Art von Getreide enthalten ist.

- **Öle und Fette**: Was für Öle und Fette? Wenn nicht näher definiert, sind das alte Frittierfette und Öle aus der Altölverwertung.
- **Pflanzliche Nebenerzeugnisse**: Das sind Abfallprodukte aus der Getreideverarbeitung und völlig wertlos.
- **Eier und Eierzeugnisse**: Abfallprodukte aus der Eierverwertung, meist Schalen.
- **Mineralstoffe, Zucker:** Zucker wird als Geschmacksstoff verwendet und hat weder in Katzen- noch in Hundefutter etwas zu suchen. Die Zusammensetzung der zugesetzten Mineralstoffe kann noch so optimal sein, das Futter wird deswegen nicht besser. Auch die Zugabe der zahlreichen künstlichen Zusatzstoffe macht das Futter nicht hochwertiger, sondern bestätigt nur die Minderwertigkeit der verwendeten Rohstoffe.

Natürlich gibt es auch nicht ernährungsbedingte Nierenerkrankungen wie beispielsweise das Auftreten von Nierenzysten bei der Katze, die bei manchen fehlgezüchteten Rassen genetisch bedingt sind.

Beim Hund kann es ebenfalls Probleme mit der Niere geben. Auf die Ursachen werde ich weiter unten eingehen, vorerst noch etwas zur tierärztlichen Diagnostik:

Hallo, Frau Dr. Ziegler! Seit ungefähr einem Jahr füttere ich meinen 4-jährigen Rottweilermischling Nikko roh. Vor einigen Tagen habe ich ein Blutbild machen lassen, um festzustellen, ob der Hund gesund ist. Nikko hat aber nun einen schlechten Kreatininwert, der ist zu hoch. Mein Hund zeigt sich aber bei bester Gesundheit. Mein Tierarzt rät, ich soll wieder auf Trockenfutter umstellen und Nierenmedikamente geben. Mein Hund habe jetzt schon einen beachtlichen Nierenschaden. Zu einem Drittel sei die Niere schon zerstört. Ich bin total verunsichert. Wenn Rohfütterung gesünder ist, warum hat der Hund dann einen schlechten Kreatininwert (136,9 Mikromol pro Liter)?
Grüße, K. T.

Abgesehen davon, dass mit Rohfleisch ernährte Hunde und Katzen andere Kreatininwerte aufweisen als Tiere, die mit Industriefutter ernährt werden, stellt der Kreatininwert nur einen sehr groben, unsensitiven Nierenparameter dar und ist nicht zur Frühdiagnostik geeignet. Fatale frühdiagnostische Fehleinschätzungen können wie in unserem Fall bei Nikko die Folge sein.

Kreatinin ist ein physiologisches Endprodukt des Muskelstoffwechsels und wird über die Nieren ausgeschieden. Erhöhte Werte gibt es erst dann, wenn mindestens zwei Drittel der Nierenfunktion ausgefallen sind. Schon die einzelnen Referenzwerte der verschiedenen Labors weichen (nicht nur geringfügig) voneinander ab (tiefster Referenzwert war 106 Mikromol pro Liter, der höchste 130 Mikromol pro Liter beim Hund).

Der Wert ist abhängig von der Muskelmasse des betreffenden Hundes und kann demnach bei großen, muskulösen Hunden zu fälschlich erhöhten Ergebnissen führen. Kleinhunde haben signifikant niedrigere Referenzwerte als große Hunde. Man kann nach der groben Faustregel 100 Mikromol pro Liter plus Körpergewicht (Kilogramm) vorgehen, erst darüber sind die Werte verdächtig.

Zur weiteren Abklärung können nur weitere spezifische Tests (Insulin-Ausscheidungstest, Cystatin C im Serum et cetera) Auskunft darüber geben, ob wirklich eine eingeschränkte Nierenfunktion gegeben ist.

Um einen aussagekräftigen Kreatininwert zu erhalten, sollte ein Hund bei der Blutabnahme mindestens 12 bis 18 Stunden nüchtern sein, und die Beurteilung des Kreatininwertes sollte abhängig gemacht werden von Größe und Muskelmasse des Hundes.

Nikkos Gewicht beträgt über 40 Kilogramm, zusätzlich war er bei der Blutabnahme nicht nüchtern. Sein Kreatininwert ist demnach völlig normal. Hier werden aus »Unwissenheit« Hunde zu Patienten gemacht, dann wird medikamentös eingeschritten und den Tierbesitzern Nierendiätfuttermittel eingeredet. Besonders gerne beschuldigen Tierärzte auch »barfende Tierbesitzer« der Fehlernährung ihres Tieres, da diese Fütterungsart so gar nicht in das Weltbild eines »normalen« Tierarztes passt. Manche Tierärzte gehen sogar so weit, die Hundebesitzer als »Tierquäler« abzustempeln. Ich habe da in den letzten Jahren Erstaunliches zu hören bekommen. Ich kann es mir gut vorstellen, in welche Gewissenskonflikte manche Leute gebracht werden, wenn sie solchen Tierärzten begegnen. Viele Tierbesitzer beweisen hier aber Durchsetzungskraft und lassen sich nicht alles auf die Nase binden.

Bei Katzen ist der Kreatininwert weit aussagekräftiger als beim Hund. Aber auch bei der Katze sollten noch zusätzliche Untersuchungen durchgeführt werden (UPC = Protein-Kreatinin-Verhältnis im Harn), um eine exakte Diagnose zu bekommen.

Chronisches Nierenversagen ist gerade bei der Katze ein großes Thema. Statistisch tritt die chronische Niereninsuffizienz bei 50 Prozent aller Katzen auf, die 7 Jahre oder älter sind. 30 Prozent aller Katzen über 9 Jahre zeigen erhöhte Blutwerte. Meiner Erfahrung nach sind es aber noch viel mehr.

Schulmedizinisch betrachtet, sind die Ursachen bei Hund und Katze vielfältig (beachten Sie bitte die Reihung): Infektionen, Vergiftungen, Autoimmunerkrankungen, Schwermetalle und Medikamente. Ernährungsfehler werden nicht einmal erwähnt.

Die am häufigsten vorkommende chronische Niereninsuffizienz bei der Katze wird in der Schulmedizin als »idiopathisch« abgestempelt. Natürlich ist die Niere bei der Katze ein Schwachpunkt, denn dieses Organ reagiert bei der Katze als Erstes, wenn Stoffwechselstörungen auftreten. Dass aber Katzen in immer jüngerem Alter an chronischen Nierenerkrankungen leiden und mitunter mit 4 Jahren oder noch jünger schon Dauerpatienten in Tierarztpraxen werden, kann nicht einfach als »Schicksal« hingenommen werden. Meiner Erfahrung nach sind folgende Ursachen in der angeführten Reihenfolge vorrangig (das gilt nicht nur für die Katze, sondern auch für den Hund):

1. Ernährungsfehler (zu viel Getreide im Futter/Trockenfutter), minderwertiges und zu wenig gut verstoffwechselbares Eiweiß im Trockenfutter und auch in den meisten Feuchtfuttersorten. Dazu zählen auch die vielfältigen Zusatzstoffe wie Konservierungsstoffe oder Geschmacksverstärker im Futter, die sich sehr wohl negativ auf das Stoffwechselgeschehen auswirken können.
2. Medikamente, vor allem nichtsteroidale Entzündungshemmer (Metacam, Rimadyl et cetera), Antibiotika, vor allem Doxorubicin (verwendet bei Reisekrankheiten und Borreliose), Allopurinol (verwendet bei Leishmaniose). Auch Impfungen!
3. Schwermetallbelastungen (Cadmium, Blei, Quecksilber, Aluminium et cetera)
4. Infektionen, Vergiftungen
5. Tumore und Autoimmunerkrankungen

Folgen sind eine Schädigung der Nierenzellmembranen, wodurch die Versorgung der Nierenzelle mit Nährstoffen gestört wird. Auch Schäden an den Blutgefäßen, die ebenfalls eine Unterversorgung der Zellen mit Nährstoffen und Sauerstoff mit sich bringen, treten auf. Sind diese Belastungen permanent, kapitulieren die Zellen irgendwann und gehen zugrunde.

Die ersten Anzeichen für eine Nierenerkrankung, die ein Hunde- beziehungsweise Katzenbesitzer an seinem Tier erkennt, sind vermehrter Durst, häufigere Ausscheidung eines hellen Harns, eventuell Appetitlosigkeit, Müdigkeit, manchmal auch Erbrechen und Durchfall.

Wie sehen die Ernährung sowie die Therapie einer nierenkranken Katze aus?

Neben rohem weißen Fleisch (Geflügel oder Kalb) gebe ich vor allem bei schweren Fällen, um die Nieren in ihrer Arbeit zu entlasten, zusätzlich Eiweiß in Form von Aminosäurenpresslingen. Diese können zum überwiegenden Teil sofort in den Zellstoffwechsel eingeschleust werden und dienen dort dem Aufbau neuer Zellstrukturen. Nur zu einem Bruchteil werden diese Presslinge über die Nieren verstoffwechselt und belasten diese damit viel weniger als das Eiweiß im Fleisch.

Die Reduktion des Proteinanteiles durch alleinige Verminderung des Fleischanteils in der Ration geht bei der Katze auf Dauer nicht gut. Da die Katze ein reiner Fleischfresser und auf die Traubenzuckerbildung aus Aminosäuren als wichtigste Energiequelle angewiesen ist, führt eine Reduzierung der Fleischmenge zu einer katabolen Stoffwechsellage, das heißt, es wird Muskulatur abgebaut. Deswegen versuchen wir, die reduzierte Fleischmenge durch die Gabe der Aminosäurenpresslinge zu ersetzen. So reduzieren wir auch die Phosphorbelastung. Wie lange und wie viele Presslinge gegeben werden müssen, richtet sich nach dem Zustand des jeweiligen Patienten.

Die Fütterung und Behandlung der nierenkranken Katze

Wenn möglich, für drei bis vier Wochen 50 Prozent der Ration weißes Fleisch und rohe Eier (zwei- bis dreimal pro Woche), 50 Prozent Gemüse, Hirse oder Buchweizen, soweit die Katze das toleriert. Dazu täglich 1 bis 2 Aminosäurenpresslinge, im Mörser zerstampft. Nach dieser Zeit diese reduzieren und auf 90 Prozent Fleisch, Eier, eventuell Hüttenkäse (wird sehr gerne aufgenommen) in der Ration hinaufgehen. Die restlichen 10 Prozent wie oben. Wichtig ist, dass das Fleisch aus Biobetrieben stammt. Keine Knochen und auch kein Knochenmehl geben, der hier der Phosphorgehalt zu hoch ist.

Die Presslinge sind geschmacksneutral und werden in der Regel von der Katze gerne genommen.

An Medikamenten geben wir:

- Darmsanierung, Entgiftung: muss individuell angepasst werden, sollte aber IMMER durchgeführt werden
- Zellschutz: Antioxidantien in Kapselform
- Krillöl (Omega-3-Fettsäuren)
- Sanumtherapie: muss ebenfalls individuell angepasst werden, Mucokehl gebe ich fast immer,
- Homöopathie: Renes-viscum-Ampullen, Solidago D4, Berberis D4, Cantharis D6, Ferrum Phosphoricum D12
- zusätzlich Nierentee: Goldrute, Brennnessel, Süßholz, Birkenblätter, Pfennigkraut oder als Pulver
- Basis-Uro-Kräutermischung in Kapseln

Von den schulmedizinisch verwendeten Blutdrucksenkern zur Nierenentlastung halte ich aufgrund der Nebenwirkungen wenig, zudem verwende ich auch keine chemischen Phosphorbinder, da es hier sehr schnell zu einem Missverhältnis von Kalzium und

Phosphor kommen kann. In diesem Zusammenhang ist auch die Achse Nebenschilddrüse-Niere zu beachten. In sehr vielen Fällen (84 Prozent) kommt es bei einer chronischen Niereninsuffizienz zu einer Nebenschilddrüsenüberfunktion (sekundärem Hyperparathyreoidismus). Durch den hohen Phosphatgehalt im Blut kommt es zu einem Abfall des Kalziumspiegels, und es wird vermehrt Parathormon aus der Nebenschilddrüse freigesetzt. Die Überstimulierung der Nebenschilddrüse erhält die Freisetzung des Parathormons aufrecht und bewirkt eine verstärkte Freisetzung von Kalzium und Phosphor aus den Knochen. Letztendlich führt das zur Verkalkung der Organe (vor allem Gefäße und Nieren).

Die Niere kann nicht als isoliertes Organ gesehen werden. Sie ist neben der Regulation des Wasser-, Elektrolyt- und Säure-Basen-Haushaltes vor allem für die Ausscheidung harnpflichtiger Substanzen zuständig.

Wir sollten versuchen, mögliche Ursachen abzustellen und vor allem die Fütterung anzupassen. Das bedeutet: Verzicht auf jegliches Trockenfutter. Wenn rohes Fleisch völlig verweigert wird, kann man auf hochwertiges Nassfutter (Vorsicht, Zusatzstoffe, es gibt nur wenige Nassfutter mit hohem Fleischanteil und ohne Zusatzstoffe!) ausweichen. Beim Hund gehe ich diesen Kompromiss NICHT ein, nierenkranke Hunde müssen auf JEDES Fertigfutter verzichten.

Darmsanierung, Entgiftung und Entsäuerung sind wie bei allen chronischen Erkrankungen Pflicht. Sollte der Verdacht einer Infektion vorliegen, können natürliche Antibiotika verwendet werden.

Bei Katzen mit Niereninsuffizienz kann man das Fortschreiten des Krankheitsprozesses hinausschieben, eine Heilung gibt es nur sehr selten, vor allem weil die Schädigung der Nierenzellen meist schon weit fortgeschritten ist, bevor sie erkannt wird. Hier heißt es also, präventiv zu agieren und durch artgerechte Fütterung, Qualität des Wassers sowie Vermeidung chemischer Medikamente und Impfungen der Krankheit erst gar keine Chance zu geben.

Die Ernährung und Behandlung des nierenkranken Hundes

- Keine Knochen, kein Knochenmehl, keine Milchprodukte, keine Leber (Phosphorgehalt zu hoch).
- 50 Prozent weißes rohes Fleisch plus 50 Prozent Gemüse, Buchweizen, Quinoa, Amaranth, Hirse. Das Fleisch kann ruhig fett sein, man kann auch 1 Löffel Schmalz hinzufügen, einmal pro Woche 1 rohes Ei, Eierschalenpulver.
- Aminosäurenpresslinge. Die Menge richtet sich nach Zustand des Patienten. Der Fleischanteil kann dann dementsprechend noch verringert verringert werden.

Die Behandlung stützt sich im Wesentlichen neben der Ausschaltung der Ursachen durch eine Ernährungsumstellung auf einen aktiven Zellschutz. IMMER: Grundsanierung mit Darmbakterien, Entgiftung, Entsäuerung.

- Aktiver Zellschutz: Antioxidantien
- Krillöl: täglich 2 bis 4 Kapseln (Omega-3-Fettsäuren sowie Astaxanthin als starkes Antioxidans)
- Mineralstoffmischung Basic: natürliche Mineralstoffmischung
- Ergänzung mit natürlichen Vitaminen wie Hagebuttenpulver (Vitamin C), Bierhefe (Vitamin B)
- Vitalpilzmischung aus verschiedenen Vitalpilzen.
- Homöopathie: Renes-viscum-Ampullen, Solidago D4, Lespedezia sieboldi D4, Berberis D4, da gibt es einige Mittel, die individuell auf den Patienten abgestimmt werden müssen
- Kräutertee: Brennnessel, Goldrute, Hauhechel
- Basis-Uro-Kräutermischung in Kapseln

Wichtig ist es, nicht einfach die Gesamtmenge von Proteinen einzuschränken, wie es immer empfohlen wird, denn gerade ein kranker Organismus benötigt hochwertiges Eiweiß für die Zellerneuerung. Hier muss abgewogen werden, wie viel Eiweiß man durch Aminosäurenpresslinge ersetzen kann und wie viel Eiweiß in Form von Fleisch und Eiern zugeführt werden darf.

KAPITEL 13

Wenn die Pumpe versagt

Herz, Kreislauf und Lunge

Herzerkrankungen bei Hund und Katze werden gern als Schicksal angesehen. Abgesehen aber von einigen angeborenen Herzerkrankungen kann man durch entsprechende Maßnahmen auch bei genetisch vorbelasteten Hunden sehr wohl eine Herzerkrankung verhindern oder den Zeitpunkt der Erkrankung hinausschieben.

Herzerkrankungen sind vielfach hausgemacht. Sie können durch Nährstoffmängel entstehen. Zu wenig hochwertige und zu viel minderwertige Proteine, die nicht korrekt abgebaut werden können und sich als Schlacken in den Wänden der Blutgefäße ablagern, sind eine wichtige Ursache. Ein Mangel an Taurin oder Carnitin (Aminosäuren) sowie ein Mangel an essenziellen Fettsäuren zum Schutz der Herzmuskelzellen sowie der Gefäßwände sind ebenfalls ausschlaggebend. Außerdem können auch durch Umweltgifte, Futtermittelzusatzstoffe, Medikamente und Toxine die Mitochondrien (Zellkraftwerke) geschädigt werden. Hier ist die Zellatmung gestört, die Zelle wird nicht mehr mit genügend Energie versorgt. Diese Zellen stellen dann ihren Energiestoffwechsel auf einen Gärungsstoffwechsel um, bei dem Säuren und freie Radikale entstehen, die nur schlecht abgebaut werden können. Diese Säuren führen beim Menschen zu Müdigkeit und Konzentrationsschwäche sowie bei Mensch und Tier zu allgemeinen Schmerzzuständen und zu Zellschäden der Zellen der inneren Organe, vor allem aber auch an denen des Herzens. Es sind also einige Faktoren, die für sich genommen oder gemeinsam die Schädigung von Herz und Gefäßen verursachen können.

Die Schulmedizin therapiert Herzerkrankungen wie die beim Hund am häufigsten vorkommende Mitralklappeninsuffizienz (Klappe zwischen linker Haupt- und Vorkammer) in der Regel mit gefäßerweiternden Mitteln (ACE-Hemmer wie Vasotop, Enacard, Imidapril, Fortekor). Hier wird durch die Hemmung des Angiotensin II die Verengung der Blutgefäße gestoppt und damit eine Senkung des Blutdruckes bewirkt. Dadurch kann das Herz das anfallende Blutvolumen besser durch die erweiterten Gefäße pumpen und wird entlastet. 10 Prozent aller 5- bis 8-jährigen Hunde, 26 Prozent aller 9- bis 12-jährigen Hunde sowie 34 Prozent aller über 13-jährigen Hunde sind betroffen. Je kleiner die Hunderasse ist, desto anfälliger ist sie. Große Hunde wie Doggen, Dobermänner und Irische Wolfshunde leiden eher an einer Dilatativen Cardiomyopathie (DCM), einer Erkrankung des Herzmuskels.

Herzuntersuchungen werden immer komplizierter. Genügte früher ein einfaches Abhören, um eine Mitralklappeninsuffizienz festzustellen, werden in Tierkliniken vor allem Röntgen, Ultraschall und oft auch noch ein zusätzliches EKG (Elektrokardiogramm) eingesetzt. Am lukrativsten ist natürlich, gleich alle drei Untersuchungen durchzuführen. Die Therapie bleibt jedoch immer die Gleiche, egal, wie aufwendig die durchgeführten Untersuchungen sind. Nur dass die Untersuchung dann »professioneller« erscheint als einfaches »Abhören«. Geräte müssen aber ausgelastet werden, und so werden auch einfache, leicht nur durch »Abhören« zu diagnostizierende Routinefälle durch alle nur möglichen vorhandenen Geräte geschleust. Das mag in einigen seltenen unklaren Fällen notwendig sein, für die einfache Diagnose eines »Altersherzens« benötigen wir diese Untersuchungen nicht.

Die schulmedizinische Behandlung beschränkt sich fast ausschließlich auf die Verschreibung von ACE-Hemmern sowie Entwässerungsmitteln. Im fortgeschrittenen Stadium wird eventuell noch ein Digitalisglycosid dazugegeben, um die Kontraktion des Herzmuskels zu verbessern.

Mittlerweile werden aber schon Hunden, die keinerlei klinische Symptome einer Herzerkrankung zeigen, prophylaktisch ACE-Hemmer eingesetzt. Da genügt eine diagnostizierte Veränderung im Herzultraschall. Manches Mal werden diese Untersuchungen auch als Frühvorsorgeuntersuchung durchgeführt. Die betroffenen Tiere bekommen somit, bevor sie überhaupt irgendwelche Beschwerden wie verminderte Leistungsfähigkeit oder Husten zeigen, schon frühzeitig ihre Chemie verpasst. Hier zeigen aber sogar schulmedizinische Studien, dass dieses Vorgehen keinerlei Vorteile für den Patienten bringt. Trotzdem werden solche prophylaktischen Medikationen häufig durchgeführt.

Anstatt Ursachen zu finden und eine ganzheitliche Therapie zu beginnen, wird hier nicht einmal NUR ein Symptom behandelt, sondern sogar allein aufgrund des Ergebnisses einer Ultraschalluntersuchung medikamentös eingegriffen. Ich habe einige Fälle erlebt, bei denen bei einer zweiten Ultraschalluntersuchung in einer anderen Klinik kurze Zeit später überhaupt keine Auffälligkeiten gefunden wurden. Wenn man den Tierärzten vertraut und schon frühzeitig beginnt, seinem völlig gesunden Hund Medikamente zu geben, ist man auf dem besten Wege, seinem Tier wirklichen Schaden zuzufügen.

Liebe Frau Dr. Ziegler: Wir haben seit 2 Jahren einen jetzt 4-jährigen kastrierten King Charles Spaniel aus dem Tierheim bei uns. Micky ist ein lustiger Kerl und macht uns sehr viel Freude. Vor zwei Jahren, kurz nachdem wir Micky aus dem Tierheim geholt hatten, fing er furchtbar an zu husten. Besorgt fuhren wir in eine Tierklinik, wo Micky gründlich untersucht wurde. Es wurde

auch Blut abgenommen, wo aber nichts dabei herauskam. Bei der Ultraschalluntersuchung des Herzens stellte der Doktor eine Veränderung der Herzklappe fest und verschrieb Micky Herzmedikamente. Für den Husten bekamen wir nichts. Wir gaben die Medikamente ein paar Wochen lang, der Husten wurde nicht besser. Wir fuhren in eine andere Klinik, zwei Stunden weg von uns, die sich auf Herzerkrankungen spezialisiert hat. Dort wurde Micky wieder gründlich mit Ultraschall und EKG untersucht und keinerlei Erkrankung am Herzen festgestellt. Der dortige Doktor sagte uns, wir sollten die Herzmedikamente nicht mehr geben, und gab uns Antibiotika. Diese gaben wir 10 Tage lang, der Husten wurde aber nicht besser. Eine weitere Blutuntersuchung ergab wieder keinen Befund. Ach ja, und zweimal wurde Micky auch geröntgt. Auch hier kam nie etwas dabei heraus. Nach zwei bis drei Wochen fuhren wir wieder in diese Klinik, der Doktor meinte, es wäre wohl das falsche Antibiotikum, gab uns ein anderes und zusätzlich Kortisontabletten. Jetzt wurde der Husten das erste Mal etwas besser, wir gaben das Antibiotikum zu Ende. Wenn wir mit den Kortisontabletten aber aufhören, fängt Micky wieder mit der Husterei an. Was sollen wir tun? Wir wollen unserem Hund nicht ständig Kortisontabletten (jetzt schon vier Monate) geben. Er trinkt so viel, wirkt irgendwie dicker und hat jetzt auch immer wieder Durchfall.
Frau M. L. aus München

Behandlung:
Micky leidet an allergischer Bronchitis, bekommt Latensin, Utilins S, Recarcin, als Kur.
Dazu Zinkkomplex immer vor dem Pollenflug im Frühjahr.
Vitalpilze Agaricus und Reishi, ebenfalls immer als Kur.
Ruberkehltropfen, Schwarzkümmelöl.
Mineralstoffmischung: Basic natürliche Mineralstoffmischung.
Micky benötigt nun kein Kortison mehr, ab und zu im Frühjahr/Frühsommer während des Pollenfluges hat er wieder Hus-

ten, der sich aber mit Ruberkehl und Schwarzkümmelöl sehr gut beherrschen lässt.

Pudeldame Ricky, 13 Jahre alt: Seit einiger Zeit ist sie müde und antriebslos, sie hustet ab und zu. In der Tierklinik wird Ricky einer dreistündigen Prozedur mit Ultraschall, Röntgen sowie EKG unterzogen. Diagnose: Altersherz. Therapie: Fortekor und Furosemid. Frau P., Besitzerin von Ricky und Mindestrentnerin, lässt für diese Diagnose mehr als eine Monatsrente in der Klinik. Dazu benötigt sie noch Medikamente, die auch nicht gerade preiswert sind (28 Stück Fortekor kosten 26,- Euro).
Abgesehen davon, dass dieses »Altersherz« von Pudeldame Ricky sehr einfach und unkompliziert mittels eines Stethoskopes zu diagnostizieren gewesen wäre, somit die Untersuchungen völlig überflüssig waren, enthalten alle diese verschriebenen Medikamente Substanzen, die den Stoffwechsel belasten und auch wieder entgiftet werden müssen. Zudem sind diese Medikamente Nährstoffräuber, was von Tierärzten in der Regel völlig ignoriert wird. In den meisten Fällen kann die Gabe von ACE-Hemmern (Fortekor) sowie Entwässerungsmitteln (Furosemid) verschoben oder ganz vermieden werden. Vorbeugend sind neben einer artgerechten Ernährung die Vermeidung von chemischen Medikamenten und ausreichend Bewegung an frischer Luft für eine gesunde Funktion von Herz und Lunge von entscheidender Bedeutung. Was können wir aber tun, wenn unser Haustier plötzlich Symptome wie Müdigkeit, Schwäche, Husten zeigt und beim Tierarzt die Diagnose »Altersherz« bekommt?

Zuerst einmal nicht gleich zu ACE-Hemmern oder anderen Herzmedikamenten wie Vet-medin oder Betablockern greifen. Betablocker senken ebenfalls den Blutdruck, indem sie die körpereigenen Substanzen Adrenalin und Noradrenalin am Andocken an

Beta-1-Rezeptoren hindern. Vet-medin (Wirkstoff Pimobendan) führt zu einer besseren Kontraktilität des Herzens und damit zu einem höheren Blutausstoß des Herzens. Zudem wirkt es auch gefäßerweiternd. Auch bei Wasseransammlungen in der Lunge mit auftretendem Husten müssen nicht sofort Entwässerungstabletten (Furosemid, Lasix) gegeben werden.

Bei der Katze gibt es neben einer rassebedingten Herzerkrankung (Main-coon-Katze: Myokardiopathie) verschiedene »idiopathische« Herzerkrankungen. Das bedeutet, dass man die Ursachen nicht kennt. Die Zellen des Herzens werden hier nicht mehr richtig versorgt, es kommt zu einer Schädigung. Wenn diese geschädigten Herzzellen nicht mehr optimal arbeiten, lässt die Leistung des Herzens nach, die Organe werden nicht mehr mit genug Sauerstoff versorgt. Eine allgemeine Leistungsschwäche ist die Folge.

Hier heißt es aber, bevor einfach nur »symptomabdeckende« Medikamente gegeben werden, die Versorgung der Herzzellen zu optimieren.

Durch eine Ernährungsumstellung auf Frischkost, womit die Zufuhr von denaturiertem Eiweiß verhindert wird, ist auch die für das Herz so wichtige Versorgung mit Carnitin gewährleistet. Gerade bei herzkranken Patienten habe ich oft allein durch die Umstellung von Fertigfutter auf Frischkost eine Verbesserung der Symptomatik gesehen.

Wichtig sind auch:

- aktiver Zellschutz mittels Antioxidantien
- zusätzlich: Entgiftung (Chlorella, Spirulina, Ziegenkolostrum-Entgiftungssaft)
- Sanumtherapie: Mucokehl und Sanuvis
- Krillölkapseln
- Vitalpilz-Mix
- eventuell Mineralstoffe und Spurenelemente

- homöopathisch: Strophantus D3, Digitalis D4, Scilla maritima D3, Crataegus D1, Laurocerasus D4, Cactus D6
- Kräuter: Für den Aufbau des Herzens eignen sich Kräutermischungen aus Weißdorn, Mistel, Sanddorn, Holunder, Schwarzkümmel, Brennnessel, Echinacea, Rote Beete, Arnica
- zum Entwässern: Brennnesseltee, Vitalpilz Poyporus

Trotz Herzerkrankung sollten die betroffenen Hunde regelmäßig an der frischen Luft bewegt werden.

In fortgeschrittenen Fällen kann die Gabe von chemischen Herzmedikamenten notwendig sein. Aufgrund von nicht unerheblichen Nebenwirkungen sollte der Zeitpunkt jedoch so weit wie möglich hinausgeschoben werden.

Chronische infektiöse Lungenerkrankungen wie chronische Bronchitis et cetera können sehr gut mit natürlichen Antibiotika (siehe dort) behandelt werden. Zusätzlich muss immer das gesamte Programm mit Darmsanierung et cetera durchgeführt werden.

KAPITEL 14

Hilfe, mein Hund hört nicht auf, sich zu kratzen!

Allergien und Autoimmunerkrankungen

Für den Hund UND den Tierbesitzer ist ein oft unaufhörlicher Juckreiz eine unglaubliche Belastung und macht ein Zusammenleben mit den betroffenen Tieren fast unerträglich. Schlaflose Nächte, in denen mit allen möglichen Mitteln versucht wird, den Hund vom Kratzen abzuhalten, werden zur Regel. Bei Katzen tritt so ein starker Juckreiz eher selten auf. Blutig gebissene Pfoten, eitrig gekratzte Hotspots, aufgescheuerte Lefzen sind dann das Ergebnis dieses unbeherrschbaren Juckreizes. Wie sich solch ein andauerndes Kratzen schließlich auf die Beschaffenheit der Haut auswirken kann, sehen Sie beispielhaft im Bildteil auf den Seiten 6 und 7 an den Bildern »Sam 1« und »Sam 2«, »Benno« und »Sammy 1« und »Sammy 2«. Manche Tierbesitzer kapitulieren irgendwann und lassen vom Tierarzt Kortison spritzen, um sich und dem Hund wenigstens für ein paar Tage ein wenig Ruhe zu gönnen. Das endet dann in der Regel mit dem Dauerkonsum von Kortison. Die Therapie mit Kortison ist aber sicher die letzte Möglichkeit, dieses Problem in den Griff zu bekommen. Vorher sollten vor allem die Ursachen gefunden werden. Das ist in vielen Fällen sehr schwierig, und die Ursachen bleiben oft unentdeckt. Man kann aber mitunter alleine durch eine Ernährungsumstellung eine Besserung bewirken. Gerade Junghunde reagieren da meist sehr schnell.

Es existieren aber auch »Dauerjuckhunde«, meistens sind das ältere Hunde, deren Juckreiz ohne die Gabe von Kortison kaum zu bändigen ist. Hier kann es Monate dauern, bis eine Besserung erreicht wird. Häufig können die den Juckreiz begleitenden Symptome wie Durchfall oder Ohrenentzündungen schnell gebessert werden, der Juckreiz aber stellt sich als äußerst hartnäckig heraus. Mittlerweile sind zwei von drei chronischen Patienten, die mir in der Praxis vorgestellt werden, solche Allergiker. Allergien, die bei Mensch und beim Haustier immer häufiger auftreten, sind eine Überreaktion des Immunsystems auf äußere Reize. Das Immunsystem ist äußerst komplex. Es umfasst die weißen Blutkörperchen sowie das gesamte System der Schleimhäute (Darm!) und deren bakterielle Besiedelung. Wird dieses Milieu auf längere Zeit gestört, reagiert der Organismus allergisch. Eine ganzheitliche Behandlung sollte deshalb mit dem Aufbau und der Regulation dieses gestörten Milieus beginnen. Die Schulmedizin hat zur Behandlung von Allergien ausschließlich Immunsuppressiva zur Verfügung. Das sind Medikamente wie Kortison, die das Immunsystem an der »Überreaktion« hindern sollen, aber lediglich symptomunterdrückend wirken.

Faktoren, die die Entstehung von Allergien begünstigen, werden oft schon im Welpenalter gelegt. Vor allem die frühe Konfrontation des Welpen mit Kuhmilchprodukten (Milchaustauscher) und Fertigfuttermitteln begünstigen die Allergieentstehung. Auch die wiederholte Verabreichung von Wurmmitteln (empfohlen wird von der Pharmaindustrie für den Welpen alle zwei Wochen eine Gabe) hindert den Welpen an der Ausbildung eines intakten Immunsystems. Somit gehören chemische Wurmkuren ebenfalls zu den allergieauslösenden Faktoren. Ähnlich wie bei kleinen Kindern, die durch übertriebene Hygiene an der Ausbildung eines »leistungsstarken« Immunsystems gehindert werden, kann sich beim Welpen durch die häufige Entwurmung das Immunsystem nicht ausreichend mit entsprechenden Bakterien beziehungsweise Würmern auseinandersetzen. Was nicht trainiert wird, kann auch keine Leistungen erbringen.

Zusätzlich zeigen Allergien in einem übersäuerten Organismus eine stärkere Auswirkung. Übersäuerung kann beispielsweise durch falsche Fütterung, aber auch durch die Gabe von Medikamenten entstehen. Antibiotika, Impfungen, Schmerzmittel, Schwermetalle und Umweltgifte können Veränderungen der Darmschleimhaut verursachen und damit den Allergien Tür und Tor öffnen. Bei Hund und Katze sind Futtermittelallergien mit Abstand die am häufigsten auftretenden allergischen Reaktionen. Das sind hausgemachte Probleme, die uns die bequeme Fütterung mit Fertigfuttermitteln beschert hat. Es wundert mich immer wieder, dass das nur ganz wenigen Kollegen überhaupt auffällt, ist es doch mehr als offensichtlich. Eine der Ursachen dieser Futtermittelallergien sind Intoleranzen gegenüber chemischen Zusatzstoffen wie Antioxidantien, Konservierungsmitteln, Farbstoffen, aber auch künstlich zugesetzten Vitaminen, die vom Verbraucher als Zusätze oft übersehen und damit toleriert werden. Zusätzlich werden die Rohstoffe durch starkes Erhitzen und Komprimieren in ihrer Zusammensetzung derart verändert, dass sie die Verdauung beeinträchtigen. Der Organismus erkennt diese Rohstoffe nicht mehr, das Eiweiß wird nicht richtig gespalten, Entzündungen der Darmschleimhaut sind die Folge. Zu große Moleküle gelangen ins Blut und können Allergien auslösen. In weiterer Folge kann die Leber die notwendige hohe Entgiftungsleistung nicht mehr erbringen. Gifte und Schadstoffe werden zunächst im Bindegewebe der Haut eingelagert. Das führt zu Überlastung und Verstopfung des Zwischenzellgewebes, eine reguläre Blutversorgung der Hautzellen kann nicht mehr stattfinden. Es kommt zu starkem Juckreiz und zur Bildung von Ekzemen.

Kater Jimmy litt seit Monaten unter starkem Haarausfall, der Juckreiz war sehr stark und permanent vorhanden. Jimmy biss und kratzte sich wund, bis der ganze Rücken voll offener Wunden war (siehe Bildteil Seite 8 Foto »Jimmy 1«). Es dauerte lange, mehr als 9 Monate, bis das Fell nachgewachsen war und Jimmy wieder wie ein normaler Kater aussah (siehe Bildteil Seite 8 Foto »Jimmy 2«). Jimmy war ein typischer Fall einer Futtermittelallergie. Nach einem vom Tierarzt angeordneten Futterwechsel auf Allergiediätfutter sowie der Verabreichung von mehreren Antibiotikakuren und täglich verabreichten Kortisontabletten war zwar eine leichte Besserung festzustellen, die aber nur kurze Zeit anhielt. Nach der Umstellung auf Frischfleisch und einer Grundsanierung wollte sich in den ersten Wochen erst keine Besserung einstellen. Jimmy bekam dann aber zusätzlich Antioxidantien in Form von Kapseln, Krillöl sowie Citrokehl-Injektionen. Ganz langsam besserte sich der Zustand, die Haare wuchsen wieder nach, und der Juckreiz legte sich. Heute ist Jimmy wieder ein völlig gesundes Tier, Fertigfutter, in welcher Form auch immer, ist für ihn tabu und Kortisontabletten gehören der Vergangenheit an.

Ein Hilferuf per E-Mail:
Hilfe, mein Hund hat eine starke Allergie. Mein Hund Camillo, ein brauner, 3 ½ Jahre alter Labradorrüde, kastriert, leidet seit etwa 2 Jahren an Allergien. Zuerst an Hals und Ohren, und zwar gerötet, nässend und stinkend. Unser Tierarzt konnte sich nicht erklären, warum es am Hals auftrat. Er gab Camillo ein Antibiotikum (Spritze und Tabletten). Das nächste Mal gab es Kortison. Der Juckreiz hörte sofort auf, auch die Rötungen nach ein paar Tagen. Aber es kam leider immer wieder. Nun meinte unser Tierarzt, dass es eindeutig eine Futtermittelallergie sei. Wir bekamen einen Sack Futter, Pferdefleisch mit Kartoffeln, und Camillo durfte ab sofort nichts mehr anderes fressen, nicht einmal mehr seinen heiß geliebten Kalbs- oder Rindsknochen, den er sonst täglich bekam. Der Erfolg: Camillo fraß nun jeden Katzenkot, den er finden konnte. Die Allergie kam prompt wieder. Ich ließ einen Bluttest machen. Dabei kam heraus, dass Camillo gegen sechs Gräser, Hausstaub- und Vorratsmilben,

Sauerampfer und Roggen allergisch ist. Wir haben dann mit der Desensibilisierung gegen diese Dinge begonnen. Camillo bekam dann letztes Jahr noch dreimal Kortison (immer 10 Tage lang), obwohl ich sehr dagegen war, denn er hat zugenommen, war deprimiert und wurde immer schlapper. Den ganzen Winter hindurch hatte Camillo nur ab und zu eine kleine gerötete und nässende Stelle am Hals sowie schmutzige Ohren. Im April dieses Jahres wurde es dann ganz schlimm. Er war an Bauch, Beinen und Hals stark gerötet und er kratzte sich wund. Wir bekamen erneut Kortison und die Überweisung in die Tierklinik (Dermatologie) nach Zürich. Dort bekam er ein Antibiotikum, Tabletten gegen Hefepilz, Omega-3-Kapseln und ein Shampoo (Malaseb). Damit musste ich Camillo jeden zweiten Tag shampoonieren und die Medikamente musste er 3 Wochen lang nehmen. Dann wurde ein Intrakutantest gemacht. Ergebnis: Camillo ist nun auf Löwenzahn, Hausstaub- und Vorratsmilbe, Malassezia pachid. und Roggen allergisch. Jetzt spritzen wir seit Mai 2012 gegen diese Dinge. Die Allergie wird aber eher schlimmer, außer in den Ohren. Wieder Kortison und fast tägliches Shampoonieren der betroffenen Stellen. Jetzt müsste ich eigentlich täglich und dauerhaft Kortisontabletten geben, mache das aber nicht.
Unser jetziges Futter ist Eucanuba-Trockenfutter für Allergiker. Meine Frage an Sie wäre nun, ob ich mit der Desensibilisierung trotzdem weitermachen kann, da mein Tierarzt gesagt hat, dass ich damit nicht ohne Weiteres aufhören darf, da man danach nie mehr damit anfangen könne.
Ich möchte mit der Rohfütterung beginnen
Besten Dank, Frau B. M.

Seit mehr als zwei Jahren wird dieser Hund behandelt und das Krankheitsbild wird zusehends schlimmer. Beginnen wir mit den Allergietests und der Desensibilisierung:

In nahezu 90 Prozent der Fälle weisen Hunde und Katzen bei diesem Test eine Allergie auf Hausstaubmilben, auf Vorratsmilben und meistens auch auf Flohkot auf. Ich frage mich dann immer, welche Bedeutung diese Tests haben sollen, wenn bei fast allen Tieren das Gleiche herauskommt, welchen Sinn das auch für die Behandlung haben soll. Wenn ich einen Test durchführen lasse, verfolge ich als Tierarzt ja einen Zweck. Wenn ich aber mit dem Ergebnis eigentlich nichts anfangen kann, außer dem Besitzer zu bestätigen, dass sein Tier Allergiker ist, ergibt das nicht viel Sinn. Die ebenfalls häufig durchgeführten Tests auf Nahrungsmittelallergene erweisen sich zu 50 Prozent als falsch positiv, das heißt, die gefundenen Allergene müssen gar nicht zwingend auch allergieauslösend sein. Falsch positive Testergebnisse können bei der nächsten Austestung wieder negativ sein. Solche »Allergien« können demnach von selbst verschwinden, vor allem nachdem die Fütterung umgestellt worden ist. Allergietests auf Nahrungsmittelallergene bringen also nichts. Nahrungsmittelallergene können ausschließlich mittels Ausschlussdiäten bestimmt werden, alles andere ist hinausgeworfenes Geld. Allergietests auf Pollen, Gräser et cetera sind zwar aussagekräftig, bringen aber auch wenig Nutzen, da die ausgetesteten Gräser schwer eliminiert werden können. Auch sind die von den Tierärzten durchgeführten Desensibilisierungen nur selten wirklich erfolgreich (bei der Desensibilisierung wird gegen jede positiv getestete Substanz ein »Impfstoff« hergestellt). Meist bestehen nämlich so viele Überempfindlichkeiten nebeneinander, die sich zusätzlich ständig verändern können, dass Desensibilisierungen hier immer nur Teilbereiche abdecken können.

Allergietests auf Nahrungsmittelallergien sind Alibihandlungen von Tierärzten, die außer Kortison, Antibiotika und Allergiediätfutter keine anderen Behandlungsmöglichkeiten kennen. Gerade kortisonhaltige Medikamente erweisen sich als problematisch. Abgesehen von den starken Nebenwirkungen kommt es nach Absetzen des Medikaments meist zu einer massiven Verschlimmerung der Symptome. Hunde werden hier systematisch zu chronisch kranken Tieren gemacht. Viele gelten dann nach Jahren erfolgloser Behandlung als unheilbar.

Wenn bei den ersten Anzeichen von Allergien gleich richtig therapiert wird, reagieren die Hunde noch sehr gut, je länger die Krankheitsgeschichte andauert, desto schwieriger gestaltet sich die Behandlung. Manchmal ist eine vollständige Heilung nicht mehr möglich. Das Immunsystem dieser Tiere ist so aus den Fugen geraten, dass nur mehr eine Dauerkortisongabe es in Schach gehalten werden kann. Ich versuche, jeden Patienten vom Kortison wegzubekommen, in einigen wenigen Fällen ist mir das leider nicht ganz gelungen. Hier konnte aber wenigstens die Dosis reduziert werden.

Die Eliminationsdiät

Jeder Patient bekommt seine individuelle Behandlung. Die ersten fünf Schritte führe ich aber bei ALLEN Allergikern durch:

1. Ausschlussdiät: mit einer Fleischsorte beginnen, die, wenn möglich, noch nicht oder noch nicht häufig gefüttert wurde. 10 Prozent rohes Fleisch, 90 Prozent Gemüse, Buchweizen, Hirse (immer nur eines davon). Innerhalb von 14 Tagen Steigerung des Fleischanteils auf 50 Prozent, Wurzelgemüse (Karotten, Sellerie) geraspelt. Keine Milchprodukte, kein Obst, kein Getreide
2. Darmsanierung flüssig VOR jedem Fressen oder Probiotik plus Kapseln ins Fressen
3. Entgiftung (individuell entweder Ziegenkolostrum-Entgiftungssaft, Chlorella, Spirulina, Bovisan)
4. Krillöl-Kapseln (Omega-3-Fettsäuren sowie Astaxanthin)
5. Reishi oder Agaricusvitalpilz
6. Immununterstützung mit Ziegenkolostrum-Immunkapsel
7. Bei Hautveränderungen wie Ekzemen, Rötungen et cetera: äußerlich Zinksalbe, Zinkspray, Ziegenkolostrum-Ekzem-Tinktur
8. Reiztherapie mit Latensin, Recarcin, Utilin S (Sanum, danach je nach Fall Mucokehl und Sanuvis oder andere Sanumpräparate zur Regulation)

9. Zinkkomplex gegen Juckreiz
10. Eventuell Eigenbluttherapien mit Lymphomyosot (Heel) mindestens dreimal im Abstand von 5 bis 7 Tagen oder auch Allergostoptherapie (Vitorgan, leider ziemlich aufwendig)
11. Antioxidative Stoffe wie Vitamin C in Form von Hagebuttenpulver oder Acerola, Vitamin E und Selen
12. Homöopathisch sollte das passende Konstitutionsmittel gefunden werden.

Futtermittelunverträglichkeiten sind im Gegensatz zu Futtermittelallergien keine allergischen Reaktionen, sondern werden durch das Fehlen bestimmter Verdauungsenzyme verursacht. Durch einen konsequenten Aufbau der gesamten Darmflora sind diese Futtermittelunverträglichkeiten aber reversibel, das heißt, sie können wieder völlig verschwinden.

Neben Nahrungsmittelallergien gibt es bei Hund und Katze auch andere allergische Erkrankungen, die sich in Schnupfen, Asthma, juckenden Bindehautentzündungen der Augen, entzündeten Ohren oder schmerzhaften Schwellungen von Gelenken äußern können. Hier wird genauso der allgemeine Sanierungsplan durchgeführt. Dazu kommt natürlich dann jeweils ein individueller Behandlungsplan. Welches der vielen möglichen Naturheilmittel konkret bei beispielsweise entzündeten Lidbindehäuten eingesetzt wird, sollte der Therapeut entscheiden. Die Grundsanierung sollte aber immer, gerade wenn der Fall schon chronisch ist, durchgeführt werden.

Bei chronischem allergischen Schnupfen oder chronischer allergischer Bronchitis Ruberkehl einmal täglich 1 Tropfen in die Ohrinnenseite einreiben, dazu immer Vitamin C, Zink und Krillöl (Astaxanthin). Reiztherapie mit Sanumpräparaten. Hier ist jeder Fall anders gelegen und muss individuell behandelt werden. Es gibt eine Reihe von Therapien, die auf die Grundsanierung folgen können: Homöopathie, Akupunktur, Bioresonanz, um nur einige zu nennen.

Eine besondere allergische Reaktion des Organismus stellt die Autoimmunerkrankung dar. Hier wird nicht gegen Allergene von außen reagiert, sondern der Angriff des Immunsystems erfolgt gegen körpereigene Stoffe. Der Diabetes Typ 1 zählt dazu, hier zerstören sich die Insulin produzierenden Zellen der Bauchspeicheldrüse faktisch selbst. Auch das eosinophile Granulom der Katze zählt dazu und noch viele weitere Krankheitsbilder.

Castor sah schrecklich aus, und Frau M. T. war anfangs völlig verzweifelt. Castor litt an einer Autoimmunerkrankung auf dem Nasenrücken. Castor reagierte sehr schnell auf die Therapie, schneller, als ich erwartet hatte (siehe im Bildteil auf Seite 8 Fotos »Castor 1« und »Castor 2« für Fotos vor und nach der Therapie). Aufgrund der weiten Entfernung (Steiermark) erfolgte die Therapie ausschließlich über Telefon und E-Mail. Frau M. T. hatte auch das Vertrauen (ich kannte sie schon länger und sie war mit Castor auch schon in der Praxis gewesen) und den Willen (aufgrund vorheriger schlechter Erfahrungen), die Behandlung ohne Antibiotika und Kortison durchzuziehen.
Die meisten Tierbesitzer sind hier aber überfordert, was auch völlig verständlich ist. Da bleibt dann nur mehr der Gang zum Tierarzt, der dann aufgrund des heftigen und akuten Krankheitsbildes Kortison und Antibiotika verabreicht. In vielen Fällen und damit auch in akuten Fällen wie bei Castor kann aber auch eine alternative Behandlung sehr gut funktionieren.

Behandlung:
Therapie: Grundsanierung, lokal: kolloidales Silber und Zinkoxid im Wechsel, zusätzlich Sanumtherapie, Immunaufbau mit Ziegenkolostrum und Vitalpilzen.

Bei Katzen tritt oftmals eine autoimmunbedingte Zahnfleischentzündung auf, die für die betroffenen Tiere hochgradig schmerzhaft und belastend ist.

- Auch bei Katzen sollte, wenn möglich, sofort eine Futterumstellung durchgeführt werden. Rohes Fleisch, etwas geraspelte Karotten oder andere Ballaststoffe übers Futter streuen. Dazu Lachsöl, Eierschalenpulver, etwas Grünlippmuschelpulver (Taurin). Viele Tierärzte empfehlen, alle Zähne radikal entfernen zu lassen. Ich wehre mich aber gegen eine solch rabiate Methode.
- Einmal täglich verdünnte Lösung von Paradent Liposome auf das Zahnfleisch zu träufeln. Wenn das von der Katze verweigert wird, kann man neutraler schmeckendes kolloidales Silber entweder nur eingeben oder auch direkt auf das Zahnfleisch tropfen.
- Zusätzlich kann eine Reiztherapie mit Latensin, Recarcin und Utilin S durchgeführt werden.
- Immunaufbau mit Ziegenkolostrum
- Homöopathisch: Mercurius solubilis D30, Belladonna C30

Allergiebegleitende Augen- und Ohrenentzündungen

Bei Allergiepatienten sind oft die Lidbindehäute der Augen beziehungsweise Ohren in Mitleidenschaft gezogen. Vor allem chronisch wiederkehrende schmerzhafte Ohrenentzündungen sind für Tier und Besitzer auf Dauer eine große Belastung. Ich habe Fälle erlebt, in denen bei allergischen Hunden zwar alle Begleiterscheinungen der Allergie verschwanden, das Problem der ständig entzündeten Ohren aber blieb oder immer wiederkehrte.

Die Behandlung der Ohren

Äußerlich: hochrote entzündete Ohren mit Zinksalbe (Inotyol) oder Zinkoxidspray behandeln. In das Ohr geben wir angewärmte

Calendulatinktur oder kolloidiales Silber. Die Ohrreinigung erfolgt mit Malventee oder einer Kräuteressenz. Riecht das Ohr nach altem Käse, liegt zusätzlich ein Pilzbefall vor (Malessezien). Hier reinigen wir mit mildem Essigwasser (1 : 10), das ergibt ein saures Milieu, das Pilze nicht mögen. Pefrakehl (Sanum).

Die Behandlung der Lidbindehäute

Allergisch entzündete Lidbindehäute mit Augentrosttee auswaschen. Mukokehl-Augentropfen ins Auge geben, zusätzlich Schwarzkümmelöl ins Futter. Auch kolloidales Silber eignet sich innerlich und äußerlich. Ruberkehltropfen (Sanum) innerlich.

Vermeidung von Allergien:

- Bei empfindlichen Hunden und Katzen kein Fertigfutter, auch nicht ausnahmsweise, keine Milchprodukte, kein Getreide, keine Nüsse, kein Obst. Beim Kauf des Welpen darauf achten, wie das Muttertier gefüttert wurde. Keine Milchersatzpulver auf Kuhmilchbasis.
- KEINE unnötigen Impfungen (vor allem keine Sieben- beziehungsweise Achtfachimpfungen)
- Keine chemischen Entwurmungsmittel, keine chemischen Floh- und Zeckenmittel
- Keramik-Fressschalen statt Plastik oder Metall
- Baumwolldecken, keine Kunstfasern
- Vorsicht bei scharfen Reinigungsmitteln, Hunde reagieren darauf nicht selten hochallergisch.
- Verwenden Sie reines Wasser, bei starken Allergikern sollte Quellwasser oder osmosereguliertes Wasser verwendet werden. Normales Leitungswasser ist zwar frei von Bakterien, aber nicht frei von anorganischen Schwermetallen und Spurenstoffen wie Medikamentenrückständen und Hormonen. Verwenden Sie stilles Mineralwasser in Großstädten, in denen Kläranlagen sind.

KAPITEL 15

Wer rastet, der rostet: chronisch degenerative Gelenkerkrankungen

Generell versteht man unter einer Arthrose eine »degenerative« Gelenkerkrankung. Im Volksmund wird dies auch als »Abnutzung« bezeichnet. Die Arthrose aber als normale und gottgegebene altersbedingte Verschleißerscheinung hinzustellen, wie es in den meisten Fällen beim Hund und bei der Katze getan wird, ist sicherlich falsch.

Fatal kann sich die Empfehlung vieler Züchter großer und mittlerweile auch schon mittelgroßer Rassen, Welpen in ihrer Bewegung einzuschränken, auf die Gelenkgesundheit dieser Hunde auswirken. Vorm Treppensteigen wird gewarnt und dem Besitzer wird empfohlen, den oft schon mehr als 10 Kilogramm schweren Hund die Treppen hinauf- und hinunterzutragen. Ich empfinde das als Zumutung. Auch sollte der Welpe nach Anweisung des Züchters nicht zu viel springen, laufen und toben. Das wäre etwa so, als wenn Sie Ihr Kind ständig in seinem natürlichen Bewegungsdrang einschränken würden. Einem quicklebendigen Welpen nach einer Stunde Spielen beizubringen: »So, jetzt brauchst du Ruhe und musst schlafen!« ist wahrlich ein Ding der Unmöglichkeit. Ein junger Hund braucht, genauso wie ein Kind, Bewegung. Jegliche Einschränkung behindert das ordnungsgemäße Wachstum des Bewegungsapparates sowie das Erlernen der verschiedenen Bewegungsmuster. Auch beim älteren Hund wird oft viel zu früh die Bewegung eingeschränkt. Dabei ist regelmäßige

Bewegung gerade beim alten, kranken oder dicken Hund für die Erhaltung der Gelenkfunktion von entscheidender Bedeutung.

Arthrose durch »Überbelastung« gibt es beim Hund nur selten, bewegen sich unsere Hunde in der Regel doch viel weniger, als die Natur es für sie vorgesehen hätte. Wo sollen da Verschleißerscheinungen herkommen? Das gilt für Menschen genauso wie für Hunde und Katzen. Besonders Wohnungskatzen, die den ganzen Tag auf der Fensterbank oder auf dem Sofa liegen, haben viel zu wenig Bewegung. Zusammen mit falscher Ernährung kann das die Bildung von Arthrosen und anderen Erkrankungen des Bewegungsapparates fördern.

Natürlich gibt es zusätzliche Faktoren, die eine Arthrose fördern, wie Übergewicht, Fehlstellungen der Gelenke, ererbte Gelenkdysplasien oder Fehlbelastungen nach Gelenkoperationen – das sind aber sicherlich die selteneren Ursachen. Osteochondrosis dissecans (OCD), isolierte Processi, Hüftgelenkdysplasien, Legg-Calve-Perthes et cetera sind sehr häufig Folgen von Stoffwechselentgleisungen aufgrund von falscher Ernährung.

Unbestritten sind einige Rassen – und es werden leider immer mehr – durch falsche Zuchtstrategien für bestimmte Erkrankungen erblich vorbelastet. Das bedeutet aber nicht, dass diese Tiere auch unbedingt daran erkranken müssen. Viel liegt da in der Hand der Züchter sowie der Tierbesitzer. Beginnt der junge Hund zu lahmen, sind röntgenologisch oft schon Veränderungen an den Knochen und Gelenken sichtbar. Die schulmedizinische Behandlung besteht dann meist in der Operation des betroffenen Gelenkes mit der Verschreibung von Schmerzmitteln sowie in der Schonung des Hundes. In vielen Fällen kann eine Gelenkoperation aber durch eine gezielte Ernährungsumstellung und die richtige Behandlungsstrategie vermieden werden. Die Verschreibung von Schmerzmitteln (meist nichtsteroidale Antiphlogistica) kann in manchen akuten Fällen für einige Tage angezeigt sein, auf Dauer ist sie aber abzulehnen. Dadurch kann die Arthrose noch verstärkt werden, da es zu einer vermehrten Stoffwechselbelastung innerer Organe und damit wiederum zu einer Schwächung des Knorpelaufbaus kommt. Zusätzlich wird durch die dauerhafte Schmerzhemmung das Gehirn daran gehindert, Reparaturvorgänge für das betroffene Gelenk in Gang zu setzen. Das Ganze endet also wieder einmal in einem Teufelskreis. Ich habe Hunde in meiner Praxis gesehen, die in relativ jungen Jahren dauerhaft Schmerzmittel verordnet bekamen und bei denen das vom Tierbesitzer als »normal« hingenommen wurde. Eine Hundebesitzerin erklärte mir, ihr Hund sei ja so solidarisch mit ihr, er habe die gleichen Gelenkarthrosen wie sie selbst, und beide müssten täglich ihre Schmerzmittel nehmen. Manchmal bedarf es einer gehörigen Portion Energie, um solche Hundebesitzer von ihrem Fehlverhalten zu überzeugen.

Viele Hunde, die als Diensthunde (Polizeihunde, Lawinenhunde et cetera) in Aktion sind, werden leider oft viel zu früh, schon im Alter von 7 Jahren, »ausgemustert«. Das wäre eigentlich nicht notwendig, würden sie richtig ernährt werden. Ein Hund mit 7 Jahren sollte ja eigentlich noch nicht zum alten Eisen zählen, auch wenn Diensthunde körperlich stark beansprucht werden. Leider hat auch hier die Futtermittelindustrie ihre Hand im Spiel. Es gibt speziell für Ausbildungshunde ein »von Tierärzten« empfohlenes Fertigfutter. Natürlich mit hohen Rabatten, damit der Hundeführer auch bei diesem Futter bleibt.

Das Symptom einer Krankheit ist nicht die Krankheit selbst. Wenn wir eine Arthrose mit Schmerzmitteln behandeln, können wir eine kurzzeitige Besserung bewirken, aber niemals eine Heilung.

Schmerz ist KEINE Krankheit und sollte deshalb auch nicht wie eine behandelt werden.

Schmerz ist die natürliche Antwort des Körpers auf Überlastung und Unterernährung der Zellen und des Gewebes.

Die plötzliche Schmerzunterdrückung kann man mit der Stilllegung einer Alarmanlage eines Hauses vergleichen. Sollte ein Einbrecher eindringen, merkt der Hausbesitzer es nicht mehr. Wenn die Verbindung zum Gehirn abgeschnitten ist, ist der Organismus nicht mehr imstande, Toxine zu entfernen. Damit kann an der betreffenden Stelle (schmerzendes Gelenk) nicht mehr »aufgeräumt«, der akute Zustand nicht repariert werden. Das Geschehen geht in einen chronischen Zustand über.

Schmerzmittel verhindern nicht nur, dass der Körper sich seines »Krankheitszustandes« bewusst ist, sie sabotieren auch seine Heilbemühungen. Der regelmäßige Gebrauch von Schmerzmitteln führt zudem zu einem Gewöhnungseffekt, die Toleranzschwelle für Schmerzen wird gesenkt, geringste Probleme führen dann zu überschießenden Schmerzreaktionen.

Die Schulmedizin erklärt viele chronisch-degenerative Erkrankungen als idiopathisch. Ursache unbekannt! Auch die Arthrose gehört dazu. Außer »Verschleißerscheinungen« gibt es schulmedizinisch wenige Erklärungen für die Entstehung einer Arthrose.

Der Gelenkknorpel zählt zu den wichtigsten und empfindlichsten Geweben des Hundes. Er leistet täglich mechanische Schwerstarbeit und ist somit auf eine optimale Zufuhr an wichtigen Baustoffen angewiesen. Der Knorpel wird nicht direkt über die Blutgefäße ernährt, sondern über Diffusion. Würden Blutgefäße in diesem Bereich liegen, käme es bei jeder Bewegung zum Abdrücken dieser Gefäße. Die Nährstoffversorgung beim Knorpel erfolgt auf anderem Weg, nämlich durch die Bewegung des Gelenks. Bei jeder Bewegung wird – wie in einem Schwamm – frische, nährstoffreiche Gelenkschmiere in den Gelenkspalt hineingepresst, Abfallstoffe werden wieder hinausgepresst. Damit diese Gelenkschmiere ordentlich funktionieren kann, muss ihre Zusammensetzung optimal sein, das heißt, der Stoffwechsel muss intakt sein. Patientenbesitzer sind oft ganz überrascht, wenn ich bei Gelenkproblemen ihres Hundes nach Fütterung, Verdauung und sonstigen Stoffwechselproblemen frage.

»Wer rastet, der rostet«, sagt ein altes Sprichwort. Bei zu wenig Belastung wird der Gelenkknorpel immer dünner. Irgendwann entstehen Löcher und Risse im Knorpel, der Gelenkspalt verengt sich, die Versorgung und der Abtransport von Schlacken werden erschwert. Bei fortschreitender Erkrankung können die Knorpel ganz verschwinden, die Knochen reiben direkt aneinander. Der Knochen versucht aber, sich zu wehren und die übermäßige Belastung mit vermehrter Bildung von minderwertigen knöchernen Zacken zu kompensieren. Auf dem Röntgenbild sind dann ein verengter Gelenkspalt sowie eine Zackenbildung deutlich zu erkennen. Voraussetzung für gesunde Gelenke sind ein gesunder Stoffwechsel durch richtig zusammengesetzte Nahrung, eine intakte Verdauung, wenig Toxinaufnahme sowie ausreichend Bewegung. Bei Fehlernährungen kommt es zu Schlackenbildungen in den Gelenken. Gerade das Knorpelsystem ist wie das Bindegewebe ein hochempfindliches Gewebe, das auf Stoffwechselentgleisungen sofort reagiert. Damit kommt es zu frühen Erkrankungen der Gelenke wie Osteochondrosis dissecans et cetera. Zusätzlich werden beim Welpen und beim Junghund durch die Verfütterung von zu hohen Getreideanteilen in der Nahrung zu viele Kalorien aufgenommen. Die Kohlenhydrate im Getreide liefern aber schnell verfügbare Energien, dadurch wächst der Hund zu schnell. Es kommt zur Unterversorgung der Gelenke, Gelenkerkrankungen sind nur eine Frage der Zeit. Auch das angeblich »richtige« Verhältnis von Kalzium und Phosphor in Fertigfuttermitteln ist trügerisch. Man kann die Natur nicht kopieren und überlisten. Aus natürlicher Nahrung holt sich der Organismus Kalzium und Phosphor in dem Verhältnis, wie er es benötigt, da gibt es keine Überdosierungen. Berechnen wir bei unseren Kindern täglich die Aufnahme von Kalzium und Phosphor? Auf diese Idee ist eigentlich noch niemand gekommen. Wir versorgen unsere Kinder (hoffentlich) auch nicht nur mit Fertignahrung. Und wir vertrauen bei »natürlicher« Kost auf die richtige Zusammenstellung der Inhaltsstoffe. Und das funktioniert. Wenn Sie Ihren Hund mit abwechslungsreicher Frischkost, in der auch Knochen enthalten sind, ernähren, brauchen Sie sich keine Gedanken darüber zu machen, ob er zu wenig oder zu viel von irgendetwas bekommt. Das regelt der Organismus von alleine.

Berner Sennenhund, Aron, 8 Monate, wechselnde Lahmheit. Die Besitzerin Claudia M. kann nicht sagen, ob der Hund vorne oder hinten lahmt. Bei der klinischen Untersuchung schreit der Hund laut auf, wenn die Schmerzpunkte für die Gelenke berührt werden. Aron war schon beim Tierarzt, der Röntgenbilder von allen großen Gelenken angefertigt hat. Mit Ausnahme der Hüfte, bei der schon eine geringgradige Hüftgelenkdysplasie festgestellt wurde, sind die Gelenke unauffällig. Auffällig ist die große Schmerzhaftigkeit. Claudia M. berichtet, dass der Hund sich ungern bewegt, nur kurz spielt und sich sofort wieder hinlegt.

Die schulmedizinische Behandlung beschränkte sich auf die Umstellung von dem bisherigen »hochwertigen« Fertigfutter für Junghunde auf das Diätfertigfutter Mobility, zusätzlich Schmerzmittel Rimadyl täglich sowie Schonung des Hundes. Dieses zwar durch die Zugabe von Grünlippmuschelpulver sowie Omega-3-Fettsäuren »aufgepeppte« Mobility-Futter ist, bezogen auf die verwendeten Rohstoffe, aber einfach nur Müll. Es besteht aus Abfällen aus der Getreideproduktion sowie aus Geflügelmehl, das ebenfalls kein Fleisch ist, sondern minderwertige Abfälle wie Federn, Füße, Köpfe et cetera. Um das ganze Gemisch überhaupt verdauen zu können, sind »verdauungsfördernde Substanzen« zugesetzt (FOS). Dieses »Futter« enthält auch zu viel Getreide. Gerade Getreide sollte aber bei jungen großwüchsigen Hunden gar nicht oder nur sehr sparsam verwendet werden. Nun bekommt Aron also ein Futter, das genau aus dem Gegenteil davon zusammengesetzt ist, was er eigentlich benötigt. Da nutzt auch die »Aufwertung« durch Omega-3-Fettsäuren und Grünlippmuschelpulver nichts. Manchmal frage ich mich dann wirklich: LESEN die Kollegen die Deklaration der Inhaltsstoffe nicht? Registrieren sie nur den Zusatz »Mobility«, halten Grünlippmuschel und Omega-3-Fettsäuren für die Gelenke in Ordnung und geben damit diesem Futter ihren Segen? Und glauben sie an das, was ihnen die Futtermittelvertreter erzählen? Ich kann das nicht nachvollziehen. Es ist ja nicht so, dass ich das nur einfach behaupte, es steht ja auf der Packung. Zwar nicht in großen Buchstaben, aber dennoch für jeden lesbar.

Ähnliches gilt auch für Schmerzmittel. Eine längere Behandlung mit Schmerzmitteln gleicht einer Zeitbombe. Lesen wir den Warnhinweis eines Beipackzettels eines humanen Schmerzmittels, eines nichtsteriodalen Schmerzmittels, zu deren Gruppe Rimadyl (beim Menschen kennen wir Aspirin, Ibuprofen, Paracetamol) gehört: »Bei Patienten, die dauerhaft mit NSAIDs (nichtsteriodalen Entzündungshemmern) behandelt werden, kann es ohne vorherige Warnsysteme jederzeit zu gravierenden gastrointestinalen Beschwerden wie Blutungen, Geschwürbildung und Perforation kommen.« Andere Nebenwirkungen schließen ein: Perforation des Dickdarms, Dickdarmentzündung, Nierenschäden, Leberschäden, Bluthochdruck. Oft genug habe ich erlebt, welche Beschwerden diese Medikamente bei Hunden und Katzen anrichten können. Viele haben auch nach dem Absetzen noch lange Zeit massive Verdauungsbeschwerden oder sogar unheilbare Schäden an der Magenschleimhaut (Geschwüre, Perforationen). Die Behandlung mit Schmerzmitteln, die nicht nur die Funktion des Schmerzes auf Dauer untergräbt, sondern zusätzlich noch die Magenschleimhäute angreift, kann den Zustand des Patienten schnell in die Chronizität führen. Für den Nachschub an chronisch kranken Patienten ist damit gesorgt.

Von der Arthrose, bei der der degenerative Prozess langsam voranschreitet, unterscheidet sich die akute Gelenkentzündung, die mehrfache Ursachen haben kann. Infektionen durch Borrelien (siehe dort) oder durch andere Keime sowie Autoimmunerkrankungen (Systemischer Lupus erythematodes) sind möglich. Hier sind immer mehrere Gelenke betroffen. Diese sind geschwollen, heiß und sehr schmerzempfindlich. Diese Entzündungen werden schulmedizinisch immer antibiotisch behandelt, bei einer Autoimmunerkrankung zusätzlich mit Immunsuppressiva. Ich habe das früher auch so gehandhabt, habe aber leider die Erfahrung machen müssen, dass mit dieser Behandlung zwar ein kurzfristiger schneller Erfolg zu verzeichnen war, dauerhafte Heilungserfolge aber selten eintraten. Vor allem war das Krankheitsbild nach Absetzen der Medikamente in vollem Umfang oder noch schlimmer als vorher wieder da. Heute gehe ich ganz anders an solche Erkrankungen heran, dementsprechend anders gestaltet sich auch die Behandlung. Nur in seltenen Ausnahmefällen kommt ein Antibiotikum zum Einsatz.

West Highland White Terrier Scotty, männlich, 5 Jahre, chronische Polyarthritis seit 3 Jahren. Immer wechselnde Antibiotika, Immunsuppressiva (Atopica). Der Hund hat schon einige Gelenkpunktionen hinter sich, bei denen eine Keimdifferenzierung erfolgte und das entsprechende Antibiotikum ausgewählt wurde. Das ist die »korrekte schulmedizinische Vorgehensweise«. Aber der Hund kann natürlich nicht gesund werden, wenn nur Symptombekämpfung betrieben wird. Scotty ist für seine noch jungen 5 Jahre durch seine Krankheit schon sehr mitgenommen, bewegt sich ungern, ist auch übergewichtig und hat ständig mit seiner Verdauung zu kämpfen. Wird das Atopica abgesetzt, kann er fast nicht mehr gehen. Sofort schwellen die Gelenke an.

Scottys Behandlung sah folgendermaßen aus:

- Ernährungsumstellung, vor allem Meiden jeder Kohlenhydrate, die Hälfte der Ration Fleisch, roh, die andere Hälfte geraspeltes Gemüse. Darmsanierung mit Darmbakterien.
- Krillöl
- Mobility-plus-Kapseln
- Chlorella UND Spirulina
- Herivium-Vitalpilz
- Injektionen: Citrokehlampullen abwechselnd mit Nigersantabletten (Sanum) Arthrokelan A Tropfen
- Antioxidantien in Kapseln,
- Mineralstoffmischung Basic
- Schüßlersalze Nr. 1, Nr. 3, Nr. 7
- Kräuter: gehackte Petersilie, gehackte Beinwellblätter plus Brennnessel (gekocht) ins Fressen mischen
- Lokale Umschläge mit Ziegenkolostrumbalsam (möglich sind auch Beinwellsalbe, Arnikatinkturumschläge, Quarkumschläge oder Einmassieren einer Mischung aus Olivenöl, Leinsamenöl und Eukalyptusöl)

Nach einer Woche begannen wir, das Atopica langsam wegzulassen.

Wurden die Schmerzen stärker, bekam Scotty noch zusätzlich zu den Mobility-plus-Kapseln ein Pulver, bestehend aus Weidenrinde, Weihrauch und Teufelskralle.

Nach vier Wochen haben wir die Atopica-Gabe auf die Hälfte reduziert, nach acht Wochen ganz weggelassen. Scotty hat 1 Kilogramm abgenommen und ist viel fitter als vorher. Wir schieben immer wieder Chlorella- und Spirulinakuren ein, auch hin und wieder eine Sanumtherapie, Krillöl gibt es dauerhaft, auch die Darmsanierung haben wir ein halbes Jahr lang durchgezogen. Antioxidantien bekommt er immer wieder als Kur.

Seit einem halben Jahr kommt Scotty ohne Atopica aus, auch Antibiotika bekommt er seit Beginn der Behandlung nicht mehr.
Scottys Frauchen beobachtet den Hund sehr genau und kann sofort reagieren, wenn sich ein Schub ankündigt. Die Abstände zwischen diesen Schüben werden aber immer länger und die Schübe sind mittlerweile schwächer geworden. Damit können Scotty und sein Frauchen sehr gut leben. Wenn alles so weiterläuft, könnte Scotty eines Tages völlig gesund sein. Die Weichen dafür sind in jedem Fall gestellt.

Chronisch degenerative Erkrankungen der Gelenke, hier zähle ich auch Wirbelsäulenerkrankungen wie Spondylosen et cetera dazu, werden vom Grundprinzip her gleich behandelt wie akute Gelenkentzündungen. Ernährungsumstellung, Darmsanierung sowie die Gabe von Krillöl gehören zu diesem Standardprogramm immer dazu. Ohne dieses Standardprogramm beginne ich keine Behandlung. Jeder Fall ist anders und bedarf einer individuellen Betreuung.

Bei Hunden, die aufgrund von schmerzhaften degenerativen Gelenkerkrankungen ständig unter Schmerzmitteln stehen, steht die Medikamentenreduzierung an erster Stelle. Grundsanierung plus Stoffwechselumstellung (Sanum), zusätzlich Präparate mit MSM, Glucosaminen, Chondroitinsulfat (Mobility-plus), Antioxidantien, natürlichen Mineralstoffmischungen, auch Methylcobalamin (aktiviertes Vitamin B12) sowie Methionin (schwefelhaltige Aminosäure), um die körpereigene Synthese von Glucosamin anzuregen, sind angebracht. Dazu gibt es Hericium-Vitalpilz täglich und, wenn notwendig, eine lokale Schmerzbehandlung mittels Neuraltherapie.

Ein ganz wichtiger Punkt bei chronischen Gelenkerkrankungen ist die gezielt eingesetzte Bewegungstherapie. Dadurch wird die Muskulatur gestärkt und die Gelenke werden entlastet. Tägliches zügiges An-der Leine-gehen-Training ist bei Hüftgelenkdysplasien, Athrosen et cetera unbedingt notwendig. Bei beginnender Lähmung in der Hinterhand ist der BIKO-Hundeexpander von Vorteil, der beim Nachschleifen der Hinterbeine unterstützend eingreifen kann. Die Hunde bekommen wieder ein besseres Gangbild, und die Muskulatur der Hinterhand wird gestärkt. Optimal ist hier natürlich auch ein Unterwasserlaufband, leider nicht überall verfügbar. Im Sommer kann man das aber durch viel Schwimmen gut ersetzen. Eine regelmäßige Behandlung durch einen geschulten Physiotherapeuten kann ebenfalls sehr hilfreich sein. Auch physikalische Bestrahlungstherapien sind in vielen Fällen von Vorteil.

Homöopathika:

- bei akuten Gelenkbeschwerden: Arnica D6, Ruta D6, Rhus toxicodendron D6, Bryonia D6, Sulfur D6, Lycopodium D6
- bei chronischen Beschwerden: Harpagophytum D4, Rhus toxicodendron D12, Natrium muriaticum D12

Katzen brauchen ebenfalls viel Bewegung, um ihre Gelenke zu stabilisieren und zu festigen. Auch hier ist neben der ausreichenden Bewegung ein gut funktionierender Stoffwechsel Voraussetzung. Reine Hauskatzen sollten deshalb immer zu zweit gehalten werden, um miteinander spielen zu können. Eine Hauskatze allein muss ständig zur Bewegung animiert werden, gerade dann, wenn sie älter ist. Nicht selten brechen sich Katzen im Haus die Knochen, wenn sie irgendwo hinunterspringen. Die Festigkeit der Knochen kann aber nur gewährleistet werden, wenn die Katze richtig gehalten, das heißt viel Bewegung hat, sowie richtig gefüttert wird. Neben Knochenbrüchen als häufigste Ursache des Tierarztbesuches, was Erkrankungen des Bewegungsapparates betrifft, ist bei Katzen die Osteoporose, die mit einem nicht intakten Darmsystem und damit verbundenen Nährstoffverlusten einhergeht.

Die Behandlung unterscheidet sich prinzipiell nicht von der des Hundes, nur kann es hier Probleme geben, wenn die Katze die Futterumstellung sowie die Einnahme der Medikamente verweigert. Da ist oft sehr viel Geduld erforderlich.

KAPITEL 16

Chronische Infekte sind wie ein Bumerang, sie kehren immer wieder zurück

»Wer sein eigenes Milieu und die eigene bisherige Lebensweise nicht verändern will, wird auch mit einer Antibiotikatherapie dauerhaft wenig Erfolg haben und möglicherweise die Keime bis zum nächsten Ausbruch latent in sich tragen.«[4]

Nicht die Bakterien, Viren, Pilze und Parasiten sind die »Bösen« und schuld an einer Infektion und einer folgenden Erkrankung, sondern ein nicht intakter Nährboden, auf dem sie wachsen können. »Die Mikrobe ist nichts, der Nährboden (das Milieu) ist alles!« (Claude Bernard, 1813–1878).

Die erhöhte Infektanfälligkeit ist ein typisches Zeichen für ein geschwächtes Immunsystem und eine herabgesetzte Gesundheit. Wie bereits erläutert, existiert in unserer Darmschleimhaut eine riesige Menge von Darmbakterien. Diese »guten« Bakterien verhindern einerseits die Besiedelung der Schleimhäute mit krank machenden »bösen« Bakterien und bilden andererseits eine feine Schicht über die gesamten Schleimhäute. Hier werden Fremdbakterien erkannt und abgetötet. Die Darmbakterien erkennen und spalten auch Fremdeiweiße, wodurch deren allergene Wirkung genommen wird. Die Darmflora ist also die erste Schranke und die wichtigste Voraussetzung für ein intaktes Immunsystem. Die zweite Schranke

[4] Karl Hüsing: *Borreliose. Krank nach Zeckenstich – Wege zur Heilung*, 2008.

stellen die Peyer'schen Lymphknoten da, die auf der Innenseite der Darmwand liegen und 80 Prozent des menschlichen und tierischen Abwehrsystems ausmachen. Werden sie über längere Zeit, meist durch Fehlernährung, überfordert, kommt es zu einer Überlastung des Immunsystems. Der Organismus reagiert mit Schwellung der Lymphknoten. Je öfter mit Antibiotika behandelt wird, desto unvollständiger wird der »gute Bakterienrasen«, »schlechte« Bakterien nehmen überhand. Infektionen haben »freie Bahn«.

Diese Infektanfälligkeit ist aber nur die Spitze des Eisbergs und nie die Krankheit selbst.

Husten und Schnupfen

Wir kennen den chronischen Schnupfen bei der Katze, der oft wochenlang jeder antibiotischen Therapie trotzt, wir kennen beim Junghund die chronischen Halsentzündungen, die in immer kürzeren Abständen auftreten, und wir kennen nur zu gut die chronischen Darminfektionen bei Hund und Katze. Auch die hartnäckigen Ohren- und Hautentzündungen, zu denen sich nach einer Antibiotikatherapie noch eine Besiedelung mit Pilzen dazugesellt, sind vielen Tierbesitzern nur zu gut bekannt.

Der Patient bleibt somit auf lange Zeit oder – noch schlimmer – für immer Patient und damit auch ein Dauerkonsument von Medikamenten.

Sehr geehrte Frau Dr. Ziegler!
Ich habe eine 4 Monate alte Hovawarthündin, die am 19. Juli ihre Siebenfachimpfung erhalten sollte. Aufgrund eines scheinbaren Infekts, Husten und schnellerer Atmung, erhielt sie die Impfung nicht, stattdessen eine Aufbauspritze sowie 5 Wurmkurtabletten. Am gleichen Tag wurde ihr eine 20-tägige Antibiotikakur mit Amoxy:clav 200 pro 50 Milligramm verschrieben. Nach diesen

20 Tagen, der Husten war weg, erhielt sie ihre Siebenfachimpfung, »zur Sicherheit« noch einmal 5 Wurmtabletten und zusätzlich noch 1 Antibiotikaspritze. Empfohlen wurde mir dann eine dritte Siebenfachimpfung 4 bis 6 Wochen später.
Dazu kam es aber nicht, denn unser Hund bekam einige Tage später Durchfall, den wir aber durch Hungern und Magen-Darm-Tee ganz gut in den Griff bekommen haben. Circa 14 Tage nach der Impfung kam der Husten wieder, dazu gesellte sich ein Schnupfen, das Wasser lief ihr nur so aus der Nase. Wir gingen zum Tierarzt und bekamen wieder eine 20-tägige Amoxiclac-Kur sowie ein schleimlösendes Mittel. Wieder war der Husten bald weg, nur der Schnupfen blieb hartnäckig. Auch hatte unsere Shakira jetzt doch immer wieder Durchfall. Mittlerweile haben wir 5 !!! Antibiotikakuren hinter uns, beim letzten Mal haben wir auch noch Prednisolon-Tabletten (Kortison, Anm. der Autorin) mitbekommen. Und ein Diätfuttermittel für den Darm. Beim letzten Besuch wurden wir darauf hingewiesen, dass wir, wenn die Hündin immer wieder krank sei und deswegen jetzt nicht geimpft werden könne, mit den Impfungen wieder von vorne beginnen müssten. Muss das wirklich sein?
Liebe Frau Dr. Ziegler. Wir sind völlig verzweifelt, unsere Shakira fällt von einem Zustand in den nächsten. Sie verträgt auch kein Futter mehr richtig, auf alles reagiert sie sofort mit Durchfällen und Bauchkrämpfen, was sollen wir tun? Sie tut mir so leid!
Mit freundlichen Grüßen
Marianne S. mit Shakira

Dieser Fall steht beispielhaft für unendlich viele, die alle einen ähnlichen Verlauf nehmen. Immerhin hat der behandelnde Tierarzt den kranken Hund nicht gleich geimpft, aber mittels Wurmkur und Antibiotika einen »Kahlschlag« im Darm verursacht. Wie das Amen im Gebet folgten der Durchfall und die damit verbundene Verschlimmerung des gesamten Krankheitsbildes. Der chronische

Zustand ist dann bald erreicht. Weitere Erkrankungen folgen (Allergien, Gelenkprobleme, Haut- und Ohrenentzündungen).

Auch die nach dem Husten viel zu früh verabreichte Impfung trägt zur Verschlechterung des Zustandes bei. Impfungen sind ein Angriff auf das Immunsystem und damit auch auf den schon geschädigten Organismus. Irgendwann kollabiert das Ganze, und immer mehr krank machende Keime können im Darm die Oberhand gewinnen. Alle chronischen Infekte bedürfen, wie alle chronischen Erkrankungen, einer Grundsanierung. Ohne Grundsanierung, also ohne die »Therapie vor der Therapie«, sind alle Maßnahmen, ob nun Homöopathie, Akupunktur, Bachblüten, Bioresonanz et cetera wie der Versuch, auf sandigem Boden ein Haus zu bauen.

Zusätzlich zur Grundsanierung können bei folgenden Erkrankungen eingesetzt werden:

Chronischer Schnupfen (bei der Katze als Symptom des Katzenschnupfenkomplexes, Herpesinfektion, als allergische Reaktion oder als alleiniges Symptom, beim Hund hauptsächlich bei Infekten, aber auch als allergische Reaktionen):

- EM-Lösung oder kolloidales Silber beides über mehrere Wochen. Quentakehl-Tropfen bei Herpesinfektionen
- Reiztherapie mit Latensin, Recarcin und Utilin S, eventuell Notakehl-Tropfen
- Ziegenkolostrum-Immunkapseln
- Vitalpilz je nach Krankheitsbild
- Sanukehle je nach Keim
- Inhalationen mit Ölen von Heublumen, Fichtennadeln
- Homöopathisch: Allium cepa D4, Mercurius solubilis D4 und Pulsatilla D4, Hepar sulfuris D30, Gelsemium D30 bei allergischen Ursachen, Schüßlersalz Nr. 4 (Kalium chloratum)

Chronischer Husten: (Ursache finden!) bei Infekten: Behandlung wie chronischer Schnupfen plus Hustentee mit Huflattich, Thymian, Spitzwegerich, Eukalyptus, Anis, Königskerzenblättern, Andornkraut.

- Homöopathisch: Konstitutionsmittel finden. Ipecacuanha D6, Cuprum aceticum D30, Bryonia D6, Antimonium tartaricum D12, hier gibt es einige Mittel, die je nach Hustenart eingesetzt werden können.
- Chronische Mundschleimhautentzündungen, die meist mit einer Immunschwäche der Katze einhergehen, kann man mit Paradent-Liposome-Tropfen (Verdünnung 1:5) oder kolloidalem Silber behandeln, indem man die Mundschleimhaut damit beträufelt. Dazu muss die Katze aber kooperativ sein, sonst muss der Katzenbesitzer verarztet werden.
- Alle Infektionskrankheiten der Katze, wie Katzenseuche, Katzenschnupfen, Felines Leukämie-Virus (FeLV), Felines Immundefizienz-Virus (FIV) sowie die Feline infektiöse Peritonitis (FIP) werden von der Grundbehandlung her gleich therapiert, die Zusatzbehandlung richtet sich nach dem jeweiligen Fall. Natürliche Antibiotika sind dabei fast immer Bestandteil.
- Auch beim Hund gestaltet sich die Grundtherapie bei allen chronischen Infektionen gleich. Zusätzlich können ebenfalls oben genannte Mittel eingesetzt werden.

Diese Liste gewährt keinen Anspruch auf Vollständigkeit, auf Ursachen wie Tumore, Fremdkörper et cetera wird nicht eingegangen.

Wie schulmedizinisch bei Infekten vorgegangen wird, zeigt der folgende Fall:

Sehr geehrte Frau Dr. Ziegler!
Ich erlaube mir heute, mich mit der Bitte um eine kurze Beurteilung an Sie zu wenden, wie ich in diesem meinem Fall verfahren soll. Meine knapp 7-jährige irische Wolfshündin Hermine hatte über eine gute

Woche mehrmals am Tag 5- bis 6-mal hintereinander geräuschvoll ein- und ausgeatmet, so als ob sie schlecht Luft bekäme, etwas in der Nase steckte oder die Atemwege verstopft seien. Als dann auch noch ab und an »Rotz« aus der Nase kam, haben wir sie beim Tierarzt untersuchen lassen: Lunge und Atemwege waren beim Abhören vollkommen frei, kein Fieber. Es wurde Nasenabstrich genommen, um einen Pilzbefall auszuschließen.
Der Laborbericht, der vorgestern kam, bestätigt, dass keine Hefe- und Schimmelpilze da sind, aber Staphylokokken in hoher Keimzahl und Streptokokken in mäßiger Keimzahl. Es wurde eine Aufstellung der möglichen Antibiotika mitgeliefert und unser Tierarzt hat eines davon für 10 Tage verordnet (Amoxicillin/Clavulansäure).
Nun ist es aber so, dass bis zum Eintreffen des Laborbefundes die Symptome so weit nachgelassen haben, dass ich gestern und heute schon gar nichts mehr beobachten konnte (kein Schniefen und kein Rotz). Inzwischen sind seit dem ersten Auftreten der Symptome etwa drei Wochen vergangen. Ich habe nachgefragt, ob ich denn jetzt die Behandlung tatsächlich beginnen soll oder ob die »Erkrankung« vielleicht von selbst wieder weggeht. Daraufhin bekam ich zur Antwort, dass ich die Antibiose trotzdem durchführen solle, damit keine Reste zurückbleiben, die bei der nächsten Gelegenheit eventuell wieder Probleme verursachen könnten. Lange Vorgeschichte – jetzt die Frage: Wie schätzen Sie die Notwendigkeit der Antibiotikagabe ein? Besteht nicht tatsächlich die Möglichkeit, dass Hermine mit den Bakterien selber fertig geworden ist? Ich möchte eigentlich nicht unnötig Antibiotika geben.
Aus Oberfranken grüßt Sie herzlich
C. M. mit Hermine

Können Tierärzte eigentlich noch außerhalb ihres pharmageprägten Einflusses eigene Entscheidungen treffen? Anscheinend nicht. Im vorliegenden Fall würden sogar einem mittlerweile beschwerdefreien Tier Antibiotika verschrieben. Dass dies natürlich ein noch gravierenderer Fehler ist, als der Einsatz von Antibiotika in diesem Fall überhaupt gewesen wäre, liegt auf der Hand. So kann man einen Hund, dessen Selbstheilungskräfte ausreichten, um sich gegen die Krankheit zur Wehr zu setzen, krankttherapieren. Hier wird die Gesundheit des Tieres im Nachhinein untergraben. Das ist grob fahrlässig und völlig verantwortungslos. Das ist keine Medizin, sondern »erweiterte Pharmakunde«. ABER KEIN EINZELFALL!

Borreliose

Nach Karl Hüsing sind Borrelien das perfekte Beispiel einer Mikrobe, die gelernt hat, durch Mutation im Menschen zu überleben.

Die Borreliose ist in erster Linie eine systemische Erkrankung, das heißt eine Störung oder das Versagen der körpereigenen Regulation und damit des gesamten Immunsystems. Das Auftreten von Erregern muss dabei nicht ursächlich für die Erkrankung sein. Da eine systemische Erkrankung in erster Linie durch das Versagen der körpereigenen Regulationsvorgänge entsteht, ist die Infektion nur der letzte Tropfen, der das Fass zum Überlaufen bringt. Es ist also der »anfällige« Organismus, der den Borrelien den geeigneten Nährboden bietet. Bei einem gesunden, starken Immunsystem haben Borrelien keine Chance.

Die Borrelien sind Bakterien und gehören genau wie die Erreger der Syphilis zu den Spirochäten. Auch die Syphilis ist eine systemische Erkrankung.

Borrelioseerkrankungen, sagen viele Statistiken, nehmen beim Menschen stetig zu. Handelt es sich um eine »neue Epidemie« oder nur um Panikmache? Wie schnell breiten sich die Borrelien im Körper aus? Dauert es eine Woche oder nur wenige Stunden? Auch die Angaben über die Zahl der mit Borrelien infizierten Zecken schwanken beträchtlich, was natürlich auch auf geografische Unterschiede zurückzuführen ist (zwischen 2 Prozent im Norden und 30 Prozent im Süden Deutschlands). Die Angaben sind sehr vage.

Genauere Daten zu Erkrankungsraten sind auch beim Menschen nicht bekannt. Das liegt sicher auch daran, dass für Borrelioseerkrankungen in der EU immer noch keine Meldepflicht besteht. Eine Untersuchung an der Universität Heidelberg ergab, dass 3,5 Prozent aller von Zecken gebissenen Personen von Borrelien infiziert wurden. In den meisten Fällen kam es jedoch zu keinen weiteren Krankheitssymptomen außer der Wanderröte (und diese auch nur in circa der Hälfte der Fälle).

Aufgrund sehr unterschiedlicher Zahlen kann weder beim Menschen noch beim Hund sicher festgestellt werden, wie hoch die Zunahme an jährlichen Neuerkrankungen wirklich ist. Sicher ist auf jeden Fall, dass geschwächte Immunsysteme wegbereitend für Infektionen wie die Borreliose sind. Vielleicht sind Borrelien auch einfach dann vorhanden, wenn das Immunsystem durch Schwermetallvergiftungen, Antibiotika oder Impfungen geschädigt ist, so wie Fliegen in unaufgeräumten, ungeputzten Zimmern vorhanden sind, ohne den Schmutz verursacht zu haben. Beobachtungen der letzten Jahre haben gezeigt, dass Borrelien bei Personen mit Schwermetallbelastungen häufiger vorhanden sind. Viele Fragen rund um Borreliose sind ungeklärt.

Borrelien verteilen sich in allen Körperflüssigkeiten. Sie können in alle Gewebe eindringen, in Augen, Leber, Milz, Gelenke, Blase, Blutgefäße und so weiter. Sie teilen sich im Gegensatz zu anderen Bakterien sehr langsam. Da Antibiotika die Bakterien aber während ihrer Teilungsphase angreifen, sind Borrelien aufgrund dieser langsamen Teilungsphase weniger angreifbar. Borrelien sind in der Lage, ihre normale, längliche Gestalt in eine Kugel umzuwandeln. Sie können aber noch in weiteren Formen vorkommen, etwa als sogenannte zellwandfreie Formen. In dieser Form können sie vom Immunsystem des Wirts nicht mehr erkannt werden. In dieser zellwandfreien Form können sie auch in Knorpelgewebe eindringen, sich dort abkapseln und über Monate lebensfähig bleiben. Borrelien sind sehr beweglich. Mithilfe von Geißeln schrauben sie sich durch das Körpergewebe und können antibiotische Gifte schnell aus ihrem Körper ausscheiden, sie vertragen Kälte bis minus 50 Grad, Hitze über 42 Grad jedoch nicht.

Die Borreliose wird bei Mensch und Hund hauptsächlich von Zecken übertragen. Es erkrankt aber nur ein Bruchteil der infizierten Individuen. In den meisten Fällen wird das Immunsystem mit der Infektion selbst fertig. In zeckenverseuchten Gebieten tragen über 90 Prozent der untersuchten Hunde Borrelienantikörper in sich, das heißt, diese Hunde sind schon mit Borrelien in Kontakt gekommen, ohne zu erkranken. Eine vorbeugende Schutzimpfung gegen die Borreliose ist derzeit nicht für den Menschen, jedoch für den Hund erhältlich. Bis 2009 war der einzige erhältliche Hundeimpfstoff nur gegen solche Borrelien gerichtet, die bei uns nur zu 10 Prozent vorkommen (B. Burgdorferi sensu stricto, in den USA die einzige Borrelienart).

Seit Anfang 2010 gibt es einen neuen Hundeimpfstoff, der auch gegen die bei uns vorkommenden B. afzelii (30 bis 40 Prozent) sowie gegen B. garinii (20 bis 40 Prozent) gerichtet ist. Dieser Impfstoff soll – theoretisch – in der Lage sein, die Vermehrung der Borrelien zu stoppen. Dieser Impfstoff ist aber ein Ganzkeim- oder Vollerregervakzin. Ein solcher Impfstoff besteht demnach aus abgetöteten Bakterien und damit aus praktisch allen Bakterienbestandteilen und nicht nur aus einzelnen gereinigten Komponenten. Aus der Humanmedizin ist bekannt, dass solche Impfstoffe mit schwersten Nebenwirkungen einhergehen. LYMErix, so hieß der mit dem neuen Hundeimpfstoff vergleichbare menschliche Borrelioseimpfstoff, löste bei Patienten heftige Borreliosesymptome aus. Die körpereigenen Immunzellen rasteten aus und griffen Gelenkknorpelgewebe an, als wäre es feindlicher Fremdstoff. Einige der Geimpften landeten im Rollstuhl. Der Impfstoff wurde deswegen nach kurzer Zeit 2002 in den USA wieder vom Markt genommen. Tierärzte werden Ihnen erzählen, dass der Hund lange nicht so empfindlich ist wie der Mensch und diese Impfung sehr gut verträgt …!

Die Krankheitssymptome der Borreliose beruhen nicht nur auf dem direkten Einfluss der Bakterien, sondern sind nach dem heutigen Kenntnisstand auch auf die Immunreaktion des Wirtes gegen die Borrelien zurückzuführen, die natürlich bei der Impfung mit abgetöteten Borrelien keinesfalls verhindert wird. Hier kann es leicht zu Autoimmunerkrankungen kommen. Vielleicht sollte es Tierbesitzern doch zu denken geben, dass diese Impfung beim Menschen wegen schwerer Nebenwirkungen nicht mehr zugelassen ist. Auch wenn diese Impfung jetzt auch einen Schutz gegen hier vorkommende Borrelien bieten soll, ist sie ohne Einschränkung abzulehnen. Sie schadet mehr, als dass sie nutzt. Ich habe einige Hunde erlebt, die nach einer Borrelioseimpfung schwerste Nebenwirkungen gezeigt haben. Da diese nicht sofort auftreten, sondern verzögert nach einigen Tagen oder auch Wochen, werden sie in der Regel nicht in Zusammenhang mit der Impfung gebracht.

Dazu kommt noch: Ein großer Teil unserer Hunde haben Borrelienantikörper (je nach Gegend), sie besitzen also eine natürliche Immunität. Ohne vorherige Antikörpertests sollte daher nicht geimpft werden. Doch: Die Antikörpertests (ELISA) sowie alle anderen Laboruntersuchungen auf Borreliose gleichen einem russischen Roulette. Sie sind nicht standardisiert. Verschiedene Labore arbeiten mit verschiedenen Testkits. Während einige mit drei Borrelienstämmen testen, decken andere Laboratorien gerade einmal einen Stamm ab. Dazu kann auch eine Borrelieninfektion ohne Antikörperbildung stattgefunden haben. Borreliose ist also kaum mit Sicherheit zu diagnostizieren und ein hoher Antikörpertiter kein Beweis für eine Erkrankung. Alle Tests können sowohl falsch negativ als auch falsch positiv sein.

Das Dilemma an der Borreliose ist, dass sie kein typisches Krankheitsbild zeigt. Der Verlauf kann in mehreren Schüben erfolgen. Nach einem Zeckenbiss und einer erfolgten Infektion können bis zu den ersten klinischen Erscheinungen zwischen 2 und 5 Monate vergehen. Dann können folgende Anzeichen auf eine Borreliose hinweisen: Fieber, Appetitlosigkeit, Gelenkentzündungen. Der Hund, der vorher immer vorauslief, trottet jetzt hinterher, das Tier, das am ausdauerndsten spielen konnte, will sich auf einmal nicht mehr bewegen.

Warum aber erkranken immer wieder Hunde an Borreliose, wo doch 90 Prozent eine eigene Immunität ausbilden können? Und warum wird die Zahl der erkrankten Menschen angeblich immer größer? Auch hier ist ein gestörtes und geschwächtes Immunsystem die wahrscheinlichste Ursache. Wenn der Boden einmal vorbereitet ist, können Keime wie die Borrelien aktiv, das heißt krank machend werden. Im Gegensatz zu Wildtieren, bei denen die Borreliose kein Thema ist, werden Hunde, Rinder und Pferde von Borrelien befallen. Hier ist das Immunsystem durch die regelmäßige Verabreichung von Antibiotika, Entwurmungskuren und Impfungen viel stärker in Mitleidenschaft gezogen als beim Wildtier.

Die schulmedizinische Behandlung der Borreliose beschränkt sich im akuten Fall auf die Gabe von Doxycyclin, einem Breitbandantibiotikum der Tetracyclingruppe mit bakteriostatischer Wirkung. Bakteriostatisch bedeutet, dass die Vermehrung der Bakterien gehemmt wird. Im Allgemeinen wird bei Mensch und Tier eine vier- bis sechswöchige Doxycyclintherapie durchgeführt, im Spätstadium sind nach schulmedizinischer Auffassung 4 bis 6 Monate mit Antibiotikum notwendig. Da Patienten unterschiedlich auf die Therapie ansprechen, muss diese immer individuell ausgerichtet werden. Da ist es nicht ungewöhnlich, dass Patienten, um beschwerdefrei zu bleiben, über Jahre hinweg diese Antibiotika bekommen. Was das für eine Belastung für den Organismus bedeutet, kann man sich vorstellen. Die Krankheit tritt zyklisch auf, in Schüben in vierwöchigem Abstand. Deswegen wird Doxycyclin auch mindestens vier Wochen gegeben, um eine Vermehrungsphase der Borrelien zu »erwischen«. Genau wie bei anderen Antibiotika kann es zu Durchfall und Pilzbefall sowie allergischen Reaktionen kommen.

Immer noch sind viele Schulmediziner davon überzeugt, dass die Borreliose eine an sich relativ harmlose Erkrankung darstellt, die mit Antibiotika leicht in den Griff zu bekommen ist. Das sind allerdings Wunschvorstellungen der Ärzte, die Praxis zeigt ein anderes Bild.

Der beste Schutz gegen Borreliose ist ein intaktes Immunsystem. Schutz gegen Zecken geben Insektenschutzmittel mit ätherischen Ölen. Sie verändern den Körpergeruch für circa 3 Stunden, müssen also danach wieder erneuert werden. Gut bewährt hat sich eine Mischung aus Zedernöl, Jojobaöl sowie Lavendelöl. Aber auch Rosengeranie, Eukalyptus, Zitronella, Nelken und Rosmarin eignen sich zur Zeckenabwehr. Hunde sollten nach einem Spaziergang auf Zecken abgesucht werden. Erst nach 24 bis 48 Stunden Saugzeit gibt die Zecke die Erreger an ihren Wirt ab. Man hat hier also einen beträchtlichen Zeitvorsprung. Von chemischen Spot-ons sowie chemischen Zeckenhalsbändern rate ich aufgrund der hohen Giftbelastung für die Hunde ab.

Hunde, die mit Industriefutter ernährt werden, das Geschmacksstoffe enthält, sind aufgrund ihrer Ausdünstung attraktiver für Zecken. Auch mit ein Grund, seinen Hund von industriell gefertigter Nahrung fernzuhalten.

Wenn die klinischen Krankheitserscheinungen mit einem positiven Borreliosetest einhergehen, ist von einer Borrelioseinfektion auszugehen. Um die biologische Therapie besser zu verstehen, sehen wir uns kurz die krank machende Wirkung der Borrelien auf den Körper an. Nicht die Borrelien selbst, sondern die von ihnen ausgeschiedenen Abfallprodukte, die sogenannten Neurotoxine, sind für die Beschwerden wie Gelenkschmerzen verantwortlich, weil sie entzündungsfördernde Zytokine produzieren. Neurotoxine sind fettlöslich, werden im Fett gespeichert und über den Fettstoffwechsel der Galle über Leber und Darm wieder rückresorbiert. Der erste Ansatzpunkt der biologischen Borreliosebehandlung sind demnach neben Maßnahmen zur Stärkung des Immunsystems die Aktivierung und Unterstützung der Leber- und Gallenfunktionen, um die Ausscheidung von diesen fettlöslichen bakteriellen Giften (Neurotoxinen) zu bewirken.

Immunstärkung:

- Katzenkralle: Der Extrakt aus Katzenkralle hat von den bekannten Kräutern die beständigste Wirkung gegen Borrelien, da er die TH1-Immunabwehr steigert.
- Ziegenkolostrum-Immunkapseln
- Mariendistel, Artischocke, Curcuma, Schöllkraut
- Klette: leberstärkend, Verstärkung der Gallensäuresekretion
- Kardenwurzel wirkt harn-, galle- und schweißtreibend, entschlackend und verdauungsfördernd. Verwende ich bei Borreliose bei Hunden immer.
- Flohsamen: enthalten Quellstoffe, die die Darmtätigkeit anregen, zusätzlich werden im Darm Gallensäuren gebunden und schneller ausgeschieden. Somit werden die fettlöslichen Neurotoxine schneller aus dem Darm entfernt und nicht wieder rückresorbiert.
- Topinampur bindet ebenfalls Gallensäuren und andere Fettsäuren im Darm.
- Heilerde gilt ebenfalls als Fettsenker.
- Natürliche Antibiotika (Propolis, Cystustee, kolloidales Silber, MMS)

Die Borrelien holen sich ihre Nährstoffe aus den Kollagenen, den Eiweißstoffen von Bindegeweben, Sehnen, Fascien, Bändern, Knorpeln, Nervenscheiden sowie aus Rückenmarks-, Hirn- und Augenflüssigkeit und machen damit das Stütz- sowie Nervengerüst des Körpers mürbe. Wir müssen demnach die Kollagensynthese stützen:

- Vitamin C (wirkt als Koenzym bei der Kollagensynthese) und ist in Sanddorn und Hagebuttenpulver enthalten
- Schüßlersalze
- Zink- und Kupferpräparate
- Glucosamine und Chondroitinsulfat, Kollagen Hydrolysat, zum Aufbau der Gelenkknorpel: enthalten in Mobility plus mit Hagebuttenpulver (Vitamin C) zur Verstärkung der Wirkung
  Bei nervalen Symptomen: Magnesium, Vitamin-B-Komplex, Stephaniawurzel
- Sanumtherapie (Utilin S, Quentakehl, verhindert die Ausbreitung über das Nervensystem), Notakehl, direkt nach dem Zeckenbiss lokal, Sanukehle)
  Allgemein:
- Phytotherapeutika: neben Katzenkralle Karde, Blutwurz, Klette, Angelika, Mistel, Sarsaparille, Tragant
- Homöopathika: Aurum arsenicosum C200, Kalium sulfuricum D12, Rhus. toxicodendron C200, Einsatz je nach Symptomen
- Borrelia Nosode D200 (Globuli)

Es gibt also eine ganze Reihe von unterstützenden Heilmitteln, die je nach Symptomen zusätzlich zur Grundtherapie eingesetzt werden können. Damit hat man ein solides Werkzeug in der Hand, um einer chronischen Borreliose ohne Chemie zu begegnen.

Katzen scheinen immun gegen Borrelien zu sein.

Reisekrankheiten

Zu den Reisekrankheiten zählen die Leishmaniose, die Babesiose (Hundemalaria), die Ehrlichiose und die Dirofilariose (Herzwurmerkrankung).

Die Krankheitserreger der Leishmaniose werden von Sandmücken übertragen. Leishmanien sind winzige einzellige Parasiten. Die

Inkubationszeit kann mehrere Monate betragen, deswegen werden Krankheitsanzeichen oft nicht mit einem Urlaubsaufenthalt in Zusammenhang gebracht.

Im Mittelmeerraum sind bis zu 67 Prozent der Hunde infiziert. Durch den Import von Hunden aus diesen Gebieten sowie durch Infektionen von Hunden im Urlaub ist die Anzahl der in Deutschland lebenden mit Leishmanien infizierten Hunde Schätzungen zufolge auf 20.000 gestiegen. Die Symptomatik variiert sehr stark, verdächtig sind juckende Ekzeme und Haarausfall am Nasenrücken, »Ausfransen« der Ohren und Brillenbildung um die Augen. Zusätzlich wachsen die Krallen schneller. Unterschieden wird zwischen der Hautleishmaniose und einer systemischen Form, bei der innere Organe wie Leber, Niere und Milz befallen werden.

Auch hier sind die Nachweisverfahren (Antikörpernachweis, PCR-Test) nicht zuverlässig. Verschiedene Labors kommen gerade beim Antikörpertest zu völlig unterschiedlichen Ergebnissen. Von hoch positiv bis zu negativ kann das beim selben Tier variieren. Es gibt zwar mittlerweile Labors, die mittels Spezialtests (leishmaniosespezifischer IgG mittels ELISA) Ergebnisse anderer Labors sozusagen »überprüfen«, aber ob diese Ergebnisse dann sicherer sind, kann ich nicht beurteilen. Der direkte Erregernachweis in Knochenmark oder Lymphknoten ist, wenn er positiv ist, die einzig sichere Nachweismethode. Ein negativer Befund schließt aber eine Erkrankung auch nicht aus. Positive Antikörpertests auf Leishmaniose sagen nichts darüber aus, ob wirklich eine Erkrankung vorliegt, und wenn ja, in welchem Stadium.

Die schulmedizinische Behandlung wird je nach Infektionsland (verschiedene Leishmanienarten) mit Allopurinol, Levamisol, Glucantime, Miltefusin, Ketokonazol, Oleyl-PC, Amphotericin B et cetera durchgeführt. Alle diese Medikamente haben schwerste Nebenwirkungen.

In der Akutphase sind solche »schweren Geschütze« sicher angebracht, es kommt aber auch mit diesen nur selten zu einer vollständigen Heilung. Eine biologische Behandlung neben der chemischen Therapie kann die Nebenwirkungen reduzieren. In weiterer Folge können Rückfälle verhindert und weitere »Chemiekeulen« vermieden werden. Ich werde in meiner Praxis fast ausschließlich mit chronischen Fällen konfrontiert, die schon eine oder mehrere Behandlungen hinter sich haben. Hier müssen dann vor allem das Immunsystem sowie Leber und Niere unterstützt werden.

Hund Naja, 5 Jahre, seit 2 Jahren in Deutschland, kommt ursprünglich aus Spanien. Alle noch in Spanien durchgeführten Tests auf Mittelmeerkrankheiten verliefen negativ. Ein paar Monate nach Ankunft in Deutschland brach dann die Leishmaniose mit den typischen Symptomen aus: ausgefranste Ohren, Brillenbildung, Nasenbluten, Veränderung der Leberwerte. Therapie bestand anfangs in einer Kombination von Allopurinol und Glucantime. Die Symptome auf der Haut verschwanden. Glucantime wurde abgesetzt, Allopurinol weitergegeben. Als mir der Hund vorgestellt wurde, bekam er noch regelmäßig Allopurinol, hatte keine Hautveränderungen mehr, aber immer wieder Nasenbluten sowie erhöhte Nieren- und Leberwerte. Zudem machte er einen ziemlich matten Eindruck, war mager und hatte ein schuppiges, stumpfes Haarkleid. Allopurinol (hemmt die Synthese von Purinen im Wirtsorganismus, auf die die Leishmanien angewiesen sind, und ist eigentlich ein Mittel gegen Gicht) ist das Medikament gegen Leishmanien mit den geringsten Nebenwirkungen. Allerdings verursacht es Durchfälle und ist nierenschädigend.
Bei Naja konnten wir innerhalb von drei Wochen die Allopurinoldosis auf null reduzieren. Zusätzlich zur Darmsanierung, Entgiftung und den nieren- und leberunterstützende Mitteln gehört zur Therapie immer auch die Gabe von Vitalpilzen, Krillöl sowie Antioxidantien.
Naja hat seit fast zwei Jahren keinen Rückfall mehr. Anfangs trat immer noch einmal Nasenbluten auf, was wir aber mit Ar-

nica und Sanumtherapie (Sankombi) in den Griff bekommen haben. Naja wird gebarft und nicht mehr geimpft (Rückfall vorprogrammiert), erhält keine chemischen Entwurmungen und keine chemischen Antiparasitaria mehr. Zweimal im Jahr bekommt sie eine Kur mit Vitalpilzen (Agaricus und Cordiceps) sowie in ihr Futter täglich Krillöl und Wildkräuter. Naja ist heute ein gesunder Hund, auch die Nieren- und Leberwerte liegen wieder im Normalbereich.

»Sandmückenprophylaxe«

Sandmücken sind dämmerungsaktiv, mögen keinen Wind und halten sich nur in Bodennähe auf. Wenn es dem Tierbesitzer möglich ist, seinen Hund während der Dämmerung in einen geschlossenen Raum zu sperren, ihn auf einem erhöhten Schlafplatz liegen zu lassen sowie im Freien zwei- bis dreimal täglich mit ätherischen Ölen einzusprühen, kann er auf chemische Spot-ons verzichten. Gerade bei alten und kranken Hunden rate ich von solchen Präparaten aufgrund ihrer Giftwirkung ab.

Seit 2012 gibt es auch in Deutschland und Österreich einen zugelassenen Leishmanioseimpfstoff. Hier verhält es sich wie bei vielen anderen Impfungen auch. Er wirkt zum einen auch nach Auskunft der Pharmafirma nicht zu 100 Prozent, auch geimpfte Hunde können erkranken. Die Untersuchungen über die Wirksamkeit dieses Impfstoffes wurden zum anderen vom Hersteller des Impfstoffes durchgeführt und sind damit nicht neutral. Die Nebenwirkungen der Impfung werden zudem heruntergespielt. Auch die Verwendung von Quillaja saponina (E 999, ein Lebensmittelzusatzstoff) als Adjuvans trägt nicht zur Unbedenklichkeit dieser Impfung bei. Quillaja saponina wird aus der Rinde des Seifenrindenbaumes gewonnen und enthält Saponine, die giftig sind, wenn sie in die Blutbahn gelangen. Daher war die Verwendung von E 999 in Deutschland lange Zeit verboten, bis es im Zuge der Vereinheitlichung zugelassen wurde. E 999 findet vor allem Verwendung als Schaumstabilisator in Waschmitteln und Feuerlöschmitteln. Zwar ist die im Impfstoff enthaltene Menge sehr gering (60 Mikrogramm, ADI-Wert für den Menschen 0 bis 5 Milligramm pro Kilogramm Körpergewicht), man kann jedoch nicht voraussagen, wie sie auf das jeweilige Individuum wirkt.

Laut Beipackzettel können folgende Nebenwirkungen auftreten: Lokalreaktionen wie Schwellung, Knotenbildung, Berührungsschmerz oder Erythem, allgemeine Symptome wie Hyperthermie, Apathie und Verdauungsstörungen sowie seltene allergische Reaktionen. »Daten zur Wirksamkeit haben gezeigt, dass das Risiko, eine aktive Infektion beziehungsweise eine klinische Erkrankung zu entwickeln, für einen geimpften Hund 3,6-mal beziehungsweise 4-mal geringer ist als für einen nicht geimpften Hund.« So lautet die Fachinformation des Herstellers. Diese Zahlen erscheinen mir dubios. Was heißt »3,6- bis 4-mal geringer«? Sollte eine glaubhafte Aussage nicht etwa heißen: Von 100 Hunden, die einer Infektion in einer Feldstudie oder im Labor ausgesetzt wurden, erkrankte von den geimpften keiner, von den nicht geimpften erkrankten 10? Auch die Ausführungen der European Medicine Agency, der Zulassungsbehörde, liefern keine konkreten Zahlen.

Zudem sind die Wechselwirkungen mit anderen Tierarzneimitteln noch nicht untersucht, trotzdem habe ich schon des Öfteren feststellen können, dass diese Leishmanioseimpfung sogar zusammen mit einer Achtfachimpfung durchgeführt wurde. Nach dem Motto: »Viel hilft viel.« Ein völlig verantwortungsloses Vorgehen.

Ich verwende diesen Impfstoff nicht.

Babesiose (Hundemalaria)

Babesien sind Einzeller und werden von Zecken übertragen. 0,5 Prozent der Auwaldzecken sind Babesienträger. Es gibt verschiedene Babesienarten, von denen in Europa nur zwei vorkommen.

Babesien befallen die roten Blutkörperchen des Wirtes und lösen sie auf. Dadurch kommt es zur Freisetzung von Hämoglobin (der Urin wird dunkel) und zur Blutarmut. Ursprünglich trat diese Erkrankung nur im Mittelmeerraum auf, durch die Klimaerwärmung gibt es mittlerweile auch mit Babesien infizierte Zecken in Süddeutschland. Im Jahr 2011 erkrankten mehr als 1500 Hunde in Deutschland an Babesien.

Symptome sind hohes Fieber, Appetitmangel, Ödeme, Blutungen und Blutarmut. Vor allem geschwächte Hunde sind anfällig und zeigen oft einen schweren Krankheitsverlauf.

In südlichen Ländern, in denen die Babesien gehäuft vorkommen, nimmt die Erkrankung bei Hunden einen eher subklinischen Verlauf, das heißt, die Hunde erkranken nicht schwer. In unseren Breiten jedoch kann eine Infektion (auch bei Urlauberhunden), wenn sie nicht erkannt und behandelt wird, tödlich verlaufen. Eine akute Babesiose kann schulmedizinisch mit Carbesia (zur Prophylaxe und Therapie), Clindamycin, Metronidazol oder Doxycyclin behandelt werden. Gegen Babesiose gibt es einen Impfstoff, der aber nicht gegen alle Babesienarten wirkt (nur gegen Babesia canis canis und Babesia canis rossi). Dieser Impfstoff wird aufgrund starker Nebenwirkungen nicht einmal von der Ständigen Impfkommission praktizierender Tierärzte empfohlen. Dieser Impfstoff ist derzeit in Deutschland noch nicht zugelassen, in Österreich dagegen schon.

Die Babesiose ist mit der Malaria des Menschen zu vergleichen, daher rührt auch der Name »Hundemalaria«. MMS wird bei der Therapie der menschlichen Malaria, und nicht nur dort, sehr erfolgreich verwendet. Warum sollte es beim Hund nicht auch bei Babesiose eingesetzt werden können? Leider gibt es keinerlei Versuche oder Studien seitens der Universitäten. Das wäre sicherlich von großer Bedeutung. Wie immer aber findet sich hier kein Finanzier, weil MMS nicht patentierbar ist, demnach nicht interessant für Pharmafirmen, und auch nicht ins »Weltbild« von Schulmedizinern passt. Mehr dazu im Kapitel 8: *Die Therapien – MMS*.

Die Therapie bei chronischer Babesiose richtet sich nach dem jeweiligen Zustand des Patienten. Zur allgemeinen Therapie kann zusätzlich gegeben werden:

- Wermut und Beifuß: hoch dosierter Extrakt, circa 1 Gramm pro Tag für drei Tage, Kurwiederholung alle zwei bis vier Wochen. Zusätzlich Vitamin B12 als Methylcobalamin, da Wermut und Beifuß Vitaminräuber sind.
- Noni-Extrakt: Der konzentrierte Extrakt aus der Noni-Pflanze wirkt auf intrazelluläre Erreger.
- Rizol: auch gegen Borrelien und andere Erreger. Rizolöle sind wasserfreie Pflanzenöle, die zusammen mit Ozon im Körper ähnlich keimabtötend wirken wie Wasserstoffperoxid. Durch Sauerstoffabspaltung werden Erreger abgetötet, die auf Sauerstoff empfindlich reagieren. Vorher sollte aber die Empfindlichkeit der Patienten getestet werden, da eine schlagartige Toxinfreisetzung aus den abgetöteten Bakterien, Parasiten und Pilzen auch mit starken Nebenwirkungen einhergehen kann.

Ich selbst habe Rizol noch nicht ausgetestet, es wäre sicher wichtig, hier einen Vergleich gegenüber Antibiotika zu bekommen.

Ehrlichiose und Anaplasmose

Diese bakteriellen Erkrankungen werden ebenfalls von Zecken übertragen. Auch hier werden zum Nachweis Antikörpertests und PCR-Bestimmungen durchgeführt.

Rüde Max, Entlebucher, 5 Jahre, soll am Kreuzband operiert werden. Der Hund ist sonst völlig gesund und war nie im Ausland. Max wohnt in der Nähe von Salzburg, hält sich aber momentan bei der Züchterin auf, da seine Besitzer im Urlaub sind.

Max humpelt seit einigen Tagen, und die Züchterin fährt in eine Klinik in der Nähe von München. Dort wird ein Kreuzbandriss diagnostiziert und vor der Operation eine Routineblutuntersuchung durchgeführt. Diese Untersuchung enthält auch Antikörperbestimmungen für die Erreger von Reisekrankheiten sowie eine Bestimmung des Borreliosetiters (der Titer ist eine Verdünnungsstufe, die als relatives Maß für die Konzentration zum Beispiel eines Antikörpers, Antigens oder eines Virus verwendet wird). Warum diese Titerbestimmungen überhaupt bei einem völlig gesunden Hund vor einer Operation durchgeführt werden, entzieht sich meiner Kenntnis UND meinem Verständnis.

Das Ergebnis dieser Untersuchung: Max hat normale Blutwerte, aber einen erhöhten Borreliosetiter, einen erhöhten Ehrlichiosetiter UND einen erhöhten Anaplasmosetiter. Max wird nicht operiert, was sich im Nachhinein als Glück herausstellt, denn der Kreuzbandriss, wenn es denn einer war, heilte in den folgendenWochen von alleine aus. Aber Max bekommt aufgrund der erhöhten Titer gleich fünf Packungen Ronaxan 100 Milligramm (Doxycyclin) verschrieben. Das reicht für circa drei Wochen. Herr M. K., der Besitzer von Max, holt seinen Hund am nächsten Tag ab und bekommt den Befund und die Tabletten mit dem Auftrag, diese seinem völlig gesund erscheinenden Max regelmäßig zu geben. Herr K. ist schwer irritiert und steht am nächsten Tag mit Befund und Tabletten in meiner Praxis. Was soll er denn jetzt tun, soll er die Tabletten geben oder nicht? Die Züchterin hat ihm richtig Angst gemacht und die Tierärzte hätten erklärt, Max würde in Kürze schwer erkranken, wenn er die Tabletten nicht bekäme, und ohne durchgeführte Tablettenkur könne er auch nicht am Knie operiert werden. Herr K. gibt Max die Tabletten nicht. Max hat seit der Diagnose vor 2 Jahren bis heute noch keinerlei Anzeichen einer Infektion entwickelt und erfreut sich nach wie vor bester

> Gesundheit. Wir haben nach 3 Monaten die Titerbestimmungen in einem anderen Labor noch einmal wiederholen lassen. Alle Titer waren negativ.

Bei wie vielen Hunden aber gleichermaßen und alleine anhand eines erhöhten Titers eine Behandlung mit Doxycyclin vorgegangen wird, weiß ich nicht. Es dürfte aber eine ganze Menge sein, da ich immer wieder solche und ähnliche Krankengeschichten vorgelegt bekomme.

Es sollte bei Borreliose sowie bei den Reisekrankheiten sehr genau überlegt werden, ob ein Antibiotikum wirklich sinnvoll ist, werden doch vor allem Borrelien und Leishmanien dadurch niemals ganz eliminiert. Durch die immer wieder durchgeführten chemischen Medikamentenkuren wird der Organismus nur zusätzlich geschwächt. Rückfälle beziehungsweise andere Erkrankungen sind dann vorprogrammiert. Vor allem im chronischen Stadium bringt eine solche Behandlung nichts. Hier sollten stattdessen ein gezielter Immunaufbau, eine Milieusanierung sowie die auch meistens notwendige Futterumstellung durchgeführt werden.

KAPITEL 17

Krebs bei Mensch und Tier (von Dr. Juliane Sacher)

Zur Behandlung von Krebspatienten

Artikel von Gastautorin Dr. Juliane Sacher, Fachärztin für Allgemeinmedizin in Frankfurt/Main, zum Thema Krebs

Die Hochrechnungen im Januar 2013 aus den Zahlen der weltweiten Krebsstatistik sprechen von einer zukünftigen Zunahme der Krebsfälle von 75 Prozent. Momentan entfallen 40 Prozent der Krebsfälle auf die Industrieländer, in denen aber nur 15 Prozent der Menschen leben, und dies wird sich weiter in diese Richtung verschieben. Es besteht also auch in unserem Staat ein viel größeres Risiko, an Krebs zu erkranken, als in den meisten Teilen der Welt, wobei das nicht an unserem Land liegt, sondern an unserer Lebensweise.

Verwunderlich ist, dass niemand merkt, oder sagen wir besser: wahrhaben will, dass die bisherige Sichtweise, ein »ohne Grund« auf den Menschen einbrechender »zufälliger« genetischer Fehler sei die Ursache einer Tumorerkrankung, keinerlei Berechtigung hat. Die Masse der Ärzte scheint an diese Zufälligkeit zu glauben und bietet fast mechanisch die offiziellen Therapien an. Betroffene spüren, dass das nicht alles sein kann, aber sie trauen sich oft nicht, das System infrage zu stellen, weil sie sich hilflos fühlen in ihrer vermeintlich unausweichlichen, todesbedrohlichen Situation.

Ich möchte hier ein Konzept auf der Basis neuer wissenschaftliche Erkenntnisse vorstellen, welches sich bewährt, wenn Menschen aktiv werden und für sich selbst etwas tun und nicht einfach ihr Leben »an der Praxistür abgeben«. Menschen sollen wieder lernen, in und MIT der Natur zu leben. Wir haben diese Möglichkeit in der Medizin scheinbar völlig vergessen.[5]

In der Evolution geschieht nichts ohne Grund. Über Milliarden Jahre entwickelten sich Organismen immer weiter, und ein Lebensprinzip ist, Ordnung zu schaffen und auf Optimierung zu achten. Es ist also die Frage: Was könnte der Grund sein, dass Krankheitsprozesse bis zum heutigen Tage aus dem Leben nicht eliminiert wurden? Für mich ist die einzige Antwort: KRANKHEIT hat eine Bedeutung! KRANKHEIT ist die GESUNDE Reaktion des Körpers auf etwas, das NICHT IN ORDNUNG ist. Das heißt, dass die auftretenden Symptome und Beschwerden Teil des Bearbeitungsversuchs des Körpers sind und dass es Gründe dafür gibt, dass der Körper nicht damit fertig wird. Normalerweise weiß jede Zelle von selbst, was sie zu tun hat, wenn etwas nicht in Ordnung ist. Fragen Sie sich manchmal, warum Sie nichts tun müssen, wenn Sie sich in einen Finger schneiden? Weil die Zellen wissen, was sie zu tun haben!

Das heißt, es macht keinen Sinn, Krankheitsprozesse zu bekämpfen oder nur zu stoppen, ohne den eigentlichen Grund des Auftretens zu bearbeiten. Ziel sollte immer sein, alles zu tun, damit der Organismus seine Ordnung wiederherstellen kann. Hier setzen meine Behandlungsvorschläge an, auch bei Krebs.

Krebs ist wie alle anderen chronischen Erkrankungen über einen langen Zeitraum entstanden und resultiert aus einem komplexen System von Einzelfaktoren.[6] Hier spielen auch psychische und seelische Faktoren eine wichtige Rolle. Es ist falsch, dass die vermeintlich »zufällige« Genmutation die Ursache für den Tumor ist. Das

---

5 Vgl. Brigitte Ross: *Elemente der Gesundheit*, 2011, Open Mind Academy.

6 Torsten Engelbrecht, Dr. Claus Köhnlein, Inez Pandit, Juliane Sacher: *Die Zukunft der Krebsmedizin*, 2010.

Bedenkliche ist, dass diese Theorie für den Einsatz von Chemo- und Strahlentherapie verantwortlich ist. Man behauptet, eine mutierte Zelle könne nicht geheilt werden, sondern man müsse sie vernichten. Stattdessen ist längst nachgewiesen, dass eine Tumorzelle sich wieder in eine normale Zelle zurückverwandeln kann.[7 8 9]

Die multikausalen Faktoren für einen Tumor sind:

- Toxine aus der Umwelt[10]
- falsche Ernährung
- fehlende Bewegung
- chronische Entzündungen – auch Impfungen
- anhaltende Stressbelastung
- tief sitzende falsche Glaubenssätze (zum Beispiel »Ich bin nichts wert…«)[11]

Es geht also darum, eine möglichst genaue Analyse des Zustandekommens der Erkrankung beim einzelnen Menschen herauszufinden, um die Behandlung so individuell wie möglich zu gestalten. Dadurch, dass ich dem Patienten den Krankheitsprozess, der biologisch abläuft, erkläre, gebe ich ihm die Möglichkeit, neben den verordneten Therapien auch sehr viel selbst dazu zu tun, seinen Zustand zu verbessern. Nur so kann ein Patient aktiv und konsequent die Therapieentscheidung über einen langen Zeitraum mittragen.

---

7 Dr. Heinrich Kremer: *Die stille Revolution der Krebs- und AIDS-Medizin,* 2001.

8 Tallberg, Th., Stenbäck, H., Hallamaa, R., Dabek, J., Johansson, E., Kallio, E.: *Studies on the mitochondrial regulation of the genome.* Deutsche Zeitschrift für Onkologie 34 (2002) 128- 139.

9 Tallberg, Th., Stenbäck, H., Dabek, J., Palkama, A.: *Complete disappearance of human malignant histiocytoma cells following dietary biotherapy, leading to activation of inductional control mediated by mitochondria.* Australien College of Nutritional & Envoironmental Medicine 15(2) (1996) 5–10.

10 Dr. Heinrich Mutter: *Laß dich nicht vergiften,* 2012.

11 Dr. Bruce Lipton: *Intelligente Zellen,* 2004.

Folgende Maßnahmen zur Förderung der Gesundheit stehen im Vordergrund:

- Erkennen und Entfernen der Gifte mit anschließender Ausleitung
- vollständige Ernährungsumstellung, vor allem kein Zucker, keine Süßstoffe, sondern Xylit (nur aus der Birkenrinde und nicht aus Mais), Succrin, kein Getreide (auch kein Brot, keine Nudeln)
- viel Grünes, grüne Smoothies[12] [13] [14]
- die richtigen Fette: Leinöl, Olivenöl für kalte Speisen, zum Erhitzen Butterfett (Ghee) und Kokosfett. Morgens ist die Öl-Quark-Speise nach Frau Dr. Budwig sehr gut.[15]
- täglich 30 Milliliter Wasser pro Kilogramm Körpergewicht trinken
- Bewegungskonzept für eine tägliche 30-minütige Bewegung im sauerstoffnutzenden Bereich (Formel: 160 minus Alter = Pulsfrequenz, in der Sport getrieben wird) – niemals zu viel! So beginnen, wie man kann (egal, ob mit 5 oder 10 Minuten), und dann täglich versuchen, um 1 Minute zu steigern
- Last but not least halte ich Maßnahmen zur Bearbeitung der eigenen Person für unerlässlich, denn Krankheit fordert Änderung! An erster Stelle sollte man lernen, nicht sofort in Panik zu geraten bei dem Wort »Krebs«.[16] Hierfür kann man sich einen Therapeuten/Psychologen/Coach suchen oder man kann sich auch anhand von Büchern[17] [18] hervorragend ein Bild von sich machen, an dem man dann selbst oder in Seminaren[19] arbeiten kann.[20]

---

12 Dr. Joachim Mutter: *Grün essen,* 2012.

13 Dr. Johannes Coy: *Die neue Anti Krebs Ernährung,* 2009.

14 Dr. Johannes Coy: *Das Anti-Krebs-Kochbuch,* 2010.

15 Budwig's Öl-Quark-Speise: 2 Esslöffel Magerquark und 2 Esslöffel Leinöl glatt verrühren, dann mit etwas Beerenfrüchten ohne Zucker und Honig, vielleicht Xylit oder Succrin essen oder als herbe Variante mit Kräutern und Salz.

16 DVD Juliane Sacher: *Keine Panik bei Tumorerkrankungen!*

17 Dieter Lange: *Sieger erkennt man am Start – Verlierer auch,* 2012.

18 Mirsakarim Norbekov: *Eselsweisheit,* 2011.

19 Seminare Jerkov's Königsweg, www.jerkov.de, es gibt aus meiner Sicht nichts Besseres.

20 Dr. Alberto Villoldo und Dr. David Perlmutter: *Das erleuchtete Gehirn,* 2011.

Parallel zu den Maßnahmen, die der Patient selbst tun kann, setze ich Substanzen aus Nahrungsstoffen ein, die nachweislich an den entscheidenden, krankhaft veränderten Stellen des Zellstoffwechsels ansetzen. Hierzu möchte ich kurz die biologischen, biochemischen Prozesse in der Tumorzelle erklären. Hier arbeite ich das Wissen von vornehmlich folgenden Kollegen mit ein: Prof. Warburg, Dr. Kremer, Dr. Ohlenschläger, Dr. Gradl, Dr. Tallberg.

Die offizielle Medizin geht davon aus, dass eine Krebszelle durch eine genetische Mutation im Zellkern entsteht, und da man annimmt, dass eine Mutation nicht rückabgewickelt werden kann, muss man die Zelle entfernen beziehungsweise vernichten mit den Möglichkeiten Operation, Chemotherapie und Bestrahlungen. Schon in den 1980er-Jahren zeigte ein mehrfach durchgeführter Versuch an Mäusen, dass die genannte Entstehungsthese von Krebszellen falsch ist. Durch Verpflanzen des kranken Zellkerns in eine frisch befruchtete Mäuseeizelle, der man den gesunden Kern entfernt hatte, sind – entgegen der Erwartung – immer gesunde Mäuse und immer gesunde Nachfahren entstanden. Zwar kann man die ursächlich vermutete genetische Störung und den dadurch produzierten »spezifischen« Oberflächenrezeptor einer Tumorzelle nachweisen, doch ist dies schon die Folge eines veränderten Stoffwechsels, der typischerweise zur Tumorzellentwicklung führt, das heißt, die offiziell angebotenen Therapien setzen an der falschen Stelle an.

Fakt ist, dass durch Forschungen in Medizin, Biologie, Evolutionsbiologie et cetera gezeigt werden konnte, dass es entscheidend um den Inhalt des Zellplasmas und nicht primär um den Zellkern geht, vor allem um die Mitochondrien, die über 95 Prozent unserer Energie (ATP) unter Sauerstoffnutzung produzieren. Ist zu wenig Sauerstoff da oder sind die Mitochondrien durch Umweltgifte, Medikamente (zum Beispiel Antibiotika) et cetera gestört oder zerstört worden, dann schaltet die Zelle auf einen sauerstofflosen Stoffwechsel um, weil der koordinierende Einfluss der Mitochondrien auf den Zellkern wegfällt. Dauert dieser Zustand an, entsteht die Krebszelle.

Vereinfacht dargestellt, kann man sagen, dass ohne die Kopraxis der Mitochondrien die Gene im Zellkern vor allem für die Vermehrung arbeiten. Es kommt zu einem unkontrollierten, unkoordinierten Wachstum ohne Berücksichtigung der differenzierten Zellleistung. Das ist auch der Grund, warum die Krebszellen so undifferenziert sind.

Aus dem Gesagten folgt der Schluss, dass eine Therapie vor allem an den Mitochondrien ansetzen muss. Zusätzlich sollte man die vorzufindende Dysbalance zwischen den beiden Immunantworten (TH1 und TH2)[21] beeinflussen.

---

[21] Agarwal A, Agrawal U, Verma, Mohanty, Saxena: Serum Th1 and Th2 cytokine balance in patients of superficial transitional cell carcinoma of bladder pre- and post-intravesical combination immunotherapy, in: *Immunopharmacol and Immunotoxicol;* 32(2), 348–356, New York 2010.

Empfehlung für Krebspatienten kurz gefasst:

- Rechtsdrehende Milchsäure täglich dreimal 30 Tropfen – zur Kompensation der von der Tumorzelle produzierten linksdrehenden Milchsäure
- Calypso – eine Mischung aus Glutathion, Curcumin, Agaricus, B-Vitaminen und Selen
- Glutathion – DAS wichtigste Entgiftungsmolekül. Es regelt die Balance von TH1- und TH2-Immunantworten.
- Curcumin 95-prozentig, Bestandteil (3 bis 5Prozent) des Gewürzes Kurkuma, zur Verbesserung der Mitochondrien
- Agaricus – ein Heilpilz, der die TH1-TH2-Balance in Richtung TH1 fördert
- Mesundra – Gewürzmischung zur Förderung der Apoptose, TH1-TH2-Balance, antioxidativ
- Brassica – Brokkolipulver enthält Sulphoraphane, die eine krebshemmende Wirkung haben
- Viathen-T – Kräutermischung mit vielfältigem Ansatz, vor allem TH1-TH2-Balance[22]
- Sauerstofftransfer – zur Verbesserung der Sauerstoffversorgung, besonders der Mitochondrien und bei Anämie
- Mineralstoffe und Spurenelemente nach Ergebnissen der Vollblutanalyse (keine Serumanalyse!)

Mein Hauptanliegen ist es also, dem Patienten Hilfe zur Selbsthilfe zu geben, damit er nicht so festgefahren in der Abhängigkeit von Therapeuten bleibt.

[22] Juliane Sacher: *Die Förderung der körpereigenen Fähigkeit, Tumorzellen zu eleminieren. Die Bedeutung der Apoptose für die Vorbeugung und Therapie von Krebserkrankungen;* CO`MED Fachmagazin 8 (80–82) 2007.

KAPITEL 18:

Meine Krebsbehandlung für Hund und Katze

Auch beim Tier ist die Entstehung von Krebs multifaktoriell, das heißt, dass mehrere Faktoren zusammenspielen. Was dann die im Endeffekt auslösende(n) Ursache(n) war(en), kann nur in seltenen Fällen ermittelt werden. Bewiesen und auch sehr eindrucksvoll nachvollziehbar ist das Impfsarkom bei der Katze, für das eindeutig das Adjuvans im Leukose- sowie Tollwutimpfstoff verantwortlich ist (Thiomersal). Andere Tumoren, wie die immer häufiger auftretenden Tumoren in den Nasenhöhlen des Hundes, sind ebenso unzweifelhaft auf die Umweltgifte in der Luft zurückzuführen. Hunde bekommen, wenn sie in den Städten spazieren geführt werden, die gesamten Abgase ab, die in Bodennähe vorhanden sind. Krebserkrankungen nehmen vor allem beim Hund, aber auch bei der Katze ständig zu. Krebs ist die häufigste Todesursache bei Hunden, wobei Hautkrebs (davon sind 20 Prozent Mastzellentumore), Mammatumore und Milztumore an erster Stelle liegen. Gewisse Rassen wie Boxer, Deutsche Schäferhunde, Scottish Terrier und Golden Retriever sind besonders anfällig. Aber auch bei diesen Rassen kann man die Entstehung einer Krebserkrankung durch entsprechende Prophylaxe verhindern oder hinauszögern. Beispielsweise erkranken Hündinnen, die in einem Alter von circa 1 Jahr schlank waren, deutlich seltener an Mammatumoren als Hündinnen, die in dieser Zeit zu Übergewicht neigten. Prophylaktisch können wir so weit als möglich krebserregende Stoffe vermeiden, Futter ohne künstliche

Zusatzstoffe geben, Zigarettenrauchbelastung im Zimmer, in dem sich Hunde und Katzen aufhalten, minimieren, so wenig wie möglich oder gar nicht impfen, keine giftigen Spot-ons oder sonstigen giftigen Parasitenmittel benutzen und auch chemische Wurmkuren sparsam verwenden. Zudem viel Bewegung an der frischen Luft, weg von Straßenstaub und Industrie (soweit es eben möglich ist).

Bei einer ganzheitlichen Betrachtungsweise steht ebenfalls nicht die Zerstörung des Tumors im Vordergrund, sondern die Stärkung des Immunsystems. Natürlich müssen in manchen Fällen vor allem große, störende Tumoren operativ entfernt werden, ich bin aber mit dem Operieren sehr vorsichtig und greife nicht sofort zum Messer. Von größerer Bedeutung ist es, den Patienten generell zu stärken. Auch bei den Tieren liegt die Ursache des Krebses NICHT in einer genetischen Mutation der Krebszelle, auch hier liegt die Störung im Zellstoffwechsel (Mitochondrien, den Kraftwerken der Zelle).

Und hier setzt auch meine Therapie an:

- Ernährungsumstellung. Vermeidung jeglichen Einfachzuckers (kein Getreide)
- kein Fertigfutter, frisches rohes Fleisch, Gemüse geraspelt, viel Grünzeug, vor allem Wildkräuter, Vermeidung von Transfetten
- Agaricus, Reishi-Vitalpilze
- Calypso-Kapseln (bei jeder Krebsbehandlung obligat, eventuell zusätzlich Glutathion)
- Mineralstoffmischung Basic
- rechtsdrehende Milchsäure
- Aminosäurenpresslinge, vor allem dann, wenn es schon zu einem Abbau von Muskulatur gekommen ist
- viel Bewegung an der frischen Luft
- Vitamin B17

Der große, bedeutende Unterschied zur schulmedizinischen Krebsbehandlung besteht demnach nicht in der Zerstörung der Tumorzelle durch Chemotherapie und Bestrahlung, sondern in der individuellen Unterstützung des Patienten. Leider gibt es, wie in der Humanmedizin auch, keine vergleichenden Studien zwischen Krebspatienten, die mit Chemotherapie oder Bestrahlungen behandelt wurden, und Patienten, die »andere« Therapien vorgezogen haben.

Aufgrund der Tatsache, dass die schulmedizinische »Krebsbekämpfung« in den letzten 30 Jahren keine nennenswerten Fortschritte gemacht hat, wären solche Untersuchungen schon längst überfällig. Auch in der Tiermedizin werden leider immer mehr Chemotherapien durchgeführt, deren Nebenwirkungen angeblich bei Weitem nicht so schlimm sein sollen wie beim Menschen. Tiere können aber bekanntlich nicht sprechen. Abgesehen davon, dass die Chemotherapie prinzipiell keine ursächliche Therapie gegen Krebs darstellt, ist die Verwendung von hochgiftigen Stoffen in Kleintierpraxen nicht ganz ohne Gefahren. Auch hier muss auf peinlichste Sauberkeit geachtet werden (Handschuhe, Mundschutz) und eine fachgerechte Entsorgung wie in der Humanmedizin sichergestellt werden, ohne dass irgendjemand mit den Stoffen in Berührung kommt. Ob das in Tierarztpraxen immer so penibel gehandhabt werden kann, sei dahingestellt. Diese hochgiftigen Substanzen werden in die Tiere gespritzt oder infundiert. Vielleicht kommt es sogar zu einem kurzfristigen Rückgang des Tumors, die zellzerstörende Wirkung der Chemotherapeutika provoziert aber geradezu die Entstehung eines »neuen« Krebses. Der größte Teil der so behandelten Hunde und Katzen stirbt bald nach einer solchen Chemotherapie. Wenn Sie sich bei Ihrem Hund oder Ihrer Katze doch für eine Chemotherapie entschließen sollten (eine kleine Chance haben Sie damit bei Blutkrebs oder Mastzellentumoren), ist eine begleitende ganzheitliche Therapie unbedingt notwendig. Ich selbst lehne jede Art der Chemo aber ab.

Wenn man sich mit grundsätzlichen Fragen der Krebsentstehung und schulmedizinischen Behandlung mittels Chemotherapie intensiver befasst, kommt man schnell ins Grübeln. Ich verweise den interessierten Leser auf die entsprechende Fachliteratur (*Elemente der Gesundheit*, 2011, Open Mind Academy, *Gesund statt chronisch krank*, Dr. med. Joachim Mutter, *Die Zukunft der Krebsmedizin*, Torsten Engelbrecht, Dr. med Claus Köhnlein, Ines Maria Pandit, Juliane Sacher et cetera, siehe Literaturverzeichnis).

Vitamin B17

Bei allen krebsfreien Völkern findet sich in der Nahrung ein hoher Anteil an bitteren Stoffen, den sogenannten Nitrilen, auch als cyanogene Glycoside bekannt. Diese Völker essen viel Vitamin B17. Vitamin B17 wird von Gegnern als hochgiftig eingestuft, weil es sich neben zwei Glukoseeinheiten noch aus den beiden Bestandteilen Benzaldehyd und Cyanid zusammensetzt, die in diesem Molekül eine stabile Verbindung eingehen. Nun sind Benzaldehyd und Cyanid (Blausäure) als hochgiftig bekannt und in höherer Dosis sogar tödlich. In seiner natürlichen gebundenen Form sind sie aber chemisch inaktiv und haben keinerlei negative Wirkung auf lebendes Gewebe. Krebszellen sondern ein Enzym (Beta-Glucosidase) ab, das dafür sorgt, dass die vorher inaktiven Stoffe des B17-Moleküls nun hochgiftig reagieren. Die Krebszelle, die damit in Berührung kommt, wird vernichtet, umliegende gesunde Zellen werden nicht angegriffen und bleiben intakt. Vitamin B17 ist NICHT giftig.

Dieses Enzym befindet sich ausschließlich in Krebszellen in großen Mengen. An der Krebszelle wird das B17 aufgespalten und die freigesetzten Gifte zerstören NUR die Krebszellen. Andere gesunde Zellen besitzen wiederum ein anderes Enzym, die Rhodanase, die die Fähigkeit hat, dieses Gift zu neutralisieren und in unschädliche Nebenprodukte umzuwandeln. Rhodanase gibt es nur in gesunden Zellen, nicht in Krebszellen. Die angebliche Giftigkeit des Vitamins B17 ist mittlerweile widerlegt, wird aber trotzdem immer wieder gerne aufgegriffen, wenn es um die Verhinderung der Behandlung mit Vitamin B17 bei krebskranken Menschen und Tieren geht. Wie oben erwähnt, kennen Völker, die viel Vitamin-B17-haltige Nahrungsmittel zu sich nehmen, viel weniger Krebserkrankungen als unsere zivilisierte Gesellschaft. Sicherlich ist der Mangel an Vitamin B17 in unserer heutigen Ernährung nur ein kleines Mosaik bei den Ursachen der Krebsentstehung. Man kann aber sehr wohl darauf achten, vermehrt Nahrungsmittel mit hohem Gehalt an Vitamin B17 in seinen Speiseplan und auch den seines Hundes einzubauen.

Welche Lebensmittel enthalten nun einen hohen Gehalt an Vitamin B17, die wir unseren Tieren verfüttern können?

- Hülsenfrüchte und deren Keimlinge
- Buchweizen, Hirse
- Fruchtkerne von Aprikosen, Pfirsichen, Äpfeln, Pflaumen, Nektarinen, Birnen
- Kohl, Brokkoli, Grünkohl, Rotkohl, Blumenkohl
- Spinat, Brunnenkresse, Johannisbeeren, Papaya, Bittermandeln, Kürbis, Aroniabeere, Heidelbeeren, Brombeeren, Himbeeren

Therapeutisch können wir bei Krebserkrankungen Vitamin B17 folgendermaßen einsetzen:

In bitteren Aprikosenkernen ist Vitamin B17 besonders reichlich vorhanden. Die Aprikosenkerne werden gemahlen und ins Futter gemischt.

Bei großen Hunden (circa 40 Kilogramm) beginnen wir mit zweimal 2 gemahlenen Kernen täglich. Wenn das gut vertragen wird (Hunde sind manchmal etwas müde oder reagieren mit Aufstoßen), erhöhen wir auf 20 Kerne pro Tag.

Prinzipiell gilt: Die Erhaltungsdosis sollte dem Gewicht des Patienten angepasst werden. Bei einem Hund von 40 Kilogramm sollte die Gesamtzahl der gegebenen Aprikosenkerne bei 40 liegen.

KAPITEL 19:

Die Schilddrüse

Immer mehr Hunde leiden an Schilddrüsenunterfunktion, immer mehr Katzen an Schilddrüsenüberfunktion. Woher kommt das?

Beim Hund ist in den meisten Fällen die Schilddrüse direkt betroffen und nicht die übergeordneten Schaltzentren wie Hypophyse und Hypothalamus. Diese immer häufiger vorkommende Unterfunktion, also dass die Schilddrüse zu wenig Hormone produziert, äußert sich in Auswirkungen auf den gesamten Organismus: in schlechtem oder verzögertem Haarwachstum, Haarausfall, trockenem, brüchigem Fell. Allgemeine Symptome sind Bewegungsunlust, Verfressenheit, Gewichtszunahme sowie ein Konditionsabfall. Alle Stoffwechselfunktionen laufen verlangsamt ab. Beim Hund kennt man vor allem die chronisch entzündliche Veränderung, die lange Zeit fast unbemerkt verläuft, sowie eine zweite Form, bei der durch eine Autoimmunreaktion das Schilddrüsengewebe zerstört wird. Als Ursachen gelten hier vor allem Schwermetallbelastungen, besonders Quecksilber, aber auch Blei. Zudem zählen hohe Nitratwerte und Huminsäuren im Grundwasser, Dioxin und PCB sowie Thiocyanate aus Zigarettenrauch zu den die Schilddrüsenfunktion störenden Stoffen, ebenso Geschmacksverstärker, Lebensmittelfarben, Konservierungsstoffe und andere Stoffe der industriellen Futtermittelproduktion. Auch Medikamente wie Antibiotika (Sulfonamide) und Schmerzmittel können die Schilddrüse beeinträchtigen. Es gibt keine andere endogene Drüse, die so empfindlich auf Fremdstoffe reagiert wie die Schilddrüse. Ein Jodmangel als Auslöser für eine Schilddrüsenunterfunktion, wie es beim Menschen der Fall ist, ist beim Hund sehr selten.

Medikamente wie Kortison können eine Schilddrüsenunterfunktion vortäuschen, indem sie den T4- und T3-Wert im Blut senken. Auch andere Erkrankungen können diese Werte beeinflussen. Meines Erachtens wird bei sehr vielen Hunden viel zu früh mit schilddrüsenunterstützenden Medikamenten (Forthyron, Euthyrox) begonnen. Allein aufgrund eines erniedrigten T3- und T4-Werts sowie eines erhöhten TSH-Werts ist das in den meisten Fällen noch nicht notwendig. Man sollte andere Methoden bevorzugen. Vor allem sollte immer der TSH-Stimulationstest durchgeführt werden, um eine exakte Diagnose zu bekommen. Mit der Gabe von Schilddrüsenhormonen stellt die Schilddrüse ihre restliche Produktion ein. Auf jeden Fall sollte versucht werden, erst einmal mit anderen natürlichen Mitteln die Produktion der Schilddrüsenhormone anzuregen.

Bei der Katze ist die Schilddrüsenüberfunktion (SÜ) die am häufigsten auftretende Schilddrüsenstörung und auch überhaupt die am häufigsten vorkommende Hormonstörung. Symptome sind eine deutliche Beschleunigung des Stoffwechsels und damit ein deutlicher Gewichtsverlust bei unveränderter Nahrungsaufnahme. Zudem Fellveränderungen, trockene Schuppen, Haarausfall sowie eine erhöhte Herzfrequenz. Es gibt schon einige Studien und Hinweise, dass das vermehrte Auftreten der SÜ bei der Katze mit der Einführung kommerzieller Fertignahrung zusammenfällt. Circa 15 Jahre nach der Einführung stiegen die Zahlen an. Das Durchschnittsalter, in dem Katzen eine SÜ entwickeln, beträgt 13 Jahre. Katzen, die mit Dosenfutter ernährt wurden, zeigen ein dreifach höheres Risiko, an einer Überfunktion zu erkranken. Als Auslöser wird das in den beschichteten Konservendosen hohe Bisphenol-A-Aufkommen diskutiert.

Bei der Katze kommt es in fast allen Fällen der SÜ zur Bildung von Adenomen (gutartigen Tumoren) auf der Schilddrüse, die zu viele Schilddrüsenhormone produzieren. Schulmedizinisch wird die SÜ entweder mit Medikamenten (Carbimazol, Thiamazol) behandelt oder mit der Radiojodtherapie. Carbimazol und Thiamazol sind stark nieren- und leberschädigend. In vielen Fällen kann auf die Gabe dieser Medikamente nicht verzichtet werden. Man kann aber sehr wohl versuchen, noch anderweitig diese Überfunktion positiv zu beeinflussen.

Bei Überfunktion:

- Aspidium spag. (Phönix) Tropfen
- »Beruhigungstropfen« mit Hopfen, Melisse, Johanniskraut: wirken aufgrund ihrer Inhaltsstoffe (Phytoöstrogene) beruhigend auf die Hormonproduktion. Darüber hinaus weist die Melisse noch eine Untergruppe der Flavonoide auf, die die Umwandlung von Thyroxin zu Trijodthyronin behindern.
- Schüßlersalze: Nr. 2 Kalzium phosphoricum, Nr. 5 Kalium phosphoricum, Nr. 6 Kalium sulfuricum, Nr. 7 Magnesium phosphoricum
- Thyreogutt-Tropfen (Wolfstrappkraut), blockieren ein Enzym, welches aus T4 das wirksame T3 macht
- oder Lycopus virginicus D6 (Wolfstrappkraut in homöopathischer Aufbereitung)

Bei Unterfunktion:

- Fütterung (Hund): viel Seelachs, Steinbutt, Kabeljau (hoher Jodgehalt)
- Alfalfa-Sprossen wirken anregend auf die Schilddrüse. Sie enthalten größere Mengen der Aminosäure Tyrosin, einer Vorstufe der Schilddrüsenhormone
- Selen fördert in der Schilddrüse die Umwandlung von Thyroxin zu Trijodthyronin. Selenhaltig sind: Weizenkeime, Fisch aus heimischen Gewässern, Vollkorn, Brokkoli, Knoblauch, Grünkohl, Feldsalat, Spinat und Bierhefe
- Jodum spag. (Phönix)
- Schüßlersalze: Nr. 4 Kalium chloratum D6, Nr. 8 Natrium chlo-

ratum D6, Nr. 9 Natrium phosphoricum D6, Nr. 10 Natrium sulfuricum D6 sowie Kalium jodatum D6

- Thyreoidinum kann bei Unter- und Überfunktion eingesetzt werden (Thyreoidinum ist eine homöopathische Aufbereitung von Schilddrüsenextrakt)

KAPITEL 20:

Impfen – sinnvoll oder nicht?

Ich habe mich in den letzten Jahren sehr intensiv mit Impfungen auseinandergesetzt und dabei immer Pro und Kontra betrachtet. Und ich versuche, objektiv zu bleiben, denn das Thema Impfungen ist sehr emotional.

Bei den Impfungen ist, wie bei fast allen »übernommenen« Kenntnissen, vieles, das behauptet und weiterverbreitet wird, einfach nicht wahr oder wird subjektiv interpretiert. Gerade hinter den Impfungen steht eine gigantische Pharmaindustrie, die einen für normale Verbraucher unvorstellbaren politischen Einfluss ausübt. Denken wir nur an die »neuen« Seuchen wie Vogelgrippe oder Schweinegrippe und an Tamiflu, das Riesengeschäft mit einem, wie mittlerweile nachgewiesen wurde, nicht nur unwirksamen, sondern sogar schädlichen Mittel. Beschäftigt man sich etwas länger mit der ganzen Materie, wird man mit unfassbaren Tatsachen konfrontiert, die man in unserer »zivilisierten« und »kontrollierten« Welt eigentlich nicht für möglich gehalten hätte.

Impfungen sind nach wie vor ein sehr umstrittenes Thema, sowohl in der Humanmedizin als auch in der Veterinärmedizin. Während es jedoch aufgrund amtlicher Meldepflichten beim Menschen bei den seuchenhaften Erkrankungen schon seit Beginn des 20. Jahrhunderts exakte Zahlen gibt, haben wir solche genauen Daten für Hunde- und Katzenkrankheiten nicht.

Voraussetzung für eine Impfung sollte ein wirksamer Schutz vor der jeweiligen Krankheit sein. Wenn das nicht der Fall ist, kann eine Impfung eigentlich nicht zweckmäßig sein.

Fast alle »Seuchen«, die die Menschen in den Jahrzehnten vor dem Zweiten Weltkrieg beschäftigten, wurden nicht durch die entsprechenden Impfungen ausgerottet, sondern durch eine Verbesserung der Lebensumstände. Dr. med. G. Buchwald zeigt in seinem Buch *Impfen – das Geschäft mit der Angst* sehr eindrucksvoll die Kurvenverläufe verschiedener Krankheiten wie Pocken, Diphtherie, Tuberkulose, Keuchhusten, deren Abflachung nicht mit der Einführung von Impfungen in zeitlichem Zusammenhang steht, sondern mit der Verbesserung der allgemeinen Lebensbedingungen wie Hygiene und Nahrungsversorgung. Die Kurvenverläufe gingen schon weit früher deutlich nach unten, bevor die Impfungen eingeführt wurden. Vor allem wenn man die Kurven auseinanderzieht und damit genauestens Jahr für Jahr den Verlauf verfolgt, wird die zeitliche Abfolge von Krankheitszahlen und Impfungen sehr deutlich. Wenn man hier den Kurvenverlauf zusammenzieht und größere Intervalle wie beispielsweise immer zehn Jahresabstände erfasst, kann man sehr wohl zu einem völlig anderen Ergebnis kommen. Da wird dann die Impfung als Grund für den Rückgang der Krankheit ausgemacht.

Ärzte und Tierärzte lernen auf der Universität, dass Impfungen vor Krankheiten schützen. Ob eine Impfung wirklich so wirksam ist wie behauptet oder nicht, wird nicht mehr hinterfragt. »Etablierte« Impfungen scheinen eine Art Heiligenschein zu besitzen und unantastbar zu sein. Beschäftigt man sich aber etwas näher mit der ganzen Materie, beginnt man doch bald erheblich an dem »Segen« von Impfungen zu zweifeln. Nicht nur die vielfältigen Impfschäden, sondern auch die Tatsache, dass durch Impfungen die Erkrankung, gegen die geimpft wurde, ausgelöst werden kann, gibt doch zu denken.

Betrachtet man beispielsweise die Geschichte der Pockenimpfung, bei der Tausende Menschen trotz Impfung an Pocken erkrankten und die Erkrankung durch die Massenimpfungen erst einen Schub bekommen hat, wird man misstrauisch.[23] Beeindruckende,

---

23 Siehe Torsten Engelbrecht, Claus Köhnlein: *Der Virus-Wahn,* 2009, sowie Dr. med. G. Buchwald: *Impfen – das Geschäft mit der Angst,* 2008.

genauestens recherchierte Daten, Fakten und vor allem amtliche Erkrankungszahlen, die alle »Seuchen« betreffen und die natürlich niemals in die Medien gelangen, liegen hier vor. Jeder angehende Arzt oder Tierarzt sollte sich, bevor er sich auf die Versprechungen und einseitigen Informationen der Pharmaindustrie verlässt, auch anderweitig informieren. Dann erscheinen Impfungen auf einmal in einem völlig anderen Licht.

Wenn ich mich zurückerinnere an mein Studium, wurde niemals die Tatsache angezweifelt, dass eine Impfung einen sicheren Schutz vor der geimpften Erkrankung bietet. Die gesamte Gesundheitspolitik, die Human- wie Veterinärmedizin, missachtet seit vielen Jahren elementare ethische Regeln, indem sie Ärzten, Tierärzten und vor allem auch dem Konsumenten die wichtigsten Tatsachen einfach verschweigt. Soll die Bevölkerung von der Notwendigkeit einer Impfung überzeugt werden, ist im Grunde immer dieselbe Vorgangsweise zu beobachten. Zuerst wird das Risiko einer schlimmen Seuche erfunden und als Horrorszenario an die Wand gemalt. Dann wird ein Erreger als Schuldiger gekennzeichnet, gegen den ein Impfstoff entwickelt werden muss. Ob dieser Erreger tatsächlich der Auslöser der Erkrankung ist oder ob noch andere Gründe infrage kommen könnten, wird nicht hinterfragt. Das beste und aktuellste Beispiel hierfür ist sicher die EHEC-Hysterie im Jahre 2011. Hier wurde in einer beispiellosen Kampagne ein an sich harmloser Erreger zum Todfeind erklärt und eine mehrwöchige Panikmache ausgelöst. Die Panik war genauso schnell wieder vorüber, wie sie begonnen hatte.

EHEC sind Escherichia-coli-Bakterien (E. coli), die vorzugsweise im Darm des Menschen und vieler Haustiere vorkommen und mit diesem in Symbiose leben. Sie verhindern das Ansiedeln schädlicher Bakterien und produzieren lebenswichtige Enzyme. Im Rahmen der effektiven Mikroorganismen (EM) werden sie sogar zu medizinischen Zwecken eingesetzt. Da E. coli ein natürlicher Darmbewohner ist, zählt er bei der Kontrolle von Lebensmitteln als Nachweis für fäkale Verunreinigung. Mittlerweile weiß man, dass EHEC vor allem in Ausscheidungen von Rindern vermehrt vorkommen, die mit Kraftfutter gefüttert werden. Rinder, die nur Heu und Gras fressen, haben einen höheren pH-Wert im Verdauungstrakt, hier finden EHEC lange nicht so günstige Bedingungen vor. Gerade die Massentierhaltung, bei der viel Kraftfutter gefüttert wird und viele Tiere auf engstem Raum gehalten werden, stellt eine Brutstätte für neue Krankheitserreger da. Wieso warnt uns das Robert-Koch-Institut (die zuständige deutsche Seuchenbehörde) aber nicht vor dem Verzehr solcher Tiere aus Massentierhaltung? Wenn die Anwesenheit des EHEC-Bakteriums für sich allein nicht krank machen kann, warum werden dann nicht von der zuständigen Behörde die Fakten herausgearbeitet, die wirklich für die schweren Darmerkrankungen verantwortlich sind?

Es gibt kein »typisches« EHEC-Bakterium, denn ähnlich wie Influenzaviren verändern sich EHEC-Bakterien ständig. So sind auch die Testverfahren nicht wirklich aussagekräftig. Vor allem: Wenn EHEC-Bakterien bei vielen gesunden Individuen gefunden werden, ohne eine Erkrankung auszulösen, wie kann man dann ausschließen, dass ein Erkrankter mit positivem EHEC-Test nicht an etwas ganz anderem erkrankt ist? Die Diagnosestellung richtet sich hier ausschließlich nach der Reihenfolge der Untersuchungen und hängt vom Ausgangsverdacht des jeweiligen Arztes ab. Wird sein Verdacht auf EHEC bestätigt, sucht er nicht mehr weiter. Diese Vorgangsweise ist leider in der Medizin üblich und endet nicht selten in einer Sackgasse.

Eine Vielzahl an wissenschaftlichen Daten belegt eindeutig, dass die meisten zu »modernen Epidemien« erklärten Seuchen wie BSE, Vogelgrippe, Schweinegrippe überhaupt nicht existieren oder einfach unbedeutend und harmlos sind. Ein gutes Beispiel für eine erfundene Seuche ist sicher auch die Blauzungenkrankheit bei Schafen, Rindern und Ziegen, die 2008 in einer Zwangsmassenimpfung endete.

Die »Geschichte« von EHEC ist noch vergleichsweise harmlos im Vergleich zur Schweine- beziehungsweise Vogelgrippepandemie. EHEC dauerte ja nur ein paar Wochen und war dann schlagartig vorbei. Vielleicht kam EHEC auch zu überraschend für gewisse tonangebende Behörden sowie die Pharmaindustrie. Hier wurde es, im Gegensatz zur Schweinegrippe oder Vogelgrippe, »verabsäumt«, sofort einen Impfstoff bereitzustellen. Dahingehend wurden wir noch verschont, was aber keine Garantie dafür ist, dass nicht doch irgendwann jemand mit einem »wirksamen« Medikament oder Impfstoff gegen EHEC auftaucht.

Mit diesen Informationen im Hinterkopf betrachte ich natürlich auch Impfungen von Hund und Katze aus einem völlig anderen Blickwinkel.

Tatsache ist, dass auch hier die »Keimtheorie« eine viel zu bedeutende Rolle als Krankheitsursache spielt und andere Faktoren völlig außer Acht gelassen werden. Es gilt aber: Nur in einem gestörten Milieu können sich Keime vermehren, treffen diese auf gesunde Hunde oder gesunde Katzen, passiert nicht viel.

Auch in der Tiermedizin sind Angstkampagnen üblich. Die jüngste ist sicherlich die Ausrufung einer Staupeepidemie im November 2012. Das hat mich sehr stark an die Panikmache bei EHEC und Co. erinnert. »Es wird vermutet, dass es sich um ein neues Staupevirus handelt«, hieß es. Einige Füchse in Deutschland starben, und die Untersuchung ergab als Ursache ein Staupevirus. In den Medien wurde sofort aufgerufen, alle Hunde unverzüglich gegen Staupe zu impfen, da die Schuld an diesem vermehrten Auftreten auf die überhandnehmende Impfmüdigkeit mancher Tierbesitzer zurückzuführen sei. Auch in der Schweiz und in Bayern gab es in den letzten Jahren mehrere Staupefälle unter Füchsen. Aus dem *Vet-Magazin* vom 7. Juli 2008: »Da Staupe besonders für Hunde gefährlich werden kann, sollten Hundebesitzer unbedingt den Impfstatus ihrer Vierbeiner überprüfen und gegebenenfalls ihre Schützlinge nachimpfen lassen.« Dass dieses Staupevirus auf Hunde nicht übertragbar war, wurde mit keinem Wort erwähnt. Es wurde auch kein einziger Fall erwähnt, wo dieses Staupevirus von einem Fuchs auf einen Hund übertragen wurde. Hier wird deutlich, dass die Öffentlichkeit nur bestimmte Fakten erfährt. Die wichtigsten Tatsachen werden einfach verschwiegen. Hundebesitzern wird Angst gemacht, dass ihre Hunde krank werden könnten. Das genügt, um »impfmüde« Hundebesitzer zur Impfung zu treiben. Auch bei Hunden gab es in den 1980er- und 1990er-Jahren (nicht von Füchsen verursachte) Staupeausbrüche. Hier wurde die Ursache ebenfalls auf die nachlassende Impfmoral der Tierbesitzer zurückgeführt. Die Wahrheit sieht aber ganz anders aus. Diese Ausbrüche wurden von Feldvirusstämmen verursacht, gegen die die vorhandenen Impfstoffe überhaupt nicht wirksam waren, es erkrankten damals geimpfte UND ungeimpfte Hunde. Auch das wurde in den Medien verschwiegen.

Auch werden bei solchen Erkrankungen IMMER entscheidende Fragen vernachlässigt: Unter welchen Bedingungen werden die betroffenen Hunde gehalten, wie sieht ihr Immunstatus aus und handelt es sich vielleicht um einen neuen Virustyp (eine Mutation)? In den letzten Jahren gibt es immer auch wieder Staupefälle bei Hunden, die aus dem Osten eingeführt werden. Aber auch hier darf die Tatsache nicht verschwiegen werden, dass diese Welpen unter den schlechtesten Bedingungen aufgezogen werden, viel zu früh von der Mutter wegkommen und zusätzlich noch dem Transportstress ausgesetzt sind. Erinnern wir uns: Der Keim allein macht dann krank, wenn er auf geeigneten Nährboden trifft. Die Pest im Mittelalter traf auf eine stark unterernährte, im Dreck lebende Bevölkerung. Und so verhält es sich auch bei den zu »Epidemien« abgestempelten Staupefällen bei aus dem Osten eingeführten Hunden. Unter artgerechten Bedingungen aufgezogene Welpen erkranken nicht.

Diese Staupeausbrüche dienen Tierärzten bis heute als Argument für die jährliche Staupeimpfung. Auch die immer wieder vorkommenden Staupefälle bei Füchsen sind willkommene Argumentationshilfen. Solche Falschmeldungen oder sagen wir: unvollständigen Meldungen werden leider auch von Tierärzten nicht hinterfragt, sind sie doch sehr willkommen, um Hundebesitzern die jährlichen Impfungen als unumgänglich erscheinen zu lassen.

1. Die Staupeimpfung hilft NICHT gegen alle Staupeviren (nur gegen 30 Prozent), da es viele Feldvirusstämme gibt und die Viren sich immer wieder verändern.
2. Eine Impfung ist keine Garantie für einen gesunden Hund: Viel wichtiger als eine Impfung sind die Haltungsbedingungen sowie die artgerechte Ernährung der Welpen.

Auch die Argumentation, erst mit der Impfung (Staupeimpfung gibt es seit 1960) seien die Staupefälle deutlich zurückgegangen, sollte hinterfragt werden. Nur leider gibt es hier im Gegensatz zum Menschen, wo doch seit vielen Jahrzehnten Daten zu Erkrankungsfällen vorliegen, keine entsprechenden Zahlen. Damit ist es auch schwer möglich, diese These zu widerlegen. Da aber Seuchenerkrankungen und Impfungen im Prinzip bei Hund und Katze nicht viel anders verlaufen als beim Menschen, kann ich mir sehr gut vorstellen, dass solche Aussagen hier ebenfalls nicht ganz der Wahrheit entsprechen.

Tollwut

Wie diese Fakten jetzt bei der Tollwuterkrankung bei Hund und Katze aussehen, lässt sich schwer beurteilen. Dass die Impfung mit einem inaktivierten Tollwutantigen mindestens drei Jahre zuverlässig schützt, ist schon seit den 1970er-Jahren eindeutig belegt. Das gilt für sämtliche in Mitteleuropa zugelassenen Tollwutimpfstoffe. Lassen Sie sich von keinem Tierarzt einreden, dass der von ihm verwendete Impfstoff nur für ein Jahr gültig ist. ALLE in Mitteleuropa zugelassenen Tollwutimpfstoffe haben eine Mindestschutzdauer von drei Jahren. Trotzdem werden nach wie vor von einem Großteil der Tierärzte jährliche Impfungen gegen Tollwut durchgeführt.

Da aber in Europa seit Jahrzehnten keine oder nur ganz sporadisch auftretende Tollwutfälle zu verzeichnen sind – beispielsweise Fledermaustollwut in Italien, wobei es hier aber keinen einzigen Fall einer Ansteckung gab –, erübrigt sich die Notwendigkeit einer Massenimpfung. Bei der Tollwut hat sicherlich das Auslegen von Impfködern für Füchse einen Teil dazu beigetragen, die Ausbreitung einzudämmen. Das rechtfertigt aber keinesfalls die jährliche oder auch dreijährige Nachimpfung aller Hunde und Katzen. Abgesehen davon, dass das Infektionsrisiko in unseren Breiten gegen null geht, bietet eine Grundimmunisierung lebenslangen Schutz:

»Keine einzige wissenschaftliche Untersuchung und kein einziges immunologisches Argument rechtfertigen jährliche Impfungen« und »Die jährlichen Impfauffrischungen scheitern meistens an den bereits vorhandenen Antikörpern. Die Praxis der jährlichen Impfungen muss deshalb angezweifelt werden« und »Die Mehrheit der Impfungen produziert ein Immungedächtnis, welches mehrere Jahre erhalten bleibt«.[24]

Die maximale Schutzdauer ist weder in den USA noch in Europa Gegenstand des Zulassungsverfahrens für Tierimpfstoffe. Die Empfehlung der Hersteller zur jährlichen Revakzination erfolgt willkürlich. Die einzige Ausnahme ist die Tollwutimpfung, für die Studien über die Wirkungsdauer für drei Jahre und länger vorliegen (Smith 1995, Schultz 1998, Paul-Ehrlich-Institut 2000, EMEA 1999).

»Die routinemäßige Wiederholungsimpfung ist eine veterinärmedizinische Spezialität und ein überzeugender Beweis für die Qualität des Marketings der Impfstoffhersteller.«[25]

Wenn wir uns jetzt die oben angeführten Zweifel an dem Sinn von Massenimpfungen vor Augen führen und dann zusätzlich er-

---

[24] Tom R. Phillips und Ronald D. Schultz: *Canine und feline Vaccines*, in: *Current Veterinary Therapy*, 1992.

[25] Marian C. Horzinek, Zeitschrift *Kleintier Konkret*, 1999.

fahren, dass die üblicherweise durchgeführten jährlichen Wiederholungen jeder Grundlage entbehren, bleibt nicht viel übrig, um Massenimpfungen zu rechtfertigen. Dabei haben wir noch gar nicht über mögliche Nebenwirkungen gesprochen.

Sehen wir im nächsten Fall einer Katzenwelpenbesitzerin, wie eine Tierklinik völlige unnötige Nachimpfungen »an den Mann« beziehungsweise an die Frau bringen will:

Sehr geehrte Frau Dr. Ziegler! Ich möchte mich ganz herzlich für Ihr Buch bedanken, denn es zeigt mir, dass ich nicht falsch denke. Seit Jahren vertrete ich Ihre beschriebene Meinung. Ihr Buch animiert die Tierbesitzer, mehr zu überlegen und zu hinterfragen und hoffentlich anzufangen, auch einmal bei einem Tierarzt Nein zu sagen. Meine Tierklinik wollte mir doch vor einiger Zeit tatsächlich einreden, dass man den 3-Jahres-Tollwut-Impfstoff für meine Katze innerhalb von 12 Monaten DREIMAL impfen muss, damit er drei Jahre hält. Ich bin bald umgefallen und verlangte den Beipackzettel der Impfung, wogegen man sich zuerst sträubte. Der Arzt erklärte mir, das sei die Impfempfehlung der Klinik. Ich gab zur Antwort, dass mich die Erklärung der Klinik nicht interessiere, und ich bestand auf den Beipackzettel, den er dann auch holte, und was lasen wir beide? Der Impfstoff wird EINMALIG gegeben, wirkt nach 21 Tagen und hält danach 3 Jahre. Nichts mit Nachimpfung nach 4 Wochen und Nachimpfung nach weiteren 12 Monaten. Danach kriegte ich bald noch richtig Krach, weil man mir das Impfdatum nur auf 12 Monate im Impfpass eintragen wollte und nicht auf 3 Jahre. Ich war sicher nur eine Ausnahme, dass es nicht funktioniert hat, mir den Tollwutimpfstoff dreimal einreden zu wollen, aber ich denke an die vielen Katzen, deren Besitzer diese »Klinikempfehlung« annehmen und ihre Katzen innerhalb eines Jahres dreimal mit einem Dreijahresimpfstoff überimpfen lassen. Und immer wird die Gesundheit der Tiere hintangestellt. Mit den besten Grüßen, Frau H. aus L.

Was das Thema Impfungen betrifft, habe ich mittlerweile einige solcher oder ähnliche Mails erhalten. Im Vordergrund steht hier immer die Verunsicherung der Tierbesitzer, die, wenn sie kritisch auftreten, nicht nur mit einem schlechten Gewissen bestraft, sondern, wenn sie kritisch hinterfragen, sogar knallhart belogen werden. Erzählte mir doch eine Hundebesitzerin aus Deutschland, dass sie, als sie ihren Tierarzt auf die dreijährige Tollwutimpfung ansprach, Folgendes zu hören bekam: »Wissen Sie, wir haben hier in Deutschland ganz andere Impfstoffe als in Österreich, das kann man nicht vergleichen.« Oder: »In Österreich gelten andere Gesetze, da wird auch anders geimpft.« Oder: »Wir haben in Deutschland einen viel höheren Infektionsdruck als in Österreich, deswegen müssen wir hier viel öfter impfen.« Ein Kollege drängte eine Hundebesitzerin sogar dazu, ihren Hund aufgrund eines aufgetretenen Staupefalles (Welpe aus Osteuropa!) sogar zweimal im Jahr gegen Staupe impfen zu lassen. Und da dieser Tierarzt nur Siebenfachimpfungen vorrätig hat, wurde diesem Hund nicht nur die Staupeimpfung verabreicht, sondern auch alle anderen Impfungen gleich mit verpasst.

Mehr impfen schützt nicht, sondern schadet

Impfempfehlungen sind nicht nur bei Menschen, sondern auch bei Tieren sehr widersprüchlich. Manchmal heißt es auch: Was geimpft werden soll, ist letztendlich die Entscheidung der Eltern oder der Tierbesitzer. Wie sollen diese aber entscheiden können, wenn nicht einmal die »Fachleute« sich einig sind? Eigentlich ist dies ein Armutszeugnis des gesamten Gesundheitswesens sowie der entsprechenden Einrichtung der zuständigen Veterinärinstitute. Eine wirklich unabhängige Beratung gibt es leider nicht. Die Forschungen gehen auch nur in die Richtung, immer noch mehr neue Impfstoffe zu entwickeln, um damit noch bessere Geschäfte zu machen, anstatt den Nutzen »bewährter Impfstoffe« zu überprüfen sowie die wirklichen Ursachen von Infektionskrankheiten herauszufinden.

»Wer unvoreingenommen forscht, weiß, dass Krankheiten Ursachen haben. Krankheiten sind entweder ernährungsbedingt, lebensbedingt oder umweltbedingt. Vor dem Hintergrund dieser nüchternen Erkenntnis klingt es paradox, wenn Forscher aktuell Impfstoffe gegen Gebärmutterhalskrebs, Bluthochdruck, Adipositas und Nikotinabhängigkeit entwickeln. Das massenhafte Durchimpfen gesunder Personen ist sehr bedenklich. Die Mediziner sollten sich vielmehr für primärpräventive Maßnahmen einsetzen«, schreibt Dr. med. Jürgen Biermanns im Vorwort zum Buch *Impfen – Das Geschäft mit der Angst* von Dr. med. G. Buchwald.

Seit Massenimpfungen eingeführt wurden, haben sich auch gewisse Feldvirusstämme, gegen die die Impfung nicht wirkt, vermehrt. Das beste Beispiel ist hier sicher die Entwicklung der Caliciviren bei der Katze, die im Schnupfenkomplex enthalten sind. Das Verhältnis Caliciviren zu Herpesviren hat sich bei infizierten Katzen in den vergangenen Jahren zugunsten der Caliciviren stark verschoben. Früher waren beide Erreger etwa gleich häufig vertreten, heute kommen Caliciviren fünfmal häufiger vor.

Mit Massenimpfungen können wir somit sehr wohl neue Erreger und damit auch neue Krankheiten provozieren. Und wenn man bedenkt, dass Impfungen nicht zwangsläufig Schutz bedeuten, kann man schon zu dem Ergebnis kommen, dass solche »Durchimpfungen« eigentlich mehr Schaden als Nutzen bringen.

Die Main-Coon-Katzen-Züchterin Frau H. beklagte sich, dass sie trotz »kompletter« Impfungen immer wieder Katzenschnupfen in ihrer Zucht habe. Auch litten fast alle Welpen unter lang anhaltenden Durchfällen, fast jeder dritte Welpe starb innerhalb einer Woche nach der Geburt. Vor allem der Durchfall war sehr unangenehm, und sie konnte diese Tiere, solange sie krank waren, auch nicht ihren neuen Besitzern überge-

ben. Diese Züchterin impfte seit über 12 Jahren jährlich das gesamte Programm mit Katzenschnupfenkomplex, FeLV, FIP und Tollwut. Es benötigte einige Überzeugungskunst, um Frau H. dazu zu bringen, die Impfungen einmal alle wegzulassen. Sie willigte dann aber doch ein, weil auch aus ihrer Sicht etwas geändert werden musste.
Das Fazit nach zwei Jahren »Impfpause«: kein Schnupfen, keine Durchfälle, keine toten Welpen mehr.

Wir sollten in Sachen Impfung viel kritischer an die Dinge herangehen und uns weder von alarmierenden Berichten in den Medien noch von Aussagen seitens der Tierärzte Angst einjagen lassen. Medienberichte entsprechen in der Regel nicht einmal der halben Wahrheit, nur das Vordergründige wird beschrieben und die Kernaussagen verschwiegen.

Nebenwirkungen werden gerne ignoriert. Impfstoffe können schwere Nebenwirkungen hervorrufen. Denken wir an das Impfsarkom bei der Katze, das neben der autoimmunhämolytischen Anämie die am besten erforschte Impfnebenwirkung darstellt.

An der Universität Colorado werden Studien durchgeführt, die klären sollen, ob Impfstoffe die Bildung von Autoantikörpern gegen das eigene Nierengewebe auslösen können und somit verantwortlich sind für die steigende Zahl der chronischen Niereninsuffizienzen bei der Katze. Auch die ansteigende Zahl von Autoimmunerkrankungen wird in Zusammenhang mit Impfungen gebracht. Viele Epilepsiefälle könnten durch Impfungen ausgelöst worden sein. Leider gibt es hier keine offiziellen Zahlen, Herstellerfirmen sind auch nicht verpflichtet, den Verdacht auf Impfnebenwirkungen an Behörden weiterzuleiten. Es wäre interessant, Hunden und Katzen einer jährlich geimpften Gruppe mit einer nichtgeimpften Gruppe über einige Jahre zu vergleichen. Impfungen enthalten nicht nur das Impfantigen, sondern zusätzlich noch Wirkverstärker, Konservierungsstoffe und Antibiotika. Neben Thiomersal (Quecksilber) als Konservierungsstoff wird Aluminium als Wirkverstärker verwendet. Beides ist giftig. Aluminium wirkt wie Quecksilber ebenso neurotoxisch und wird beim Menschen mit Parkinson, ALS, Autoimmunerkrankungen und Gehirnentzündungen in Zusammenhang gebracht.

Antibiotika in Impfstoffen wie Neomycin und Gentamycin können Allergien auslösen, Polymyxin B hat eine hohe Giftwirkung auf Nerven und Gehirn.

Wir haben seit 7 Monaten einen kleinen Zwergschnauzer, er ist jetzt 9 Monate alt und ziemlich krank. Nach einer Woche Eingewöhnung bin ich gleich zum Tierarzt, um Nolo vorzustellen. Der Tierarzt meinte, gleich als Erstes müsse Nolo eine Wurmkur bekommen, was wir auch gemacht haben. Nach zwei Wochen fing Nolo an, sich wund zu kratzen, und das Fell ging ihm stark aus. Nolo hatte bei der Züchterin schon eine komplette Impfung erhalten, und es war die Zeit gekommen für die zweite Impfung. Trotz der Juckerei impfte der Tierarzt einen kompletten Siebenfachimpfstoff Nobivac Lepto und Nobivac SHPPI. Zwei Wochen später wurde Tollwut geimpft und ich fragte den Tierarzt, ob denn die von ihm vorgeschlagene Borrelioseimpfung unbedingt notwendig sei. Der Tierarzt meinte, wenn ich einen gesunden Hund haben wolle, sollte ich alle die von ihm vorgeschlagenen Impfungen auch durchführen. Also impften wir zusammen mit der ersten Tollwutimpfung die Borreliose gleich mit.
Unser Hund bekam gleichzeitig noch ein Spot-on gegen Zecken und eine nochmalige Wurmkur. Am nächsten Tag ging es Nolo gar nicht gut. Er kotzte sich die Seele aus dem Leib, war matt und teilnahmslos.
Am nächsten Tag war zwar die Kotzerei weg, aber es begann ein Durchfall, den wir bis heute nicht in den Griff bekommen haben. Auch hat Nolo immer wieder epileptische Anfälle und muss ständig

Tabletten bekommen. Der Tierarzt meinte, wir hätten einen total überzüchteten Hund gekauft, und wurde richtig böse, als ich ihn nur fragte, ob Nolos Beschwerden vielleicht doch mit den vielen Impfungen zusammenhängen könnten. Nolo bekam ja, obwohl er schon die ersten epileptischen Anfälle gehabt hatte und der Durchfall nie richtig gut wurde, auch die zweite Tollwut- sowie die zweite Borrelioseimpfung. Nachdem ich Ihr Buch gelesen habe, ist mir fast übel geworden, wenn ich daran denke, was ich meinem Hund eigentlich angetan habe.
Liebe Grüße aus Mannheim, Familie B. S.

Die Frage bleibt: Was und wie oft soll geimpft werden?

Meine Meinung dazu: Ungeimpfte Hunde und Katzen sind generell gesünder als »durchgeimpfte«.

Meinen Patienten empfehle ich, wenn sie nicht von sich aus alle Impfungen sowieso kategorisch ablehnen, bei Hunden eine Grundimmunisierung mit SHP (Staupe, Hepatits und Parvovirose) zweimal im Abstand von 4 bis 6 Wochen im Alter von 9 bis 12 Wochen beziehungsweise die 2. Impfung im Alter von 13 bis 18 Wochen durchzuführen. Dann Schluss! Eine Tollwutimpfung nur dann, wenn ein Auslandsaufenthalt mit Grenzkontrollen bevorsteht, und dann auch erst frühestens ab einem Alter von einem halben Jahr. Bestehen Sie bei Ihrem Tierarzt auf die Eintragung der dreijährigen Gültigkeit. Es gibt keine Impfstoffe, die nur für ein Jahr gültig sind!

Katzen in Tierheimen und frei laufende Katzen: Grundimmunisierung mit Katzenseuche (Parvovirose), die es leider nicht als Einzelimpfstoff gibt und die somit nur in Kombination mit Katzenschnupfen gegeben werden kann. Grundimmunisierung zweimal im Abstand von 4 bis 6 Wochen im Alter von circa 9 bis12

Wochen beziehungsweise eine zweite Impfung im Alter von 13 bis 18 Wochen. Dann Schluss.

Beim Hund sollte auf Impfungen wie Leptospirose (auch hier gibt es viele Stämme, die der Impfstoff gar nicht abdeckt), Borreliose, Leishmaniose und Babesiose (siehe Kapitel 16: *Chronische Infekte sind wie ein Bumerang – Reisekrankheiten*) verzichtet werden.

Bei der Katze rate ich von der Impfung mit FIP, FeLV und Tollwut ab.

Manche Tierärzte empfehlen, eine Antikörperbestimmumg durchzuführen, um den aktuellen Impfstatus nachzuweisen. Das funktioniert leider nicht, da die Höhe der Antikörper sowie die Anwesenheit von Antikörpern NICHTS über einen bestehenden Impfschutz aussagen. Dagegen kann aber auch sehr wohl bei Abwesenheit von Antikörpern ein Impfschutz vorhanden sein. Antikörpertiterbestimmungen bringen demnach nicht sehr viel.

KAPITEL 21

Die Entwurmung: Es geht auch ohne Chemie!

Leider ist es bei vielen Züchtern zur Gewohnheit geworden, Welpen alle 14 Tage chemisch zu entwurmen. Was diese häufigen Entwurmungen für den Darm bedeutet, scheint niemanden zu interessieren. Auch in Tierarztpraxen wird völlig sorglos mit diesen Mitteln umgegangen, jeder soll und kann, am besten so oft wie nur möglich, entwurmen. In einer Tierärztezeitschrift äußerten Tierärzte ihren Missmut über die in Apotheken »einfach so« abgegebenen Wurmkuren. Das kann ich nicht nachvollziehen, wird das doch in den meisten Praxen genauso gehandhabt. Auch ohne Beratung bekommt man bei fast jedem Tierarzt Wurmmittel, so viel man eben möchte. Durch den freien Verkauf von Wurmmitteln in der Apotheke gehen den Tierärzten jedoch Einnahmen verloren. Vermutlich ist das der Grund für die Beschwerden.

Chemische Wurmkuren wirken im Darm wie Antibiotika oder sind sogar Antibiotika (Metronidazol). Das bedeutet, dass es zu massiven Schädigungen in der Darmflora kommt. Wird erst einmal mit der chemischen Entwurmung begonnen, wird der Darm immer anfälliger für weitere Wurminfektionen. Ständige Wurmkuren sind damit äußerst schädlich und bereiten den Boden für andere Erkrankungen, vor allem auch für Infektionen. Die Widerstandskraft gegen solche Infektionen, vor allem beim Welpen, wird mit der Verabreichung von chemischen Wurmmitteln drastisch herabgesetzt.

Schädlich, nutzlos und damit völlig überflüssig sind auch die sogenannten prophylaktischen Kuren, die beim erwachsenen Hund bis zu viermal pro Jahr »empfohlen« werden. Kotuntersuchungen, um überhaupt einen Wurmbefall feststellen zu können, werden nicht oder nur selten durchgeführt.

Für den Welpen ist der Kontakt mit Wurmeiern aber notwendig, um ein intaktes Immunsystem aufzubauen. Man kann und soll ihn deshalb nicht verhindern. Durch die Verabreichung chemischer Wurmkuren wird das Immunsystem nicht ausreichend »trainiert« und ist später nicht gegen eventuelle Erreger gewappnet. Welpen, die ständig entwurmt werden, sind im späteren Leben viel anfälliger für Infektionen wie Borreliose, Leishmaniose und viele andere mehr. Natürlich auch für weitere Parasiten.

Mein Hund hat Würmer, was soll ich tun?

Bei ein paar Wurmeiern im Kot, die nur unter dem Mikroskop gesehen werden können, sollte man bei einem beschwerdefreien Tier nicht gleich in Panik verfallen und zur chemischen Keule greifen. Hat der Hund oder die Katze eine intakte Verdauung, können ein paar Wurmeier keinen großen Schaden anrichten. Das Tier wird selbst damit fertig.

Besteht ein Wurmbefall mit Beschwerden wie Durchfällen, Blut im Kot, Bauchschmerzen et cetera, muss regulierend eingegriffen werden. Gekochtes Fleisch und industriell verarbeitetes Futter fördern Wurmbefall, vor allem von Bandwürmern. Mit Rohfleisch gefütterte Hunde haben allgemein weniger Würmer, da hier die Darmflora viel aggressiver ist und auch das Immunsystem stärker ist, um mit einer Infektion selbst fertig zu werden.

Behandlung von Wurmbefall: Sud aus Ingwer, Knoblauch und Petersilie geben (circa eine Woche lang). Zusätzlich können wurmaustreibende Substanzen in das Futter gemischt werden: geriebe-

Bevor Sie zu chemischen Wurmmitteln greifen, versuchen Sie es erst einmal anders

- einen Fasttag einlegen
- einen Sud aus Ingwer, Knoblauch und Petersilie kochen, 1 bis 3 Esslöffel eingeben
- eine halbe Stunde später 1 Teelöffel bis 2 Esslöffel Rizinusöl je nach Größe des Tieres – geschwächte und ältere Tiere erhalten Leinsamen (abführend)
- eine halbe Stunde später einen Brei aus Buchweizenmehl und Ulmenrinde oder Leinsamen geben

ne rohe Karotte, gemahlene rohe Kürbiskerne, rohe Brunnenkresse, geraspelte Kokosnuss, Papayasamen, ganze Melonenkerne. Allerdings nicht alles zusammen, es genügen zwei Substanzen. Vorbeugend kann man auch zweimal im Jahr Kräutermixturen verwenden.

Nicht nur bei Spulwurm-, Hakenwurm- und Peitschenwurmbefall kann man diese Kur durchführen, sondern auch bei Giardien, die immer häufiger große Probleme darstellen. In den letzten Jahren hat sich die Zahl der mit Giardien befallenen Hunde enorm erhöht. Sicherlich eine Entwicklung, die auf massiv geschwächte Immunsysteme zurückzuführen ist. Gerade ein Giardienbefall tritt sehr häufig nach wiederholten prophylaktischen Wurmkuren oder auch nach Impfungen auf, demnach immer dann, wenn die Widerstandskraft der Tiere durch diese »Eingriffe« herabgesetzt ist. Die natürliche Entwurmungskur kann mehrmals hintereinander durchgeführt werden, mit und ohne Rizinusöl, je nach Stärke und Intensität des Befalls. Gegen Giardien hilft auch eine Mixtur aus chinesischen Kräutern.

Bei Bandwürmern, die etwas schwerer zu bekämpfen sind, weil sie sich in die Darmschleimhaut einbohren können, verwenden wir die Arecanuss (oder Betelnuss) sowie den Granatapfel. Nach der üblichen Kur wie oben beschrieben ½ Teelöffel Nusspulver (Muskatnussreibe) und 1 Teelöffel Wurzelpulver vom Granatapfel (Apotheke) – gerechnet auf einen mittelgroßen Hund – verabreichen. Die Arecanuss enthält eine Substanz namens Arecolin, die direkt auf den Bandwurm wirkt, die Granatapfelwurzel enthält Pelletierin, eine ebenfalls wurmfeindliche Substanz. Die Arecanuss sollte bei Welpen und trächtigen Hündinnen NICHT verwendet werden. Nusspulver sowie Pulver aus Granatapfelwurzel vermischt man mit etwas Buchweizenmehlbrei (zur Geschmacksverbesserung kann auch etwas Honig dazugegeben werden) zu einer kleinen Kugel und gibt sie dem Hund ein.

Katzen sind ein eigenes Kapitel. Hier ist es in vielen Fällen fast unmöglich, Kräuterpulver geschweige denn den oben genannten Sud einzugeben. Hier kann man prophylaktisch natürlich mit der Rohfütterung schon vieles verhindern. Bei vermehrtem Fressen von Mäusen kommt es allerdings häufig zur Infektion mit Würmern. Wenn Wurmteile hinten an der Katze kleben, ist es aus hygienischen Gründen angezeigt, etwas zu unternehmen, auch wenn die Katze keinerlei Anzeichen wie Durchfall zeigt. Hier kann man schon mal zu chemischen Mitteln greifen, aber auch in Maßen, also nicht ständig und vor allem niemals prophylaktisch.

KAPITEL 22

Zecken, Flöhe und Co.

Es muss nicht gleich zur Chemiekeule gegriffen werden, wenn es um den Schutz vor Zecken, Flöhen und andere Ektoparasiten geht. Wie in meinem ersten Buch beschrieben, beinhalten chemische Spot-ons Nervengifte, die ins Blut der behandelten Tiere eindringen und beträchtliche Nebenwirkungen haben können. Abgesehen von der Auslösung epileptischer Anfälle über Befindlichkeitsstörungen wie Mattigkeit und Fressunlust kann es auch zu Fellveränderungen an der applizierten Stelle kommen.

Natürlicher Schutz gegen Zecken und Flöhe: Prophylaktisch können Sie mit ätherischen Ölen sowie anderen biologischen Stoffen sehr gut eine dauerhafte Wirkung gegen Ektoparasiten erzielen. Dazu gibt es Sprays und Konzentrate mit Kiefernkernholzextrakt, Neemöl, Lavendelöl, Jojobaöl. Bogacare-Zeckenmittel besteht aus einer Kombination von Margosaextrakt (wird aus dem Samen des Neembaumes gewonnen), Citronella und Nelkenblütenöl. Abschrecken lassen darf man sich von dem anfangs sehr intensiven Geruch nicht. Bogacare wird wie die chemischen Spot-ons auf den Nacken aufgetragen. Das muss circa alle zwei Wochen wiederholt werden. Zudem gibt es eine Zeckenplakette, die mit bioenergetischem Lack beschichtet ist, die ein Feld um den Hund aufbaut, das die Zecken abhalten soll. Auch Kokosöl soll gegen Zecken helfen.

Ich habe die Erfahrung gemacht, dass jeder Tierbesitzer selbst herausfinden muss, mit welchem biologischen Prophylaxemittel er am besten fährt. Die einen schwören auf die Plakette, die anderen auf Bogacare, viele Patientenbesitzer finden die ätherischen Öle ausreichend. Hier bekomme ich so unterschiedliche Aussagen, dass ich nicht wirklich etwas dezidiert empfehlen kann. Probieren Sie es einfach aus.

Wichtig ist natürlich auch die Frage nach einem Auslandsaufenthalt und der Gefahr von Infektionen mit Leishmanien und Dirofilarien (Erreger der Herzwurmerkrankung) durch den Überträger, die Sandmücke. Sandmücken sind nur dämmerungsaktiv, mögen keinen Wind und stechen nur in Bodennähe. Ich rate den Hundebesitzern bei einem Auslandsaufenthalt deshalb, ihre Hunde in der Dämmerung abends und morgens in einen geschlossenen Raum zu geben sowie immer erhöht schlafen zu lassen. Zusätzlich zwei- bis dreimal täglich mit ätherischen Ölen einsprühen.

Natürlich höre ich oft: Genügt das wirklich, um einen Sandmückenstich zu verhindern? Das kann ich nicht sagen. Das Risiko muss von Fall zu Fall abgeschätzt werden. Handelt es sich um einen gesunden Hund, der ein intaktes Immunsystem hat, sollte man mit den oben angeführten Maßnahmen auskommen. Handelt es sich aber um einen schon gesundheitlich angeschlagenen Hund, muss man abwägen. Gerade für kranke Hunde sind die chemischen Spotons natürlich neben der Krankheit noch eine zusätzliche Belastung.

Wer diesen Maßnahmen nicht vertraut und sich nicht den ganzen Urlaub vor lauter Angst, der Hund könnte sich infizieren, verderben lassen will, dem rate ich, einmal während der Urlaubszeit einen Spot-on zu verwenden. Schwieriger wird es natürlich bei längeren Auslandsaufenthalten. Das muss dann jeder selbst entscheiden.

Manchmal gibt es Situationen, in denen man leider nicht ohne Gift auskommt. Starker Flohbefall bei Katzen, die sich weder baden noch kämmen lassen, ist das beste Beispiel. Hier sind Sie ohne Chemie machtlos. Nur mit einer gründlichen Wohnungsreinigung und eventuell mit Begasung können Sie einen überhandnehmenden Flohbefall in den Griff bekommen. Bei Hunden ist das etwas einfacher, da kann man durch wiederholtes Baden des Hundes und Behandlung mit ätherischen Ölen sowie, wenn notwendig, mittels Begasung der Wohnung einen Flohbefall sehr wirkungsvoll bekämpfen.

Aber auch hier gilt: Ein artgerecht gefüttertes Tier ist von Haus aus weniger anfällig. Vor allem haben Haustiere, die mit Geschmacksstoffen versetzte Fertigfutter fressen müssen, eine ganz andere Ausdünstung. Ungeziefer riecht das und setzt sich deswegen auch dort lieber fest als auf »geruchsneutralen« Tieren. Zudem haben richtig gefütterte Hunde ein Immunsystem, bei dem nur in ganz seltenen Fällen ein Flohbefall derart überhandnimmt, dass er nicht mehr zu bewältigen ist.

KAPITEL 23

Kastration: Tue ich meinem Hund das an?

Eine pauschale Antwort gibt es leider nicht. Zuerst einmal sollte geklärt werden, aus welchen Gründen heraus Hundebesitzer ihre Tiere überhaupt sterilisieren lassen wollen. Die Kastration von Hündinnen und Rüden sind dabei unterschiedlich zu betrachten.

Kastration der Hündin

Hier kastrieren 81 Prozent aus medizinischen Gründen (davon 21 Prozent wegen akuter Erkrankungen der Geschlechtsorgane), 64 Prozent aus Haltergründen und 14 Prozent aus Verhaltensgründen.[26] Medizinische Gründe sind vor allem: Vorbeugung von Gesäugetumoren, Gebärmutterentzündungen und Scheinträchtigkeit.

Wir kennen aus den USA die präventiven Operationen bei Brustkrebs. Frauen, deren nahe Verwandte an Brustkrebs erkrankt waren, wird prophylaktisch die Brust entfernt. Den Sinn oder Unsinn dieser Maßnahme zu beurteilen soll hier nicht Gegenstand der Debatte sein. Fakt ist: Eine Operation durchzuführen, um prophylaktisch Krankheiten zu vermeiden, ist in jedem Falle abzulehnen.

---

[26] Sämtliche statistischen Zahlen stammen aus dem sehr aufschlussreichen Buch *Kastration beim Hund* von Dr. Gabriele Niepel, Bielefelder Studie.

Bei Hündinnen, die schon mit 3 Monaten kastriert werden, geht statistisch die Gefahr, an einem Gesäugetumor zu erkranken, zwar gegen null, es ist allerdings zu hinterfragen, ob das durch die Nachteile, die solch eine Frühkastration mit sich bringt, aufgewogen wird. Außerdem sind Gesäugetumoren bei nichtkastrierten Hündinnen nicht so häufig wie behauptet. Nur zwischen 1,98 und 2,8 (maximal 18,6) von 1000 Hündinnen (je nach Alter und Rasse) erkranken daran, das entspricht einem Prozentanteil von 0,2 bis 1,86 Prozent. Nach der ersten Läufigkeit kastrierte Hündinnen haben ein Risiko von 0,016 bis 0,14 Prozent, früh kastrierte von 0,001 bis 0,0093 Prozent. Wenn man bedenkt, dass Mammatumore auch bei kastrierten Hündinnen hormonunabhängig auftreten können, stellt sich hier wirklich die Frage, ob die Frühkastration oder eine Kastration überhaupt sinnvoll ist. Außerdem kann die Gefahr einer Tumorbildung auch durch entsprechende Fütterung verringert werden. Falsch ernährte und vor allem aber übergewichtige Hündinnen neigen viel öfter zu Tumorbildung.

Vorbeugung von Gebärmutterentzündungen ist das zweithäufigste Argument für eine Kastration der Hündin (46 Prozent). Die Vermeidung von Scheinträchtigkeit wird als dritthäufigster Grund zur Kastration der Hündin angeführt (21 Prozent). Wie steht es damit? Scheinträchtigkeit ist eine normale Erscheinung. Sind sehr starke Symptome vorhanden, wie tagelange Depression, gesteigertes Aggressionsverhalten, oder es kommt zu starker Gesäugeentzündung mit Milchbildung, kann das schon ein Grund für eine Kastration sein. Vermehrte Scheinträchtigkeiten erhöhen das Risiko, an Mammatumoren zu erkranken, aber nicht.

Auch die oft geäußerte Argumentation, Hündinnen würden schweren psychischen Schaden nehmen, wenn sie immer wieder scheinträchtig werden, ohne jemals Junge bekommen zu haben, stimmt so nicht. In der Natur bleiben viele Hündinnen ungedeckt, abhängig von ihrem Status in der sozialen Gruppe. Hier darf sich nur die Dominanteste fortpflanzen.

64 Prozent der befragten Besitzer von Hündinnen gab als Grund für die Kastration Haltungsgründe an. Darunter fallen die Angst vor ungewollter Trächtigkeit, die Unannehmlichkeiten während der Hitze wie Blutung oder die Verfolgung durch Rüden. Dazu lässt sich sagen, dass es einem verantwortungsvollen Tierbesitzer sehr wohl zuzumuten ist, für die kurze Zeit der Läufigkeit den Rüden aus dem Weg zu gehen.

Welche Nachteile ergeben sich jetzt aber aus der Kastration? Oft höre ich von Patientenbesitzern: Mein Hund soll sich doch gar nicht fortpflanzen, wozu braucht er dann Gebärmutter und Eierstöcke? Abgesehen davon, dass eine ganzheitliche Betrachtungsweise keine »überflüssigen« Organe kennt, gibt es sehr wohl negative Veränderungen, die nach einer Kastration auftreten können. Hier sind zum Beispiel Fellveränderungen zu nennen, von denen langhaarige Rassen mit glänzendem Deckhaar betroffen sind. Die Unterwolle wächst übermäßig, sodass in vielen Fällen die Ganzkörperrasur die letzte Möglichkeit ist, des immensen Fellwachstums Herr zu werden. Kastrierte Hündinnen haben auch die Neigung zur »Löckchenbildung«, vor allem bei Rassen wie Golden Retriever, Setter oder Spaniel, was oft als nicht schön empfunden wird.

Bedeutender ist sicherlich die sehr oft zu beobachtende Gewichtszunahme bei kastrierten Hündinnen. Größerer Hunger und damit vermehrte Futteraufnahme führen zur Gewichtszunahme bei kastrierten Hündinnen. Früh kastrierte Hündinnen zeigen ein verzögertes Wachstum und damit eine höhere Anfälligkeit für Knochen- und Gelenkerkrankungen. Die Epiphysenfugen schließen sich bei früh kastrierten Hündinnen bis zu fünf Monate später als bei nichtkastrierten.

Wichtig ist auch das Thema Harninkontinenz bei kastrierten Hündinnen, wobei hier die größeren Hunde stärker betroffen sind als kleinere. Diese Harninkontinenz kann das Zusammenleben mit einer Hündin zu einem richtigen Problem werden lassen.

Eine Kastration ist für eine Hündin ein großer Eingriff. Auch wenn nur die Eierstöcke entfernt werden, ist es eine größere Operation, bei der einiges schieflaufen kann. Auch die minimalinvasive Methode mittels Endoskop, die mittlerweile »modern« ist und immer häufiger durchgeführt wird, ist nicht ohne Risiko. Hier kann es zu Verletzungen im Bauchraum kommen, die spätere Verwachsungen und Vernarbungen nach sich ziehen können.

Kastriert werden sollte aus medizinischen Gründen: bei akuten Erkrankungen wie eitrigen Gebärmutterentzündungen, die schwierig zu therapieren sind. Bei ausgeprägten Scheinträchtigkeiten, die mit übermäßiger Milchproduktion, Gesäugeentzündungen sowie schweren Störungen des Allgemeinbefindens einhergehen.

Kastration aus prophylaktischen Gründen ist grundsätzlich abzulehnen. Ein verantwortungsbewusster Hundehalter sollte in der Lage sein, zweimal im Jahr an den gefährlichen Tagen auf seine Hündin entsprechend aufzupassen. Wer nur aus Angst vor Unannehmlichkeiten, die eine Läufigkeit mit sich bringt, seine Hündin kastrieren lässt, sollte sich unter anderem auch bewusst sein, dass er sich tierschutzwidrig verhält. Nach § 6 des deutschen Tierschutzgesetzes ist das vollständige oder teilweise Amputieren von Körperteilen und/oder das vollständige oder teilweise Entnehmen von Organen oder Geweben bei Wirbeltieren verboten.

Die Kastration ist unter zwei Ausnahmefällen zulässig. Erstens zur Verhinderung der unkontrollierten Fortpflanzung (bei Katzen und Nutztieren). Zweitens, um die Haltung eines Tieres erst zu ermöglichen. Die Haltung von Hunden ist in der Regel auch ohne Kastration möglich.

Ich empfehle Besitzern von Hündinnen, erst einmal die ersten Läufigkeiten abzuwarten und danach zu entscheiden. In den meisten Fällen entscheiden sich die Besitzer dann für das Nichtkastrieren, das Handling der Läufigkeit gestaltet sich in der Regel viel weniger stressig als angenommen. Sollten dennoch Probleme auftreten, kann immer noch kastriert werden.

Zur Frage des besten Zeitpunktes gibt es Studien mit unterschiedlichen Ergebnissen. Meiner Erfahrung nach überwiegen die negativen Langzeitauswirkungen bei Frühkastraten gegenüber denen, die nach der ersten Läufigkeit kastriert wurden.

Eine neue Form der Kastration ist der sogenannte Kastrationschip, der für Hündinnen und Rüden anwendbar ist. Siehe übernächstes Kapitel: *Der Kastrationschip*.

Kastration des Rüden

Hier sieht die Motivation (laut Bielefelder Studie) zur Kastration aus medizinischer Sicht ganz anders aus.

Nur 21 Prozent der Rüdenbesitzer lassen ihre Rüden aus medizinischen Gründen kastrieren, davon sind aber fast 100 Prozent akut, also Erkrankungen wie Hodenkrebs, Prostataerkrankungen et cetera. Obwohl diese Krankheiten gar nicht so selten vorkommen, ist hier der prophylaktische Kastrationsgedanke nicht vorhanden. Eigenartig!

Circa 30 Prozent der Rüdenbesitzer geben Haltungsgründe wie ein anderer Rüde oder eine Hündin im Haushalt oder die Vermeidung von »nervendem« Verhalten gegenüber läufigen Hündinnen für die Kastration an.

Die Kastration zur Verhaltensbeeinflussung ist für 41 Prozent der Rüdenbesitzer ein Kastrationsgrund. Sie fürchten vor allem Verhaltensprobleme wie Aggressivität gegenüber Menschen und anderen Hunden.

Prinzipiell rate ich von einer Kastration ab, es sei denn, es liegen gravierende Gründe vor. Verhaltensprobleme, die nicht aufgrund von Hypersexualität entstehen, werden auch durch die Kastration nicht besser. Der Gedanke, einen Rüden früh zu kastrieren oder überhaupt zu kastrieren, um damit Erziehungsarbeit zu umgehen, ist falsch. Rüden, die aggressiv gegenüber Mensch und Tier sind,

sind es auch nach der Kastration und danach oft sogar noch schlimmer als vorher. Rüden, die nicht gehorchen und die sich aus Sicht des Besitzers schwer erziehen lassen, werden nach der Kastration auch nicht zu folgsamen Schülern.

Zusätzlich finden sich ähnliche negative Begleiterscheinungen, wie wir sie bei der Hündin gesehen haben. Vermehrter Hunger und damit verbundene Gewichtszunahme, die man aber bei einer richtigen Ernährung sehr gut beeinflussen kann. Manche Rüden verändern auch ihr äußeres Erscheinungsbild. Sie sehen nicht mehr so athletisch aus wie vor der Kastration. Mit einem entsprechenden Bewegungsprogramm kann aber auch hier gegengearbeitet werden.

Fazit: Kastrieren ist nur dann sinnvoll, wenn der Rüde aufgrund von Hypersexualität (auch wenn eine Hündin im gleichen Haushalt lebt) stark leidet und mit ihm natürlich seine gesamte Umwelt. Hier hat die Kastration auch den erwünschten Erfolg. Das Problem verschwindet.

Die Kastration des Rüden muss also genauso wie die der Hündin genau überlegt werden. Ich rate unentschlossenen Rüdenbesitzern, erst einmal abzuwarten, wie der Rüde sich entwickelt, und später zu entscheiden.

Der Kastrationschip: Eine Alternative zur Kastration?

Der Kastrationschip wirkt ein halbes Jahr beziehungsweise ein Jahr. Er blockiert die Ausschüttung der Hypophysenhormone. Der Vorteil ist, dass diese »chemische Kastration« wieder rückgängig gemacht werden kann, was sicherlich ein großer Vorteil ist. Ich verwende den Chip beim Rüden bei Prostataproblemen, die anderweitig nicht in den Griff zu bekommen sind, statt der Kastration. Gerade bei alten Rüden, denen die Operation nicht mehr zumutbar ist, ist das eine gute Alternative.

Rüdenbesitzern, die unbedingt auf einer Kastration bestehen, rate ich, vor einer eventuellen Kastration erst einmal einen Chip setzen zu lassen, um zu sehen, wie der Rüde sich verändert. In vielen Fällen waren die Hundebesitzer im Nachhinein über dieses Vorgehen sehr dankbar, da der Rüde sich unter der Wirkung des Chips zu seinem Nachteil verändert hatte.

Bei den Hündinnen bin ich mittlerweile mit der Implantation dieses Chips sehr vorsichtig geworden, habe ich hier doch Nebenwirkungen gesehen wie unregelmäßige Blutungen et cetera. Auch muss der Chip zu einem genauen Zeitpunkt gesetzt werden, nämlich direkt nach der Läufigkeit. Passiert die Implantation zeitlich nicht korrekt, so kann es zur Dauerläufigkeit kommen.

Wie sich eine Hormonbehandlung mittels Testosteronspritze bei einem 14-jährigen Rüden auswirkte, soll der folgende Fallbericht schildern. Der Besitzer ist ein Tierheilpraktiker in Ausbildung.

In einem aktuellen Fall hatte ich mich dazu überreden lassen (und ich ärgere mich sehr darüber), meinem 14-jährigen kastrierten Rüden Testosteron spritzen zu lassen, um die leichte Inkontinenz zu stoppen (der Schließmuskeltonus sollte auf diesem Wege erhöht werden). Leider wirkte die erste Spritze nicht, also gab es eine zweite. Diese beseitigte zwar das Tröpfeln, aber machte aus meinem Senior einen unruhigen triebgesteuerten Casanova, der kaum zu beruhigen war. Also wurde Tardastrex gespritzt, um das Testosteron zu hemmen. Leider nur für 2 ½ Wochen, dann ging es wieder von vorne los. Also eine weitere Gabe Tardastrex (mit dem Hinweis, dass dies kein drittes Mal gegeben werden sollte …). Mein Hund ist zwar jetzt etwas ruhiger, aber immer noch weit davon entfernt, entspannt zu sein. Der Tierarzt meinte, wenn die Wirkung des Testosterons wieder durchkomme, sollten wir einen Blocker wie z.B. Androcur spritzen. Das wäre dann die 5. Spritze. Im Moment versuche ich, das Hormonchaos mit Sepia C30 in den Griff zu bekommen.

KAPITEL 24

Rassehunde: Wohin geht die Reise?

Die Entscheidung, ob es ein Rassehund sein soll oder nicht, muss jeder letztendlich selbst treffen. Bevor Sie sich einen Rassehund zulegen, achten Sie bitte auf den Inzuchtkoeffizienten (IK). »Der Inzuchtkoeffizient IK gibt die Wahrscheinlichkeit an, mit der an einem Genort beide Allele vom selben Vorfahren stammen.« Die Inzucht ist umso schädlicher, je mehr sie sich in den nächsten Ahnengenerationen ereignete und je höher der IK ist. So wird zum Beispiel empfohlen, er solle nicht höher sein als 6,25 Prozent, das ist der Inzuchtkoeffizient von Cousinpaarungen, aber auf 10 Ahnengenerationen errechnet. Bei vielen Rassen wird das derzeit nicht erreicht werden.[27] Von Rassen, die nicht mehr ohne Tierarzt überleben können, rate ich prinzipiell ab. Das sind vor allem die brachyocephalen Tiere wie Möpse oder Pekinesen, die schon so eine kurze Nase haben, dass sie ohne Gaumensegeloperation nicht richtig atmen können, oder Rassen wie der Dalmatiner, bei dem die Selektion auf gleichmäßige Flecken zu vermehrten Problemen mit Taubheit und Blasensteinen führte. Oder der Schäferhund, dessen Winkelung der Hinterhand immer absurdere Züge angenommen hat und bei dem viele Exemplare sich nur noch wie Frösche fortbewegen können. Beispiele gibt es da unzählige und es werden immer mehr. Schaut man sich beispielsweise einen Mops an, wie er vor hundert Jahren ausgesehen hat, und vergleicht ihn mit dem heu-

[27] Hellmuth Wachtel: *Rassehunde wohin?*, Kynos Verlag 2012.

tigen Mops, so hat sich das Aussehen doch stark verändert. Nicht zum Vorteil des Hundes, vor allem nicht für seine Gesundheit.

Wohin die jetzige Hundezucht (aber auch Katzenzucht wie die von Persern oder Nacktkatzen) noch führt, kann ich nicht beurteilen, im Moment geht sie sicher in die falsche Richtung. Es wird schwer sein, noch »altes« Erbmaterial zu finden, um völlig ingezüchtete Rassen wieder näher an ihr ursprüngliches Bild heranzuzüchten. Bei der Zucht sollte die Gesundheit der Tiere vorrangig sein und nicht das Aussehen.

LITERATURVERZEICHNIS

Adolph, Daniela: *Aus dem Institut für Rechtsmedizin der Universität München: Zunahme der renalen Quecksilberausscheidung durch DMPS bei chronischer Quecksilbervergiftung*, Dissertation, Essen 2007.

Agarwal A, Agrawal U, Verma, Mohanty, Saxena: Serum Th1 and Th2 cytokine balance in patients of superficial transitional cell carcinoma of bladder pre- and post-intravesical combination immunotherapy, in: *Immunopharmacol and Immunotoxicol;* 32(2), 348–356, New York 2010.

Arndt, Klaus, und Albers, Torsten: *Handbuch Protein und Aminosäuren*, Novagenics Verlag Arnsberg 2004.

Backhaus, Thomas: *Der Schlüssel zur Hundegesundheit*, Holisticvet-Verlag, Longuich 2009.

Backhaus, Thomas: *Die heilige Gesundheit deiner Katze*, Holisticvet-Verlag, Longuich 2007.

Becvar, Dr. med. vet. Wolfgang: *Naturheilkunde für Katzen. Grundlagen, Methoden, Krankheitsbilder*, Franckh-Kosmos-Verlag, Stuttgart 1996.

Becvar, Dr. med. vet. Wolfgang: *Naturheilkunde für Hunde. Grundlagen, Methoden, Krankheitsbilder*, Franckh-Kosmos-Verlag, Stuttgart 1994.

Bruker, Dr. med. M. O., und Jung, Dr. phil. Mathias: *Der Murks mit der Milch*, emu-Verlag, Lahnstein 10. Auflage 2011.

Buchwald, Dr. med. G.: *Impfen – Das Geschäft mit der Angst*, emu-Verlag 6. Auflage Lahnstein 2009.

Cohen, Suzy: *Vorsicht Nährstoffräuber! Welche Medikamente Ihrem Körper Lebenskraft und essentielle Nährstoffe entziehen und welche natürlichen Wege es gibt, diesen lebensgefährlichen Mangel auszugleichen*, Kopp Verlag, Rottenburg 2011.

Coy, Johannes: *Das Anti-Krebs-Kochbuch*, Gräfe und Unzer, München 2010.

Coy, Johannes: *Die neue Anti-Krebs-Ernährung*, Gräfe und Unzer, München 2009.

de Bairacli Levy, Juliette: *Das Kräuterhandbuch für Hund und Katze*, Verlag Drei Hunde Nacht, Wadern 2009.

Döll, Prof. Dr. Michaela: *Arthrose. Endlich schmerzfrei durch Bio-Stoffe. Power für Gelenke, ganz natürlich.* F. A. Herbig Verlagsbuchhandlung GmbH 2003.

Engelbrecht, Torsten, und Köhnlein, Claus: *Viruswahn*, emu-Verlag, 5. Auflage Lahnstein 2009.

Engelbrecht, Torsten und Köhnlein, Dr. Claus, Pandit M. D., Inez, Sacher, Juliane: *Die Zukunft der Krebsmedizin*, NaturaViva 2010.

Fricke, Dr. Ulrich (Hrsg.): *Heilen mit Vitalstoffen*, FID Verlag, Bonn 2011.

Grandt, Marion und Michael: *Antibiotika aus der Natur. Sanfte Heilung durch natürliche Medizin*, Kopp Verlag, Rottenburg 3. Auflage 2009.

Grimm, Hans-Ulrich: *Vom Verzehr wird abgeraten. Wie uns die Industrie mit Gesundheitsnahrung krank macht*, Droemer Verlag, München 2012.

Grünbaum, Ernst-Günther, und Schimke, Ernst: *Klinik der Hundekrankheiten.* Begründet von H.-J. Christoph. Enke Verlag in MVS Medizinverlage, Stuttgart 3. Auflage 2007.

Hand, Michael S., Thatcher, Craig D., Remillard, Rebecca L.; Roudebush, Philip: *Klinische Diätetik für Kleintiere,* Schlütersche, Hannover 2003.

Hirte, Martin: *Impfen Pro & Contra. Das Handbuch für die individuelle Impfentscheidung*, Knaur Taschenbuch 2001.

Hüsing, Karl: *Borreliose. Krank nach Zeckenstich – Wege zur Heilung,* Beleben, Chieming 2008.

Johansson, Lars: *Die Eiweißrevolution*, Verlag Information4Life Ltd., Stubbington 2012.

Jürschik-Busbach, Birgit: *Die verschwiegene Epidemie. Zeckenstich, Borreliose. Hilflose Patienten, ratlose Ärzte. Wie Politik, Wissenschaft und Medizin versagen.* Leben Verlag, Leverkusen 2011.

Kappl, Dr. med. Andreas: *Gesund mit Medizinalpilzen*, Verlag Gesund und Vital, Regensburg 2007.

Karstädt, Uwe: *Die 7 Revolutionen der Medizin*, TAS Distribution Ltd., London 2008.

Karstädt, Uwe: *Entgiften statt vergiften*, TAS Distribution Ltd., London 2009.

Karstädt, Uwe: *Das Dreieck des Lebens*, Titan Verlag, München 2005.

Kern, Peter: *Krebs bekämpfen mit Vitamin B17,* VAK Verlags GmbH, Kirchzarten bei Freiburg 4. Auflage 2010.

Kolb, E., und Seehawer, J.: *Verwertung, Stoffwechsel, Bedeutung und Anwendung der D-Vitamine bei Hund und Katze*, Praktischer Tierarzt 81:7 Schlütersche GmbH & Co. KG.

Kremer, Dr. med. Heinrich: *Die stille Revolution der Krebs- und AIDS-Medizin*, 1. Auflage, Ehlers Verlag, Wolfratshausen 2001.

Kroiss, Dr. med. Thomas: *Heilung statt Pillen*, Kopp Verlag, München 1999.

Kübler, Dr. vet. med. Heidi: *Schüßlersalze für Hunde,* Gräfe und Unzer Verlag GmbH, München 2006.

Kübler, Dr. vet. med. Heidi: *Schüßlersalze für Katzen*, Gräfe und Unzer Verlag GmbH, München 2006.

Kühni, Werner und von Holst, Walter: *Naturheilverfahren bei Borreliose. Krankheitsbild, Diagnose und praktische Anwendungen*, AT Verlag, Baden und München 2008.

Lange, Dieter: *Sieger erkennt man am Start – Verlierer auch*, Ullstein Verlag 2012.

Liebke, Frank: *MSM – eine Supersubstanz der Natur*, VAK Verlag, Kirchzarten bei Freiburg 2002.

Lipton, Bruce: *Intelligente Zellen. Wie Erfahrungen unsere Gene steuern*, Koha-Verlag 2006.

Mau, Franz-Peter: *EM. Fantastische Erfolge mit Effektiven Mikroorganismen in Haus und Garten, für Pflanzenwachstum und Gesundheit.* Anwenderbuch. Goldmann 2002.

Meyer, Helmut, und Zentek, Jürgen: *Ernährung des Hundes. Grundlagen, Fütterung, Diätetik,* Parey Verlag in MVS Medizinverlage Stuttgart, 5. Auflage 2005.

Moritz, Andreas: *Zeitlose Geheimnisse der Gesundheit & Verjüngung. Durchbruch-Medizin für das 21. Jahrhundert,* Band 1, United Book Group B & Media, 3. Auflage 2012.

Moritz, Andreas: *Zeitlose Geheimnisse der Gesundheit & Verjüngung. Durchbruch-Medizin für das 21. Jahrhundert,* Band 2, United Book Group B & Media, 2012.

Mutter, Dr. med. Joachim: *Gesund statt chronisch krank! Der ganzheitliche Weg: Vorbeugung und Heilung sind möglich.* Fit fürs Leben Verlag/NaturaViva Verlags GmbH, Weil der Stadt 2009.

Mutter, Dr. med. Joachim: *Lass dich nicht vergiften! Warum uns Schadstoffe chronisch krank machen und wie wir ihnen entkommen*, Gräfe und Unzer, München 2012.

Mutter, Dr. med. Joachim: *Amalgam, Risiko für die Menschheit,* Fit fürs Leben Verlag 3. Auflage 2011.

Mutter, Dr. med. Joachim, *Grün essen*, VAK Verlags GmbH, Kirchzarten bei Freiburg 2012.

Norbekov, Mirsakarim: *Eselsweisheit. Der Schlüssel zum Durchblick*, Goldmann 2011.

Phillips, Tom R., und Schultz, Ronald D.: *Canine and Feline Vaccines in Current Veterinary Therapy,* 1992.

Pies, Josef, und Reinelt, Uwe: *Kolloidales Silber. Das große Gesundheitsbuch für Mensch, Tier und Pflanze*, VAK Verlag, Kirchzarten 2006.

Pollmer, Udo: *Wohl bekomm's! Prost Mahlzeit!* Verlag Kiepenheuer & Witsch, Köln, 3. Auflage 2007.

Rade, Claudia: *Ernährung-Spezial, Kleintiermedizin.* Ausgabe 1/2012, *Futtermittelallergien bei Hund und Katze: Update der diätetischen Möglichkeiten.*

Rau, Dr. med. Thomas: *Biologische Medizin. Die Zukunft des natürlichen Heilens,* Fona Verlag, Lenzburg 2009.

Reinerth, Susanne: *Natural Dog Food. Rohfütterung für Hunde. Ein praktischer Leitfaden,* Books on Demand 2005.

Reinerth, Susanne: *Natural Cat Food. Rohfütterung für Katzen. Ein praktischer Leitfaden,* Books on Demand 2008.

Rieger, Dr. med. Berndt: *Die Schilddrüse. Balance für Körper und Seele,* Herbig Verlag, München 8. Auflage 2011.

Ross, Brigitte (Hrsg.): *Elemente der Gesundheit. Eine neue Dimension ganzheitlicher Gesundheit,* Eigenverlag der Dr. Ulrich Volz gemeinnützige GmbH, Meersburg 2011.

Runow, Klaus-Dietrich: *Wenn Gifte auf die Nerven gehen. Wie wir Gehirn und Nervensystem durch Entgiftung schützen können,* Südwest Verlag, München 2008.

Runow, Klaus-Dietrich: *Der Darm denkt mit,* Südwest Verlag, München 2011.

Sacher, Juliane: *Die Förderung der körpereigenen Fähigkeit, Tumorzellen zu eliminieren. Die Bedeutung der Apoptose für die Vorbeugung und Therapie von Krebserkrankungen*; CO'MED Fachmagazin 8 (80–82) 2007.

Sacher, Juliane: *Keine Panik bei Tumorerkrankungen! Diagnose Krebs – Erste Hilfe, effiziente Therapien und langfristige Perspektiven* (DVD), Bad Liebenzell.

Salcher, Georg: *Natur versus Chemie. Die 150 am häufigsten verordneten Medikamente und ihre natürlichen Alternativen,* Kopp Verlag, Rottenburg 2010.

Schneider, Dr. Dr. Peter: *Sanukehle-Präparate zur Ausleitung zellwandfreier Bakterienformen: Eine spezifische Erweiterung der isopathischen Therapie,* Semmelweis Institut, Verlag für Naturheilkunde, 54/2001.

Dr. vet. med. Steiner: *Neue Entwicklungen bei der Pankreatitis von Hund und Katze*, Vet Journal, das Magazin der österreichischen Tierärztekammer November 2011, 64. Jg.

Storl, Wolf-Dieter: *Borreliose natürlich heilen. Ethnomedizinisches Wissen, ganzheitliche Behandlung und praktische Anwendungen*, AT Verlag, Baden und München 8. Auflage 2011.

Tallberg, Th., Stenbäck, H., Hallamaa, R., Dabek, J., Johansson, E., Kallio, E.: *Studies on mitochondrial regulation of the genome*, Deutsche Zeitschrift für Onkologie 34 (2002) 128–139.

Tallberg, Th., Stenbäck, H., Dabek, J., Palkama, A.: *Complete disappearance of human malignant histiocytoma cells following dietary biotherapy, leading to activation of inductional control mediated by mitochondria*, J Aust Coll Nutr & Env Med 15 (2) (1996) 5–10.

Tolzin, Hans U. P.: *Die Seuchen-Erfinder. Von der Spanischen Grippe bis EHEC: So werden wir von unseren Gesundheitsbehörden für dumm verkauft!*, Tolzin Verlag, Schwäbisch Hall 2012.

Villoldo, Alberto, und Perlmutter, David: *Das erleuchtete Gehirn. Mit Schamanismus und Neurowissenschaft das Geheimnis gesunder Zellen entdecken*, Goldmann Verlag 2011.

Wachtel, Hellmuth: *Rassehunde wohin?*, Kynos Verlag, Nerdlen/Daun 2012.

Weidner, Christopher: *Wunderpflanze Zistrose. Die unglaublichen Heilerfolge mit Cystus*, Kopp Verlag, Rottenburg a. N. 2011.

Weigel, Günter: *Praxisleitfaden Sanumtherapie nach Prof. Enderlein und ergänzende Maßnahmen*, Semmelweis Verlag, Hoya 2009.

STICHWORTVERZEICHNIS

DANKSAGUNG

Eine unglaublich arbeitsreiche Zeit liegt hinter mir.

Vieles hat hintanstehen müssen, damit ich dieses Buch schreiben konnte.

Mein ganzes Umfeld hat mich unglaublich unterstützt und mir in vielen Dingen den Rücken freigehalten: meine Mitarbeiter im Shop und in der Praxis, allen voran Christian Leis mit seiner Frau Manuela, Oda Steiner und Mike Weinek sowie besonders auch Frau Ursula Berk, die mir vor allem die sehr zeitaufwendigen und intensiven Beratungen abgenommen hat.

Danke sagen möchte ich auch meinen beiden Freundinnen Helga Schuster und Gerda Domenig, die seit Monaten jedes Wochenende auf mich verzichten mussten. Freizeit war Fremdwort. Jetzt bin ich wieder da!

Ganz besonders möchte ich mich auch bei Karl Heinz Wickert bedanken, der mit einer Engelsgeduld mir immer und immer wieder die richtige Handhabung und Interpretation des Dunkelfeldmikroskops erklärt hat.

Zu guter Letzt auch Danke an meine Familie, meine Schwester Bärbel, meinen Schwager Dieter sowie meine beiden Söhne Volker und Andreas, die in der letzten Zeit nicht viel von mir gesehen und gehört haben. Ich verspreche, dass sich das jetzt ändern wird. Auf jeden Fall bis zum nächsten Buch …

BEZUGSQUELLEN

www.naturfutterlaedchen.at

Dort finden Sie auch unsere Partner im Ausland:
www.naturavital.de
www.naturvetal.at
www.naturavetal.ch